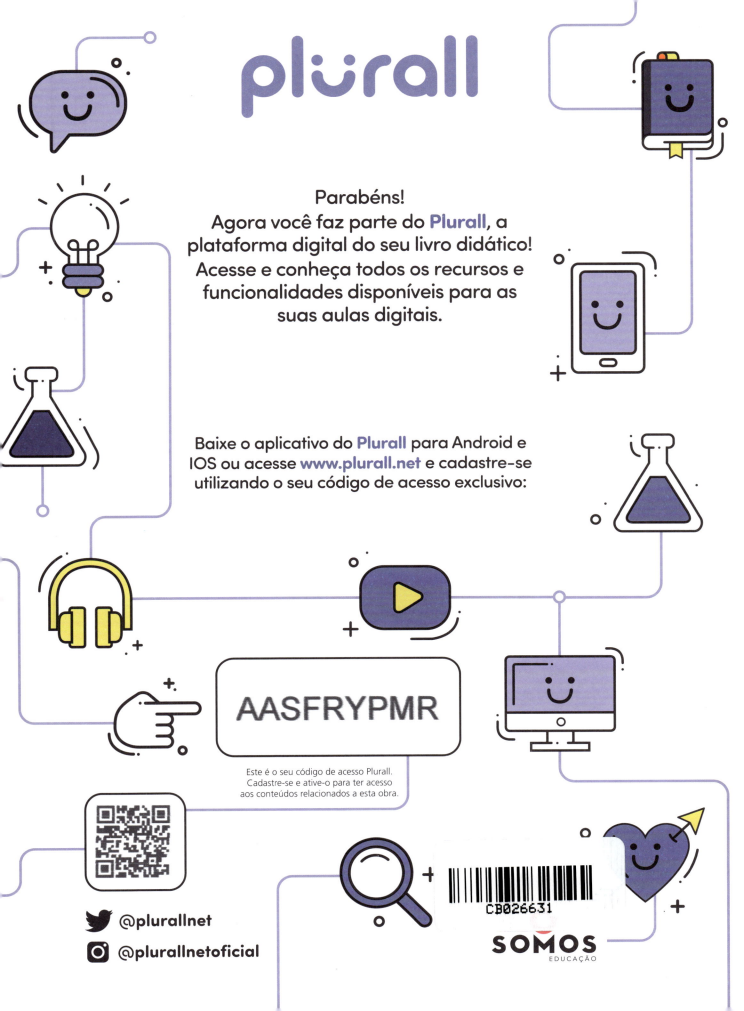

JOÃO USBERCO

Bacharel em Ciências Farmacêuticas pela Universidade de São Paulo (USP)

Especialista em Análises Clínicas e Toxicológicas

Professor de Química na rede particular de ensino (São Paulo, SP)

Autor de Ciências dos anos finais do Ensino Fundamental e de Química do Ensino Médio

JOSÉ MANOEL MARTINS

Bacharel e licenciado em Ciências Biológicas pelo Instituto de Biociências e pela Faculdade de Educação da USP

Mestre e doutor em Ciências (área de Zoologia) pelo Instituto de Biociências da USP

Autor de Ciências dos anos finais do Ensino Fundamental e de Biologia do Ensino Médio

EDUARDO SCHECHTMANN

Bacharel e licenciado em Biologia pela Universidade Estadual de Campinas (Unicamp)

Pós-graduado pela Faculdade de Educação da Unicamp

Coordenador de Ciências na rede particular de ensino

Consultor e palestrante na área de educação

Autor de Ciências dos anos finais do Ensino Fundamental

LUIZ CARLOS FERRER

Licenciado em Ciências Físicas e Biológicas pela Faculdade de Ciências e Letras de Bragança Paulista

Especialista em Instrumentação e Metodologia para o Ensino de Ciências e Matemática e em Ecologia pela Pontifícia Universidade Católica de Campinas (PUCC-SP)

Especialista em Geociências pela Unicamp

Pós-graduado em Ensino de Ciências do Ensino Fundamental pela Unicamp

Professor efetivo aposentado da rede pública (São Paulo, SP)

Autor de Ciências dos anos finais do Ensino Fundamental

HERICK MARTIN VELLOSO

Licenciado em Física pela Universidade Estadual Paulista "Júlio de Mesquita Filho" (Unesp-SP)

Professor de Física na rede particular de ensino (São Paulo, SP)

Autor de Ciências dos anos finais do Ensino Fundamental

EDGARD SALVADOR

Licenciado em Química pela USP

Professor de Química na rede particular de ensino (São Paulo, SP)

Autor de Ciências dos anos finais do Ensino Fundamental e de Química do Ensino Médio

COMPANHIA
DAS CIÊNCIAS

Direção Presidência: Mario Ghio Júnior
Direção de Conteúdo e Operações: Wilson Troque
Direção executiva: Irina Bullara Martins Lachowski
Direção editorial: Luiz Tonolli e Lidiane Vivaldini Olo
Gestão de projeto editorial: Mirian Senra
Gestão de área: Isabel Rebelo Roque
Coordenação: Fabíola Bovo Mendonça
Edição: Allan Saj Porcacchia, Bianca Von Muller Berneck, Daniella Drusian Gomes, Erich Gonçalves da Silva, Helen Akemi Nomura, Marcela Pontes, Mariana Amélia do Nascimento, Paula Amaral e Regina Melo Garcia
Planejamento e controle de produção: Patrícia Eiras e Adjane Queiroz de Oliveira
Revisão: Hélia de Jesus Gonsaga (ger.), Kátia Scaff Marques (coord.), Rosângela Muricy (coord.), Ana Curci, Ana Maria Herrera, Ana Paula C. Malfa, Brenda T. M. Morais, Célia Carvalho, Cesar G. Sacramento, Claudia Virgilio, Daniela Lima, Gabriela M. Andrade, Heloísa Schiavo, Hires Heglan, Luciana B. Azevedo, Luís M. Boa Nova, Paula T. de Jesus, Sueli Bossi; Amanda T. Silva e Bárbara de M. Genereze (estagiárias)
Arte: Daniela Amaral (ger.), André Gomes Vitale (coord.) e Alexandre Miasato Uehara (edição de arte)
Diagramação: Essencial Design
Iconografia e tratamento de imagem: Sílvio Kligin (ger.), Roberto Silva (coord.), Douglas Robinson Cometi e Tempo Composto Ltda (pesquisa iconográfica), Cesar Wolf e Fernanda Crevin (tratamento)
Licenciamento de conteúdos de terceiros: Thiago Fontana (coord.), Luciana Sposito e Angra Marques (licenciamento de textos), Erika Ramires, Luciana Pedrosa Bierbauer, Luciana Cardoso e Claudia Rodrigues (analistas adm.)
Ilustrações: André Vazzios, B3 Laser Comércio e Serviço LTDA, Dawidson França, Estúdio Ampla Arena, Jurandir Ribeiro, Lettera Studio, Luis Moura, Mauro Takeshi, Michael Rothman, Osni de Oliveira, Paulo Cesar Pereira dos Santos, Rodval Matias, R2 Diagramação e Serviços de Pré-Impressão
Cartografia: Eric Fuzii (coord.), Robson Rosendo da Rocha (edit. arte)
Design: Gláucia Correa Koller (ger.), Luis Vassalo (proj. gráfico e capa), Gustavo Vanini e Tatiane Porusselli (assist. arte)
Foto de capa: ???

Todos os direitos reservados por Saraiva Educação S.A.
Avenida das Nações Unidas, 7221, 1º andar, Setor A –
Espaço 2 – Pinheiros – SP – CEP 05425-902
SAC 0800 011 7875
www.editorasaraiva.com.br

Dados Internacionais de Catalogação na Publicação (CIP)

```
Companhia das ciências 6º ano / João Usberco... [et al.] -
4. ed. - São Paulo : Saraiva, 2019.

   Suplementado pelo manual do professor.
   Bibliografia.
   Outros autores: José Manoel Martins, Eduardo
Schechtmann, Luiz Carlos Ferrer, Herick Martin Velloso,
Edgard Salvador
   ISBN: 978-85-472-3679-3 (aluno)
   ISBN: 978-85-472-3680-9 (professor)

   1.   Ciências (Ensino fundamental). I. Usberco, João.
II. Martins, José Manoel. III. Schechtmann, Eduardo. IV.
Ferrer, Luiz Carlos. V. Velloso, Herick Martin. VI.
Salvador, Edgard.

2019-0061                           CDD: 372.35
```

Julia do Nascimento - Bibliotecária - CRB - 8/010142

2023
Código da obra CL 800971
CAE 648107 (AL) / 648127 (PR)
4ª edição
6ª impressão
De acordo com a BNCC.

Impressão e acabamento Gráfica Santa Marta

Adriano Kirihara/Pulsar Imagens

Caro estudante,

Nosso cotidiano é repleto de situações que podem ser mais bem entendidas quando conhecemos ciência.

Por que se forma um arco-íris? Por que o céu é azul? Por que os filhos geralmente são parecidos com os pais? Por que a gente sempre vê primeiro o raio e só depois ouve o som do trovão?

Nos últimos cem anos, as pessoas produziram mais conhecimentos científicos e tecnológicos do que em toda a história anterior. A velocidade com que novas descobertas e suas aplicações são feitas abre a possibilidade de avançarmos rapidamente na resolução de problemas.

Estamos cada vez mais conscientes da necessidade de explorar de forma sustentável os recursos naturais do planeta, para que a melhora da nossa qualidade de vida possa se estender às futuras gerações.

É isto que queremos propor a você, estudante, nesta coleção: investigar os fenômenos da natureza e procurar entendê-los para tornar o mundo um lugar melhor. Além disso, perceber que a ciência se modifica ao longo do tempo, com as novas descobertas, e que as explicações não podem ser consideradas definitivas: há sempre algo a mais para descobrir, para entender e para propor.

O convite está feito! Teremos o maior prazer em compartilhar essa viagem com você.

Um grande abraço,
Os autores

CONHEÇA SEU LIVRO

ABERTURA DA UNIDADE
O começo de cada unidade traz uma imagem e um texto para sensibilizá-lo e motivá-lo a aprender mais sobre o tema proposto.

ABERTURA DO CAPÍTULO
Imagens e questões iniciam o capítulo, estimulando a troca de ideias e conhecimentos sobre os temas que serão estudados.

TEXTO PRINCIPAL
Além de textos que apresentam os temas principais, há esquemas, fotografias, mapas, gráficos e tabelas que ilustram o conteúdo e auxiliam na sua compreensão.

QUADROS INFORMATIVOS
Ao longo do texto são apresentadas informações complementares ao tema estudado, relacionadas a Ciências ou a outras disciplinas, ou mesmo uma retomada de conceitos que você já estudou em anos anteriores.

UM POUCO MAIS
Ao longo do capítulo, você encontra boxes com assuntos que complementam o conteúdo estudado. São curiosidades, fatos históricos e ampliações dos temas desenvolvidos.

VOCABULÁRIO E GLOSSÁRIO
Para auxiliá-lo na leitura e interpretação dos textos, há palavras e termos destacados cujos significados aparecem em boxes nas laterais da página ou ao longo dos textos.

EM PRATOS LIMPOS
Estes boxes ajudam a esclarecer algumas ideias ou assuntos que podem ser confusos ou polêmicos.

INFOGRÁFICO
Este recurso ajuda você a visualizar e compreender alguns fenômenos naturais.

4

NESTE CAPÍTULO VOCÊ ESTUDOU
Quadro com um resumo dos principais temas estudados em cada capítulo.

ASSISTA TAMBÉM! / LEIA TAMBÉM! / ACESSE TAMBÉM! / VISITE TAMBÉM! / JOGUE TAMBÉM!
Ao longo do capítulo, há boxes com sugestões de livros, *sites*, vídeos, filmes, documentários, jogos e até locais que você pode visitar para enriquecer ainda mais o seu aprendizado.

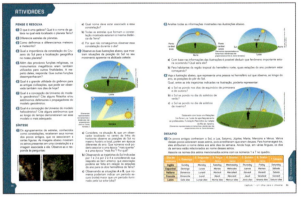

PENSE E RESOLVA
Exercícios para verificação e organização do aprendizado dos principais conteúdos do capítulo.
SÍNTESE
Uma ou mais atividades que sintetizam os principais conceitos tratados no capítulo.
DESAFIO
Exercícios para você se aprofundar, pesquisar e debater sobre temas relacionados ao que foi estudado.

PRÁTICA
Atividades para você colocar em prática o que aprendeu e descobrir mais sobre cada tema.

LEITURA COMPLEMENTAR
Texto para leitura, aprofundamento e atualização das descobertas científicas, com questionamentos para verificar se você compreendeu o que foi lido.

SUMÁRIO

UNIDADE 1
TERRA E UNIVERSO 8

CAPÍTULO 1 – UM OLHAR PARA O UNIVERSO 10
- O Universo 11
  - As galáxias 12
  - As estrelas 14
  - As constelações 16
  - Planetas e satélites naturais 19
  - Planeta-anão 20
  - Cometas 21
  - Meteoroides, meteoros e meteoritos 21
- Concepções do Universo 22
  - O gnômon 24
  - Modelo geocêntrico 28
  - Modelo heliocêntrico 29
- **Atividades** 30
- Pense e resolva 30
- Síntese 30
- Desafio 31
- Prática 32
- **Leitura complementar** 33

CAPÍTULO 2 – A FORMA DA TERRA 34
- Observando a Terra 35
  - Evidências indiretas do formato da Terra 36
- **Atividades** 40
- Pense e resolva 40
- Síntese 40
- Desafio 40
- Prática 40
- **Leitura complementar** 42

CAPÍTULO 3 – A ESTRUTURA DA TERRA 43
- O estudo da Terra 44
- Infográfico – As camadas da Terra 46
  - A superfície da Terra 48
- **Atividades** 50
- Pense e resolva 50
- Síntese 50
- Desafio 50
- Prática 50
- **Leitura complementar** 52

CAPÍTULO 4 – A CROSTA TERRESTRE: ROCHAS E MINERAIS 54
- O que compõe a crosta terrestre? 55
  - Rochas ígneas ou magmáticas 56
  - Rochas sedimentares 57
- Infográfico – Os fósseis 60
  - Rochas metamórficas 62
- A exploração de rochas e seus minerais 63
- Intemperismo 63
- A formação do solo 64
  - Os agentes naturais formadores do solo 65
- **Atividades** 66
- Pense e resolva 66
- Síntese 67
- Desafio 68
- Prática 69
- **Leitura complementar** 71

UNIDADE 2
VIDA E EVOLUÇÃO 72

CAPÍTULO 5 – FATORES BIÓTICOS E ABIÓTICOS NOS AMBIENTES 74
- Os ambientes e seus graus de modificação 75
- Fatores abióticos 76
- Fatores bióticos 78
- **Atividades** 80
- Pense e resolva 80
- Síntese 81
- Desafio 82
- **Leitura complementar** 83

CAPÍTULO 6 – CADEIAS, TEIAS, EQUILÍBRIO E DESEQUILÍBRIO 84
- Relacionados pela alimentação 85
- Organismos produtores 85
- Organismos consumidores 86
- Organismos decompositores 87
  - Organismos facilitadores da decomposição 89
- Cadeias e teias alimentares 90
- Equilíbrio e desequilíbrio em teias alimentares 92
- **Atividades** 94
- Pense e resolva 94
- Síntese 96
- Prática 97

CAPÍTULO 7 – FOTOSSÍNTESE E RESPIRAÇÃO CELULAR 98
- Fotossíntese 99
  - Quem realiza a fotossíntese? 99
  - De onde vem o que é necessário para a fotossíntese? 100
- Respiração celular: do alimento à energia 101
  - De onde vem o que é necessário para a respiração celular? 102
- Fotossíntese e respiração celular nas plantas 104
- Os filhos do Sol 104
- **Atividades** 106
- Pense e resolva 106
- Síntese 107
- Desafio 107
- Prática 109

CAPÍTULO 8 – AS CÉLULAS E OS NÍVEIS DE ORGANIZAÇÃO 110
- A descoberta da célula 111
- Uma viagem pelas células 113
  - A célula animal 113
  - A célula vegetal 114
  - A célula procariótica 114
  - As células do corpo humano 115
- Os níveis de organização do corpo humano 116
- Os tecidos do corpo humano 116
- Infográfico – Sistemas do corpo humano 118
- **Atividades** 120
- Pense e resolva 120

Síntese 122
Desafio 123
Prática 123

CAPÍTULO 9 - SISTEMA NERVOSO. UM SISTEMA DE INTEGRAÇÃO 124
A interação com o ambiente 125
Neurônios: transmissão de mensagens 126
   Os neurônios se comunicam 126
Organização do sistema nervoso 127
   Sistema nervoso central 128
   Sistema nervoso periférico 129
   Algumas doenças do sistema nervoso 129
Sistema nervoso dos animais 130
Atividades 133
Pense e resolva 133
Síntese 134
Desafio 134
Prática 135

CAPÍTULO 10 - SISTEMA LOCOMOTOR 136
A sustentação e a movimentação do corpo 137
   Sistema esquelético 137
   Estrutura dos ossos 143
   Articulações 143
   A saúde do sistema esquelético 143
   Sistema muscular 144
   Integração dos sistemas esquelético, muscular e nervoso 145
Atividades 151
Pense e resolva 151
Síntese 152
Desafio 152
Prática 153
Leitura complementar 155

CAPÍTULO 11 - SISTEMAS NERVOSO E SENSORIAL 157
A percepção do ambiente: os órgãos dos sentidos 158
Visão 159
   Adaptação visual 161
   Alterações da visão 163
Audição e equilíbrio 166
   Adaptação auditiva 167
Olfação e gustação 168
Tato 170
Os sentidos se integram 170
A ação das drogas no sistema nervoso e nos nossos sentidos ... 172
Atividades 173
Pense e resolva 173
Síntese 173
Desafio 173
Prática 174
Leitura complementar 175

UNIDADE 3
MATÉRIA E ENERGIA 176

CAPÍTULO 12 - O SER HUMANO E A ENERGIA 178
Energia 179
A utilização da energia pelo ser humano 180
Fontes de energia 184
   Sol 184
   Combustíveis 185
   Outras fontes de energia 186
Modalidades de energia 187
   Energia cinética 187
   Energia potencial gravitacional 187
   Energia potencial elástica 187
   Energia térmica 188
   Energia elétrica 189
   Energia sonora 189
   Energia potencial química 190
   Energia nuclear 190
   Energia luminosa 190
Atividades 192
Pense e resolva 192
Síntese 193
Desafio 193
Prática 194

CAPÍTULO 13 - MATERIAIS UTILIZADOS PELO SER HUMANO ... 195
A evolução no uso dos materiais 196
   Paleolítico ou Idade da Pedra Lascada 196
O ser humano e os metais 197
   Neolítico ou Idade da Pedra Polida 197
Alguns exemplos de uso dos materiais na atualidade ... 199
Atividades 206
Pense e resolva 206
Síntese 207
Desafio 207
Prática 208
Leitura complementar 209

CAPÍTULO 14 - COMPOSIÇÃO DOS MATERIAIS 211
Substância pura e mistura na natureza 212
   Substâncias puras: alguns aspectos 213
   Misturas: alguns aspectos 213
Sistemas 218
Atividades 219
Pense e resolva 219
Síntese 220
Desafio 220
Prática 221

CAPÍTULO 15 - SEPARAÇÃO DE MISTURAS 222
Métodos de separação de misturas 223
   Métodos de separação de misturas heterogêneas 223
   Métodos de separação de misturas homogêneas 229
Atividades 232
Pense e resolva 232
Síntese 234
Desafio 235
Prática 235

CAPÍTULO 16 - TRANSFORMAÇÕES DA MATÉRIA 236
Tipos de transformações da matéria 237
   Transformação física 237
   Transformação química 239
   Transformações químicas e a nossa vida .. 240
Infográfico – As transformações químicas que ocorrem no processo da digestão 242
   As transformações químicas e o planeta Terra 247
Atividades 250
Pense e resolva 250
Síntese 251
Desafio 252
Leitura complementar 254
Referências bibliográficas 256

Unidade 1
Terra e Universo

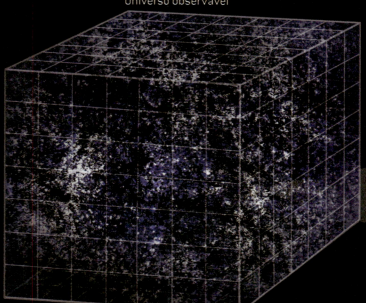
Universo observável

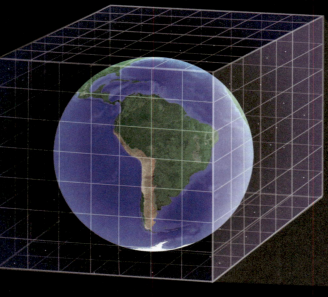
Planeta Terra

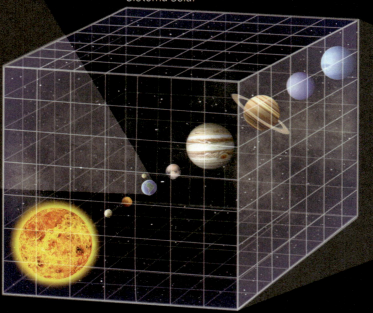
Sistema Solar

O céu sempre despertou a curiosidade do ser humano. Fenômenos como o dia e a noite, as estações do ano, os eclipses solares e lunares, os terremotos e os vulcões são alguns dos eventos da natureza que intrigaram — e ainda intrigam — várias civilizações.

Entender o planeta Terra, desde a sua posição no espaço até a sua constituição física, nos torna capazes de compreender melhor alguns fenômenos naturais e de atuar positivamente na transformação do ambiente.

Nesta unidade estudaremos a Terra, as características do planeta e sua relação com o nosso cotidiano.

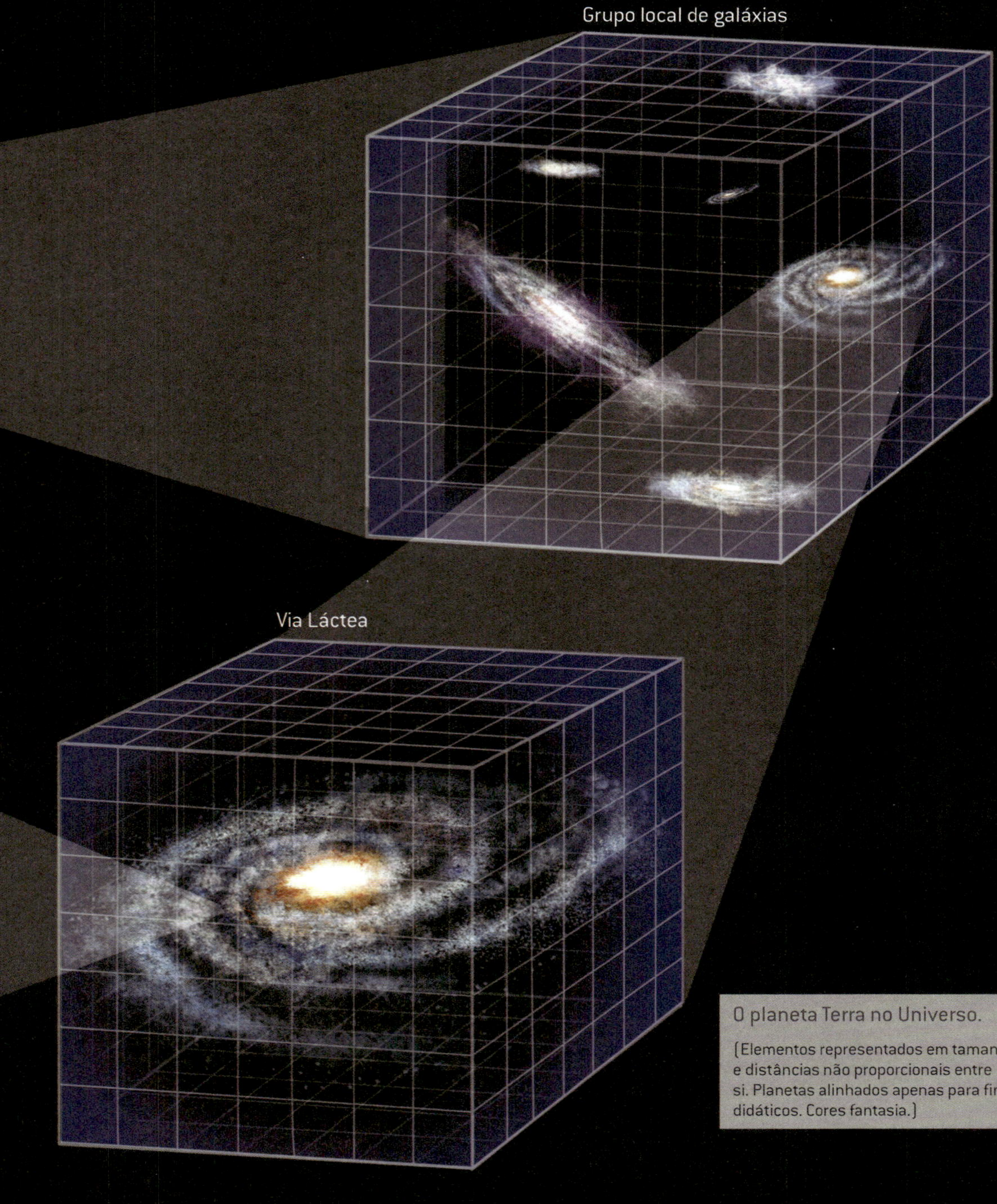

Grupo local de galáxias

Via Láctea

O planeta Terra no Universo.

(Elementos representados em tamanhos e distâncias não proporcionais entre si. Planetas alinhados apenas para fins didáticos. Cores fantasia.)

Capítulo 1
Um olhar para o Universo

Noite estrelada no céu de Tarabai (SP), em 2017. O aglomerado de estrelas visto na imagem é parte da Via Láctea.

Observe a fotografia. Nela se vê um céu bem estrelado. Poderíamos até dizer que se trata de um "universo" de estrelas! Mas será que todos os pontinhos brilhantes que vemos são realmente estrelas?

Consideremos uma situação que, embora ainda não seja possível, é muito comum em filmes de ficção científica: colônias de seres humanos vivendo por todo o Universo. Mas você já pensou como seria indicado o endereço das pessoas que morassem em uma dessas colônias?

E quanto a nós, no planeta Terra: Você sabe dizer exatamente onde estamos localizados no Universo? Quais corpos celestes podemos observar da Terra?

É sobre esse assunto e muito mais que vamos conversar neste capítulo.

❯ O Universo

O interesse do ser humano pelo céu estrelado surgiu nos **primórdios** da civilização. O encanto e o temor despertados pelos fenômenos levaram alguns povos antigos a observar o céu, na tentativa de interpretar mensagens que acreditavam ser divinas e que estariam sendo enviadas ao ser humano por meio de eventos e corpos celestes.

Primórdio: origem, princípio de tudo.

Com o passar do tempo, tornou-se cada vez mais evidente a necessidade de o ser humano conhecer mais detalhadamente o céu noturno, fosse para desvendar o clima e aprimorar as atividades agrícolas, fosse para melhorar a orientação durante as viagens pelos mares e oceanos do mundo. Surgia, assim, a primeira ciência, a Astronomia.

Ao longo da História, a observação do céu e os conhecimentos astronômicos ampliaram-se gradativamente, acompanhando os avanços que ocorriam nas ciências e suas tecnologias.

No início, as observações do céu se davam apenas a olho nu. Foi somente no início do século XVII que o telescópio foi inventado, e os olhos humanos deixaram de ser os únicos instrumentos de observação de imagens a longa distância.

Atualmente, graças à rápida evolução científica e tecnológica e à criação de sofisticados instrumentos de observação astronômica, os cientistas "enxergam" elementos cada vez melhor e mais longe, obtendo informações significativas que aprofundam os conhecimentos sobre a possível origem do Universo e, por extensão, sobre o planeta Terra e os seres que nele habitam.

Pode-se dizer, de maneira simplificada, que a Terra, a Lua, o Sol, as estrelas e tudo o que conhecemos fazem parte do Universo. Mas qual é o tamanho do Universo? Responder a essa questão é uma tarefa complicada, pois ainda não se sabe se ele tem tamanho e forma definidos ou mesmo se é infinito. Por isso, os cientistas costumam usar a expressão "universo observável" para definir o seu tamanho, com base no que se pode enxergar e/ou calcular.

O ser humano se sentiu atraído pelo céu estrelado desde os primórdios de nossa civilização. Na foto, céu estrelado em Londrina (PR), em 2016.

UM POUCO MAIS

Distâncias astronômicas: o ano-luz

As distâncias no espaço são gigantescas; assim, outra forma usada para calcular a distância entre a Terra e outro astro é a unidade **ano-luz**, que corresponde à **distância percorrida pela luz em um ano**.

Para calcular essa distância em quilômetros, devemos saber que:

Velocidade da luz (em quilômetros por segundo) = 300 000 km/s
1 minuto = 60 segundos
1 hora = 60 minutos
1 dia = 24 horas
1 ano = 365 dias
Se multiplicarmos 365 × 24 × 60 × 60 × 300 000, obteremos o valor: 9 460 800 000 000 km.

Essa é a distância que a luz percorre em um ano, ou seja:

> 1 ano-luz = 9,5 trilhões de quilômetros (aproximadamente)

A distância média da Terra à Lua é de 384 000 km. Se conseguíssemos viajar à velocidade da luz, iríamos até a Lua em pouco mais de 1 segundo. A luz emitida pelo Sol demora cerca de 500 segundos (aproximadamente 8 minutos) para percorrer a distância até a Terra.

Depois do Sol, a estrela mais próxima do planeta Terra é Alfa Centauri C. Ela se encontra a 4,2 anos-luz de distância, ou seja, quando a observamos, estamos vendo a luz que ela emitiu 4,2 anos atrás. Podemos dizer que, ao olhar Alfa Centauri C no céu noturno, estamos vendo seu passado.

As galáxias

Se você olhar para o céu em um lugar afastado das luzes das cidades, em uma noite sem luar e sem nuvens ou poluição, poderá observar um grande número de pontos brilhantes, mesmo sem o auxílio de um binóculo, de uma luneta ou de um telescópio.

Algumas pessoas podem até achar que todos os elementos luminosos no céu são estrelas, mas na verdade esse conjunto de pontos brilhantes é constituído por vários **astros** (ou **corpos celestes**), que formam uma pequena parte da galáxia onde está localizado nosso planeta, a Terra.

As **galáxias** são constituídas por vários conjuntos de estrelas, planetas, nuvens de gases, poeira e outros corpos celestes.

A galáxia onde está localizado o planeta Terra é a **Via Láctea**. Ela é exemplo de uma galáxia espiral porque possui um núcleo e grandes braços espirais formados por estrelas e nuvens de poeira cósmica.

A palavra galáxia (do grego *gala* = 'leite') e a expressão Via Láctea (do latim *via lactea* = 'caminho do leite') estão relacionadas com a semelhança entre a mancha de luz esbranquiçada que vemos no céu e uma mancha de leite.

> Estima-se que no Universo haja bilhões de galáxias, que podem ser caracterizadas por seus formatos como irregulares, elípticas, espirais ou espirais em barra.

Exemplo de galáxia elíptica.

Exemplo de galáxia espiral em barra.

Exemplo de galáxia irregular.

Estima-se que existam na Via Láctea entre 100 bilhões e 400 bilhões de estrelas. Uma delas é o Sol, a estrela mais próxima da Terra e responsável pela existência de vida no nosso planeta.

Geralmente as galáxias estão distribuídas em grupos ou conjuntos. A Via Láctea, nossa galáxia, encontra-se em um grupo chamado **Grupo Local de Galáxias**, que inclui ainda a Galáxia de Andrômeda, a Grande Nuvem de Magalhães e cerca de quarenta galáxias menores.

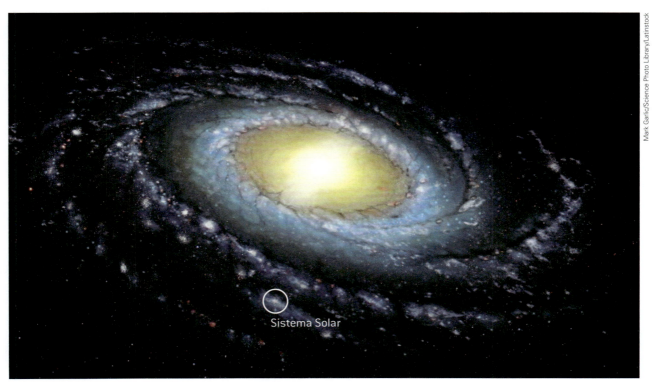

Representação artística da Via Láctea, galáxia em espiral que contém nosso Sistema Solar. O núcleo, em amarelo, contém as estrelas mais antigas. O anel, em azul, ao redor do núcleo, contém as estrelas jovens e quentes e as regiões de formação de novas estrelas. O círculo branco indica onde nosso Sistema Solar está localizado, entre dois dos "braços" em espiral que se prolongam para fora, a partir do anel.

Capítulo 1 • Um olhar para o Universo

UM POUCO MAIS

Qual é o tamanho da Terra?

Você acredita que existem mais estrelas no céu do que grãos de areia em todas as praias? De acordo com os cálculos do físico Roberto Costa, professor do Instituto de Astronomia, Geofísica e Ciências Atmosféricas da USP, devem existir aproximadamente 700 trilhões de metros cúbicos de areia nas praias da Terra, algo como 5 sextilhões de grãos. "Isso é o algarismo '5' seguido por 21 zeros", explica o professor. "O número de estrelas também pode ser apenas estimado: em nossa galáxia, a Via Láctea, existem de 200 bilhões a 400 bilhões de estrelas. Estimando o número total de galáxias em 100 bilhões (mas talvez seja muito mais, talvez 500 bilhões!), tem-se no mínimo 10 sextilhões de estrelas, mas talvez chegue a 100 sextilhões! Portanto existem mais estrelas no Universo do que grãos de areia na Terra."

Fonte: UOL Notícias. Ciência e Saúde. Disponível em: <https://noticias.uol.com.br/ciencia/album/2015/03/27/estrelas-gigantes-sao-pontinhos-minusculos-no-espaco-veja-dimensoes-do-universo.htm#fotoNav=8>. Acesso em: 9 abr. 2018.

Leia também!

Os segredos do Universo.
Paulo S. Bretones. 11. ed. São Paulo: Atual, 2014.

Esse livro apresenta as várias galáxias existentes no Universo, entre elas, a Via Láctea. Além disso, cita as principais características de algumas constelações e certos fenômenos que ocorrem no interior das estrelas.

Somente três galáxias podem ser vistas a olho nu do nosso planeta. São elas: Andrômeda, Pequena Nuvem de Magalhães e Grande Nuvem de Magalhães.

Em 2017, uma equipe de astrônomos franceses, italianos, ingleses e australianos descobriu a galáxia mais próxima da Via Láctea: a Galáxia Anã do Cão Maior. Ela fica, aproximadamente, a uma distância de 42 mil anos-luz do centro da Via Láctea.

A maior galáxia descoberta pelos astrônomos até o momento é chamada de IC 1101. Ela possui um diâmetro aproximado de 5,5 milhões de anos-luz.

A Via Láctea, por sua vez, possui um diâmetro de, aproximadamente, 100 mil anos-luz (cerca de 950 quatrilhões de quilômetros).

Você pode estar se perguntando por que não vemos as outras estrelas durante o dia, apenas o Sol. Isso ocorre porque, durante o dia, a claridade proporcionada pela luz do Sol impede nossa visão das estrelas e dos demais astros. Mas eles continuam no céu, nós apenas não conseguimos vê-los!

As estrelas

Se alguém pedisse a você que desenhasse uma estrela, é provável que o desenho ficasse parecido com um destes:

Variadas representações de estrelas, como é comum imaginar que elas sejam.

(Elementos representados em tamanhos não proporcionais entre si. Cores fantasia.)

Na realidade, as **estrelas** não têm pontas, como geralmente são representadas; elas são astros com forma aproximadamente esférica, formados por diversos gases que se encontram a temperaturas muito altas. As estrelas são os maiores astros existentes no Universo e liberam luz e calor. Como têm luz própria, elas são classificadas em **astros luminosos**.

Olhando para o céu, podemos perceber que existem estrelas com tamanhos e cores diferentes. O brilho de uma estrela depende de seu tamanho e da temperatura em sua superfície. A luminosidade que observamos também depende da distância em que a estrela se encontra da Terra. As estrelas azuis e brancas são as mais jovens e quentes. As alaranjadas e as vermelhas são mais velhas e menos quentes.

O Sol é uma estrela amarela e, se comparado às demais estrelas do Universo, é pequena. A temperatura na sua superfície é de cerca de 6 000 ºC e, em comparação com as outras estrelas, não é a mais brilhante.

Como ficaria o Sol ao lado da maior estrela já descoberta, a UY Scuti, que tem 2,38 bilhões de quilômetros de diâmetro? Se essa estrela fosse colocada onde está o Sol, ela encheria todo o espaço do Sistema Solar até a órbita de Urano, sétimo planeta mais distante do Sol. Comparando os diâmetros das duas estrelas em uma escala menor, se o Sol tivesse 1 metro de diâmetro, a UY Scuti teria 17 mil metros de diâmetro.

Na fotografia, a constelação do Cruzeiro do Sul e o aglomerado "Caixa de Joias", um agrupamento de estrelas de cores variadas.

A imagem mostra a proporção do tamanho do Sol em relação à maior estrela já descoberta até hoje, a UY Scuti.

(Cores fantasia.)

Visto por nós, o Sol parece ser uma estrela grande, brilhante e muito quente, por estar próximo da Terra. Entretanto, no Universo existem estrelas muito maiores e mais quentes, mas que estão mais distantes da Terra que o Sol. A fotografia mostra praia em Salvador (BA), em 2018.

Capítulo 1 • Um olhar para o Universo

As constelações

Quando olhamos as estrelas de algum ponto da Terra, temos a impressão de que elas estão próximas entre si, podendo formar grupos. Esses agrupamentos aparentes são conhecidos por **constelações**.

Entretanto, no espaço interestelar, as estrelas estão bastante distantes umas das outras. Veja no exemplo abaixo as distâncias entre o nosso planeta e as estrelas que compõem a constelação de Órion.

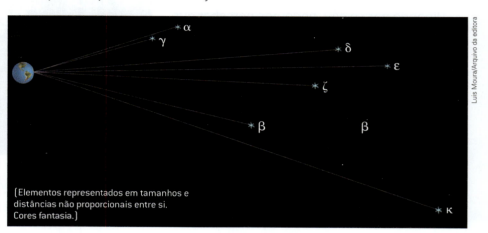

As estrelas de uma constelação parecem próximas umas das outras e parecem estar situadas a uma mesma distância da Terra. Mas não é assim que acontece! A ilustração compara as distâncias entre as estrelas da constelação de Órion e a Terra, representada pela esfera de cor azul. Nela podemos ver que cada estrela está situada a uma distância diferente da Terra.

(Elementos representados em tamanhos e distâncias não proporcionais entre si. Cores fantasia.)

Os povos antigos de diferentes culturas, ao observarem o céu estrelado, uniam arbitrariamente as estrelas por linhas imaginárias, de modo a formar figuras de animais, pessoas, seres lendários e objetos. As constelações têm, portanto, nomes relacionados com essas figuras, por exemplo, Ursa Maior, Cão Menor, Leão, Escorpião, entre outros. Podemos citar como exemplo a constelação de Órion, o gigante caçador, que tem em seu cinturão as conhecidas "Três Marias".

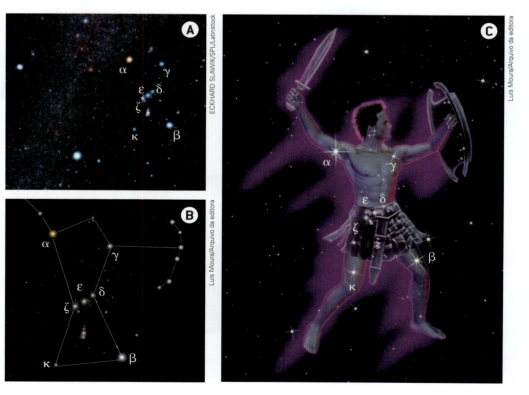

A fotografia **A** mostra algumas estrelas que formam a constelação de Órion. Na ilustração **B**, vemos a representação dessas estrelas (α = Betelgeuse; β = Rigel; γ = Bellatrix; κ = Saiph; δ = Mintaka; ε = Alnilam; ζ = Alnitak) e as linhas imaginárias que as unem. A ilustração **C** mostra uma das representações da figura mitológica que deu origem ao nome da constelação.

(Elementos representados em tamanhos e distâncias não proporcionais entre si. Cores fantasia.)

O conhecimento da posição das constelações no céu foi utilizado durante séculos para ajudar na orientação dos viajantes e dos navegadores em suas viagens, mesmo antes da invenção de instrumentos de navegação, como a bússola. Além disso, para os povos antigos, a observação da posição do Sol e das constelações ao longo do ano ajudava a identificar as estações, prever a época de chuvas ou de seca, de frio ou de calor. Esse conhecimento tornou-se importante na medida em que era necessário escolher a melhor época de fazer o plantio das sementes ou das mudas e, posteriormente, a colheita, e também para celebrar datas importantes de acordo com a posição de determinadas estrelas ou constelações no céu noturno. Além disso, os primeiros calendários foram criados com base na observação do céu.

As constelações visíveis no céu noturno dependem da localização do observador na Terra. Uma pessoa que mora nos Estados Unidos, por exemplo, não vê as mesmas constelações vistas aqui do Brasil. Isso ocorre porque os Estados Unidos e o Brasil se localizam em **hemisférios** diferentes da Terra.

No hemisfério sul, onde está o Brasil, uma das constelações mais conhecidas é a do **Cruzeiro do Sul**. Embora a posição do Cruzeiro do Sul no céu varie conforme o dia, a hora, o local de observação e a estação do ano, seu braço maior sempre aponta para o sul. No Brasil, por exemplo, os antigos indígenas tupis-guaranis conseguiam determinar os pontos cardeais e as estações do ano observando a posição do Cruzeiro do Sul ao anoitecer.

> **Hemisfério:** nome dado a cada uma das partes em que a Terra é dividida pela linha imaginária do equador. Assim, temos hemisfério norte e hemisfério sul. Quando a Terra é dividida pelo meridiano principal, temos hemisfério ocidental e hemisfério oriental.

EM PRATOS LIMPOS

Asterismo ou constelação?

A capacidade da mente humana de criar diferentes imagens é incalculável. Esse tipo de exercício sempre foi feito ao longo da História, quando povos antigos, ao observarem o céu, imaginavam representações de animais, de objetos ou de seres mitológicos em agrupamentos de estrelas que, unidas como pontos de ligação, formavam uma figura.

Desde o aparecimento das civilizações, o ato de agrupar estrelas nunca seguiu uma regra definida. Cada cultura apresentava agrupamentos diferentes segundo seus critérios, mas, de maneira geral, pela dificuldade de memorizar a forma e a localização das figuras no céu, foram criados mitos e histórias para tornar a tarefa mais fácil.

Por não haver padronização, esses agrupamentos de estrelas poderiam ser chamados de **constelação** ou **asterismo**, não havendo diferença no uso de um termo ou de outro. Mas, a partir de 1930, a União Astronômica Internacional (UAI) resolveu oficializar o conceito de constelação como sendo a divisão do céu em 88 regiões ou fronteiras precisas. Qualquer outro agrupamento que não faça parte dessas 88 constelações é considerado um asterismo.

Capítulo 1 • Um olhar para o Universo

UM POUCO MAIS

Orientando-se pelas estrelas

Os primeiros navegadores se orientavam pela posição do Sol no céu durante o dia e das estrelas durante a noite.

A constelação do Cruzeiro do Sul é composta de cinco estrelas: as quatro mais brilhantes que formam as pontas da cruz, e uma quinta estrela de menor brilho, conhecida como Intrometida. Fotografia tirada em La Frontera, no Chile, em 2017.

Você, mesmo não sendo um navegante, também pode se orientar dessa maneira. Veja os procedimentos a seguir:

- Localize no céu a constelação do Cruzeiro do Sul.
- Prolongue 4,5 vezes o braço maior da Cruz para baixo e para a frente.
- A partir desse ponto, trace uma reta vertical até encontrar o horizonte (veja a ilustração abaixo).
- Nessa posição de encontro da reta com o horizonte localiza-se o ponto cardeal sul.
- Agora, posicionando-se de frente para o sul, com seus braços abertos, às suas costas estará o norte, no braço direito será o oeste e no esquerdo, o leste.

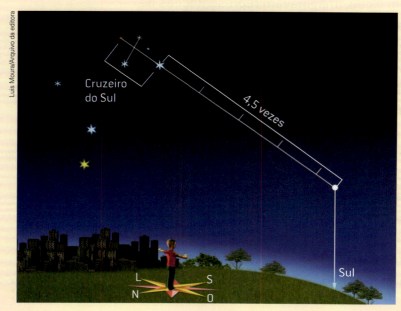

Orientação dos principais pontos cardeais (norte, sul, leste e oeste) pelo Cruzeiro do Sul.

(Elementos representados em tamanhos e distâncias não proporcionais entre si. Cores fantasia.)

Planetas e satélites naturais

Os **planetas** não têm luz própria, ao contrário das estrelas. Eles só brilham porque refletem a luz de uma estrela próxima. Por esse motivo, um planeta é considerado um **astro iluminado**.

Alguns planetas têm **satélites naturais**, como a Lua, que é o satélite natural da Terra. Satélites naturais também são astros iluminados, que orbitam em torno dos planetas, porém têm tamanho menor.

Por sua vez, os planetas sempre orbitam uma estrela e são bem menores do que elas. O planeta Terra descreve sua órbita ao redor do Sol. Assim como a Terra, existem outros planetas pertencentes ao Sistema Solar que descrevem suas órbitas em torno do Sol. São eles (do mais próximo ao mais distante do Sol): Mercúrio, Vênus, Terra, Marte, Júpiter, Saturno, Urano e Netuno.

Mas existem planetas fora do Sistema Solar? Segundo os astrônomos, já foi identificada a presença de muitos **exoplanetas** orbitando estrelas da nossa galáxia.

Em 10 de maio de 2016, a **Nasa** anunciou que a missão Kepler verificou 1 284 novos exoplanetas. Com base no tamanho deles, cerca de 550 poderiam ser planetas rochosos. Nove estão na zona habitável de suas estrelas. Nenhum exoplaneta foi "fotografado" até agora. O comunicado da Nasa explica que o telescópio Kepler capta pequenas alterações regulares do brilho das estrelas que ocorrem quando os possíveis planetas passam a sua frente. Algo semelhante pode ser comparado com o trânsito solar de um planeta quando passa na frente do Sol.

Exoplaneta: também chamado de planeta extrassolar. Assim como os planetas do Sistema Solar, orbita uma estrela, mas que não é o Sol.

Nasa: agência espacial do governo federal dos Estados Unidos que desenvolve pesquisas e explorações espaciais.

> **Zona habitável** é uma região espacial em que as distâncias mínima e máxima de um planeta em relação a uma estrela tornam possível a existência de água líquida em sua superfície. Fora dessa região, se muito próximo da estrela, toda a água do planeta é vaporizada pelo alto nível de calor; contudo, se está mais distante do limite da zona habitável, a água (e o planeta inteiro) congela. Tal conceito hoje é muito popular e aceito pela comunidade científica como um dos fatores que podem indicar se um corpo celeste poderá ou não abrigar vida.

Representação do telescópio espacial da missão Kepler, enviado pela Nasa, cujo objetivo é procurar planetas com características semelhantes às da Terra, fora do nosso Sistema Solar.

Leia também!

Habitados por quem?
Eder C. Molina. Revista *Ciência Hoje das Crianças*. Disponível em: <http://chc.org.br/habitados-por-quem/> (acesso em: 9 abr. 2018).

Artigo que apresenta outra forma de explicar o significado da expressão "zona habitável".

Planeta-anão

É possível constatar que houve grandes avanços tecnológicos na observação do espaço sideral nas últimas décadas. A partir dos anos 1990, foi possível identificar corpos celestes (até então desconhecidos) pertencentes ao Sistema Solar.

Em 2005, os cientistas descobriram Éris, um pequeno astro que aparentava ser maior que Plutão. Por causa dessa e de outras descobertas, em 2006, a União Astronômica Internacional (UAI) definiu uma nova categoria para esses astros diminutos: "planetas-anões".

De acordo com a União Astronômica Internacional, um **planeta-anão** é um corpo celeste que orbita o Sol, tem massa suficiente para ter forma arredondada, não é um satélite natural de algum planeta e, principalmente, é incapaz de alterar o ambiente que o cerca da forma que um planeta faria.

Com base nessa classificação, Plutão e o recém-descoberto Éris – além de outros três pequenos astros – passaram a ser considerados **planetas-anões**. Portanto, um planeta-anão é bem menor do que um planeta e também faz parte do Sistema Solar. Outros planetas-anões conhecidos são: Ceres, Haumea e Makemake.

O planeta-anão Ceres é o maior corpo celeste da região do espaço entre Marte e Júpiter, onde existe um grande número de asteroides. Essa região é conhecida como **Cinturão de Asteroides**. Para os cientistas há uma centena de outros corpos celestes por aí aguardando serem descobertos.

> **Leia também!**
>
> **Plutão, um planeta-anão.** Revista *Ciência Hoje das Crianças*. Disponível em: <http://chc.org.br/plutao-um-planeta-anao/> (acesso em: 26 fev. 2018).
>
> Pequeno artigo que explica as razões pelas quais Plutão foi inserido na categoria de planeta-anão.

Representação dos planetas-anões Éris, Plutão, Makemake, Haumea e Ceres e as respectivas luas. O planeta Terra está representado logo abaixo e, à sua direita, a Lua.

(Elementos representados em tamanhos e distâncias não proporcionais entre si. Cores fantasia.)

Cometas

Os **cometas** são corpos celestes observados e estudados desde a Antiguidade. Registros chineses de 240 a.C. já relatavam a passagem de um dos cometas mais conhecidos: o Halley.

Os cometas são às vezes chamados de "bola de neve suja" porque seu núcleo é formado de um material rochoso, de gelo e de outras substâncias solidificadas. Assim como os planetas, os cometas também giram em torno do Sol e, quando se aproximam dele, sua temperatura aumenta, e parte do seu núcleo muda de estado físico, passando do estado sólido para o gasoso. Essa transformação física produz o que observamos como a cabeleira e a cauda do cometa.

O cometa Halley pôde ser visto da Terra em 1986 e só poderá ser visto novamente em 2061. Esse cometa passa próximo do nosso planeta a cada 76 anos, aproximadamente.

Meteoroides, meteoros e meteoritos

Os **meteoroides** são corpos sólidos formados principalmente por fragmentos de asteroides ou de planetas desintegrados. Seu tamanho pode variar desde milímetros até quilômetros de diâmetro. Podem ser constituídos por rochas ou metais (os mais comuns são ferro e níquel).

Quando um meteoroide vindo do espaço penetra na atmosfera terrestre com grande velocidade, ele se aquece muito devido ao atrito com o ar (pode chegar a 7 000 °C). A parte externa do meteoroide torna-se incandescente e é volatilizada, emitindo luz e calor, e deixando um rastro luminoso no céu. Esse fenômeno luminoso é chamado **meteoro** e é conhecido como "estrela cadente". A maioria dos meteoroides é muito pequena e se volatiliza totalmente antes de chegar à superfície terrestre. Quando parte do meteoroide consegue atravessar toda a atmosfera e chocar-se contra a superfície terrestre, nós o chamamos de **meteorito**.

Volatilizado: que, sob determinados efeitos físicos e químicos, passou para o estado gasoso.

Meteoro no céu, produzindo a chamada "estrela cadente". Cidade de Mumbai, na Índia, em 2017.

Bendegó, o maior meteorito brasileiro conhecido, pesa 5 360 kg e é constituído de ferro e níquel. Foi encontrado em 1784 no sertão da Bahia; parte dele estava exposta no Museu Nacional do Rio de Janeiro e não foi destruída no incêndio ocorrido no museu em 2018.

Capítulo 1 • Um olhar para o Universo

❯ Concepções do Universo

Uma das características mais importantes da espécie humana sempre foi a capacidade de **observar os fenômenos** que ocorrem na natureza e tentar compreendê-los. É muito provável que inicialmente a atenção de nossos antepassados tenha se voltado para o Sol e seu movimento diário, atraídos pelas variações dos períodos de claridade (dia) e escuridão (noite). Também devem ter percebido a interferência do Sol na variação de temperatura quando expostos à sua luz ou quando situados em locais sombrios, e que ao longo de certo período de tempo alternavam-se épocas mais frias e mais quentes.

Segundo muitos historiadores, só após um longo tempo de observação, tendo o Sol como referência, foi que nossos antepassados começaram a concentrar suas observações também na Lua, na sua aparência, em eclipses e em cometas, além de outros astros e fenômenos visíveis a olho nu.

Em um passado não muito distante, o ser humano percebeu que podia se basear na posição das estrelas e de demais astros para se orientar em viagens terrestres e marítimas. Deduziu que a ocorrência de vários fenômenos celestes periódicos, isto é, que ocorriam com certa regularidade, possibilitava marcar ou medir a passagem do tempo, estabelecendo assim os primeiros calendários, tão necessários ao controle das atividades, particularmente as agrícolas.

Registros históricos indicam que por volta de 3000 a.C. algumas civilizações já teriam maneiras de marcar e registrar o que observavam do céu, construindo observatórios conhecidos como "monumentos megalíticos". Esses observatórios nada mais eram do que enormes blocos de rocha posicionados de maneira adequada para que se pudesse marcar a posição de certos astros, principalmente do Sol e da Lua, em determinadas épocas.

O mais famoso desses observatórios pré-históricos é Stonehenge, na Inglaterra. Nele, o alinhamento dos grandes blocos de rocha em círculos concêntricos indica com bastante precisão os pontos do nascer e do ocaso do Sol e da Lua, em diferentes épocas do ano, bem como de estrelas brilhantes.

Monumento megalítico de Stonehenge, na Inglaterra, em 2016.

O nascer e o pôr do Sol

Segundo historiadores e cientistas, as palavras **nascer** e **pôr** do Sol são usadas por tradição oriunda de povos antigos que acreditavam que a cada dia nascia um novo Sol e que, ao anoitecer, ele se punha abaixo do horizonte para morrer.

Assim como nossos ancestrais, nós também podemos observar esse movimento aparente que o Sol executa ao longo de um dia ou de um ano.

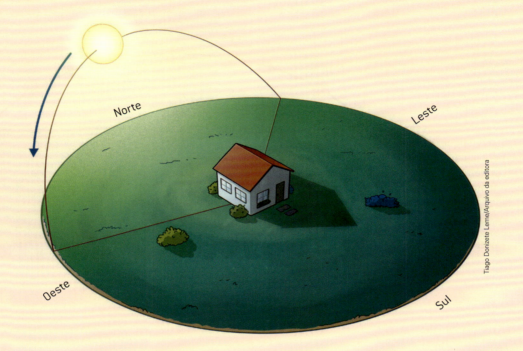

Ilustração do movimento aparente do Sol no hemisfério sul.

(Elementos representados em tamanhos e distâncias não proporcionais entre si. Cores fantasia.)

Se você observar diariamente o nascer e/ou o pôr do Sol, verá que todos os dias o Sol nasce no horizonte denominado leste ou nascente, descreve uma trajetória no céu (o caminho que ele percorre) e se põe no horizonte oeste ou poente.

Esse movimento diário do Sol pode ser acompanhado por um dispositivo de observação bastante simples, o gnômon, muito usado na antiga Grécia e que os romanos adotaram. Com ele, os povos antigos marcavam as horas do dia, desde que houvesse sol.

Os gregos herdaram dos assírios, dos egípcios e dos babilônios muito do conhecimento da "astronomia da época". Segundo Heródoto, geógrafo e historiador grego que viveu no século V a.C., os gregos teriam adquirido dos babilônios os conhecimentos da esfera celeste, do gnômon e das doze partes do dia. Ainda segundo a História, foram os gregos que desenvolveram (associados aos conhecimentos astronômicos da época) conhecimentos geométricos, estabelecendo importantes relações entre ângulos, triângulos e círculos.

O gnômon

O gnômon consiste basicamente em uma haste vertical espetada em uma superfície horizontal e lisa. Ele deve estar posicionado em um local onde receba a luz do Sol durante a maior parte do dia; se possível, desde o amanhecer até o entardecer.

Ao observar e demarcar as sombras projetadas pelo gnômon durante o movimento diário aparente do Sol, é possível estabelecer uma relação entre o tamanho e a direção das sombras e as horas do dia. Veja as ilustrações a seguir.

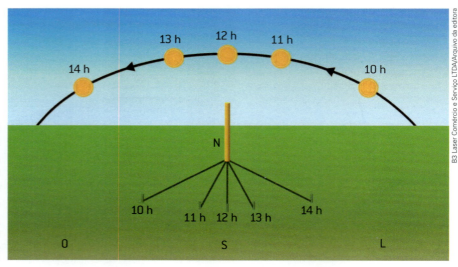

O gnômon, assim como qualquer objeto perpendicular ao plano, projeta sombras de tamanho e direção variados ao longo do dia.

(Elementos representados em tamanhos e distâncias não proporcionais entre si. Cores fantasia.)

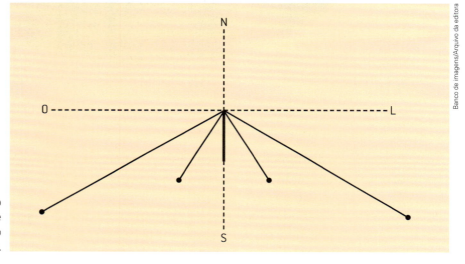

Sombras do movimento aparente do Sol projetadas pelo gnômon.

> É possível que você já tenha estudado como se localizar em ambientes terrestres ou em uma região e verificou a necessidade de ter como referência "pontos cardeais" indicados como norte, sul, leste e oeste.

No texto do boxe *Um pouco mais* da página 23, dissemos que o Sol nasce no horizonte leste e se põe no horizonte oeste, porém não afirmamos que ele nasce sempre no "ponto cardeal leste" e se põe no "ponto cardeal oeste", pois não é assim que acontece.

Ao se observar a trajetória do Sol em diferentes épocas do ano, verifica-se que ele nasce sempre no leste e se põe sempre no oeste, porém em diferentes posições na linha do horizonte. Nessa observação, é possível notar que o ponto no horizonte onde o Sol nasce e se põe desloca-se para o norte e para o sul, à medida que os dias e meses passam.

Ao fazer essa observação ao longo de um ano, verifica-se que o Sol nasce exatamente no ponto cardeal leste e se põe exatamente no ponto cardeal oeste em apenas dois dias.

Nesses dias, o período de claridade (dia) e o período de escuridão (noite) terão a mesma duração. Esse fenômeno é chamado **equinócio**.

Se o observador estiver no hemisfério sul (imagem **A**), as trajetórias observadas serão tanto mais inclinadas para o norte, quanto mais distante o observador estiver localizado do equador para o sul. No hemisfério norte (imagem **B**), as trajetórias observadas serão tanto mais inclinadas para o sul, quanto mais distante o observador estiver localizado do equador para o norte.

Equinócio: (em latim, *aequus* significa 'igual', e *nox* significa 'noite'); portanto, significa "noites iguais" e representa a ocasião em que o período iluminado (dia) e o período escuro (noite) têm a mesma duração, ou seja, 12 horas cada período.

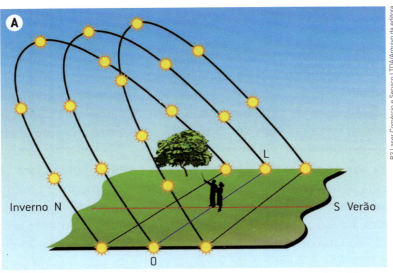

Movimento anual do Sol visto numa região tropical do hemisfério sul (entre o equador e o trópico de Capricórnio).
(Elementos representados em tamanhos e distâncias não proporcionais entre si. Cores fantasia.)

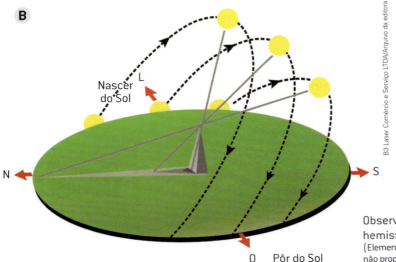

Observador em uma região tropical do hemisfério norte.
(Elementos representados em tamanhos e distâncias não proporcionais entre si. Cores fantasia.)

Capítulo 1 • Um olhar para o Universo

Solstício: em Astronomia, solstício (do latim *sol* + *sistere* = 'que não se mexe', 'sol parado') é o momento em que o Sol, durante seu movimento aparente na esfera celeste, atinge o maior afastamento para o norte ou para o sul, medido a partir da linha do equador.

Quando o Sol atinge seu máximo afastamento do ponto cardeal leste para o norte ou para o sul, chamamos esse fenômeno de **solstício**.

A observação desse movimento diário aparente do Sol durante o ano na direção norte-sul possibilitou a marcação das estações do ano pelas antigas civilizações. Observe a ilustração a seguir.

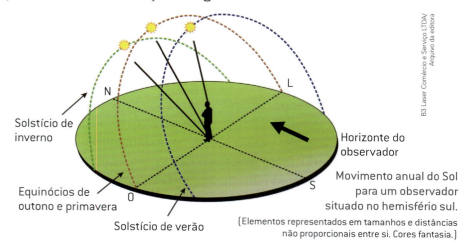

Movimento anual do Sol para um observador situado no hemisfério sul.
(Elementos representados em tamanhos e distâncias não proporcionais entre si. Cores fantasia.)

Para nós, habitantes do hemisfério sul, seria possível indicar, resumidamente, as estações do ano a partir do movimento aparente do Sol, começando, por exemplo, pelo equinócio de outono, que ocorre aproximadamente no dia 22 de março. Durante essa estação, o Sol se desloca lentamente, dia após dia, no horizonte leste em sentido norte, atingindo o seu máximo afastamento no solstício de inverno, no dia 21 de junho.

Após atingir o máximo afastamento ao norte, o Sol iniciará seu deslocamento, dia após dia, na direção sul até atingir novamente o ponto cardeal leste aproximadamente no dia 22 de setembro, quando teremos o equinócio de primavera. Nessa estação, o Sol continuará seu deslocamento no sentido sul, atingindo seu máximo afastamento aproximadamente no dia 21 de dezembro, quando teremos o solstício de verão. A partir do solstício de verão, o Sol recomeçará novamente seu movimento no sentido norte. O intervalo de tempo entre dois solstícios e dois equinócios iguais e consecutivos é chamado de **ano solar** e tem duração aproximada de 365 dias.

> O **ano solar** médio tem a duração de aproximadamente 365 dias, 5 horas, 48 minutos e 46 segundos (365,2422 dias). Ele também é conhecido como ano trópico. A cada quatro anos, as horas extras acumuladas são reunidas no dia 29 de fevereiro, formando o ano bissexto, ou seja, o ano com 366 dias.

Nascer do Sol durante o ano, ao longo do horizonte leste.
a) Solstício de inverno (21 de junho);
b) equinócio de primavera (22 de setembro) ou equinócio de outono (22 de março);
c) solstício de verão (21 de dezembro).

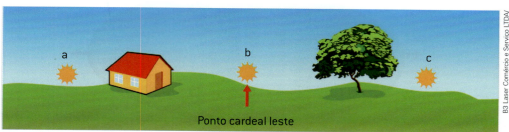

(Elementos representados em tamanhos e distâncias não proporcionais entre si. Cores fantasia.)

EM PRATOS LIMPOS

A variação do período iluminado e do período escuro em um dia de 24 horas é igual em todas as regiões da Terra?

Não, pois, conforme vimos anteriormente, quanto mais afastados estivermos do equador terrestre, tanto para o norte como para o sul, maiores serão as diferenças observadas entre os dias (período iluminado) e as noites (período escuro) ao longo do ano. No equador, essa diferença é tão pequena que os dias e as noites têm praticamente a mesma duração em qualquer época do ano. Nos polos essa diferença seria tão acentuada que o período iluminado duraria, em tese, aproximadamente seis meses, e o período escuro também, aproximadamente, seis meses, sendo respectivamente denominados **dia polar** e **noite polar**.

Como vimos, o gnômon pode ser utilizado para "marcar" as horas do dia e também para delimitar alguns períodos do ano indicativos das estações, conforme o tamanho e a direção das sombras projetadas.

Se observarmos o comprimento da sombra de um gnômon sempre ao meio-dia (sombra mínima), veremos que, ao longo do ano, no mesmo local, seu comprimento vai variar atingindo o menor tamanho no solstício de verão e o maior no solstício de inverno. Veja a ilustração abaixo.

Relógio de sol em praça na cidade de Gdansk, na Polônia, em 2016.

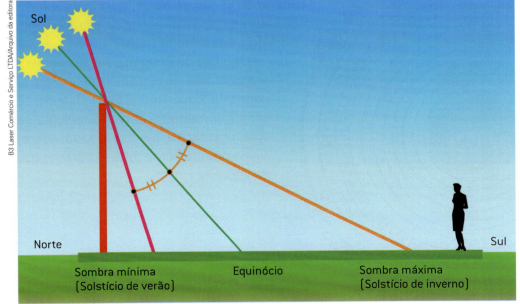

Elaborado com base em <http://each.uspnet.usp.br/ortiz/classes/seasons_s.pdf> (acesso em: 16 ago. 2018).

A variação da sombra mínima ao longo do ano determina o começo e o fim das estações do ano.

(Elementos representados em tamanhos e distâncias não proporcionais entre si. Cores fantasia.)

Capítulo 1 • Um olhar para o Universo

Modelo geocêntrico

Ao se basearem na observação dos movimentos do Sol e de outros astros, como a Lua, os planetas e as estrelas, alguns de nossos antepassados acreditaram, durante muito tempo, que todos esses elementos giravam à nossa volta, isto é, ao redor da Terra, que estaria fixa no centro do Universo.

> **UM POUCO MAIS**
>
> ### Quem criou a teoria geocêntrica?
>
> Segundo alguns astrônomos e historiadores, a concepção geocêntrica (Terra no centro do Universo) deve ser atribuída a Platão, embora a teoria tenha sido estruturada por seu discípulo Aristóteles. Outro discípulo de Platão, Eudoxo, deu suporte matemático à teoria. O modelo de Aristóteles é apresentado como uma esfera gigantesca, porém finita, onde estariam incrustadas as estrelas, e dentro dessa esfera haveria outras esferas na qual se encontrariam os planetas conhecidos na época e, entre eles, o Sol e a Lua, girando em órbitas circulares perfeitas em torno da Terra, que se manteria imóvel no centro do sistema. Para Aristóteles, a circunferência e a esfera eram figuras geométricas que encarnavam a perfeição.

O modelo geocêntrico (*geo* = 'Terra', *kéntron* = 'centro') é o modelo cosmológico mais antigo e utilizado durante mais tempo para explicar os mecanismos do Universo.

Na Antiguidade e até o século XVI era raro quem discordasse da visão geocentrista. Coube ao matemático e astrônomo grego Ptolomeu (90 d.C.- -168 d.C.), na sua obra *Almagesto*, sistematizar todo o conhecimento acumulado pelos gregos, dando forma final a essa teoria. Isso ocorreu no século II da nossa era, e afirmava-se que a Terra estaria imóvel no centro, cercada por muitas esferas transparentes. Cada uma dessas esferas era responsável pelo movimento de cada um dos astros a partir do centro, nesta ordem: esfera da Lua, de Mercúrio, de Vênus, do Sol, de Marte, de Júpiter e de Saturno. Depois da esfera de Saturno vinha a esfera das estrelas fixas.

O modelo de Ptolomeu foi prontamente assimilado e difundido pelas sociedades da Idade Média. Esse sistema se mostrou muito favorável à teologia da Igreja católica e, por essa razão, sobreviveu praticamente intacto durante treze séculos.

Modelo geocêntrico de Ptolomeu, de 1524.

Modelo heliocêntrico

O modelo geocêntrico proposto por Ptolomeu foi aceito por mais de 1 500 anos. Era muito difícil contestá-lo. Afinal, os olhos eram os únicos meios de observação disponíveis e o modelo era encarado pelos religiosos como um dogma, ou seja, uma verdade absoluta.

Havia, porém, uma antiga ideia proposta por Aristarco de Samos, um astrônomo grego que viveu no século III a.C. Ele acreditava que era o Sol, e não a Terra, que ocupava o centro do Universo e que a Terra girava ao redor do Sol, assim como os demais planetas. Esse era o modelo heliocêntrico (*helius* = 'Sol', *kéntron* = 'centro').

Alguns cientistas que viveram no século XVI retomaram o modelo sugerido por Aristarco. Entre eles, Nicolau Copérnico, um astrônomo e matemático polonês cujos trabalhos científicos foram fundamentais para a adoção desse modelo cosmológico.

A teoria heliocêntrica conseguiu dar explicações mais simples e naturais para os fenômenos observados e conseguiu explicar alguns fenômenos que a teoria geocêntrica não explicava, por exemplo, o movimento dos planetas na esfera celeste ao longo dos anos. Copérnico, porém, não conseguiu prever as posições dos planetas de forma precisa nem conseguiu provar que a Terra estava em movimento.

Com o passar dos anos, as ricas contribuições feitas por Tycho Brahe, Johannes Kepler, Galileu Galilei e Isaac Newton confirmaram o sistema heliocêntrico como o mais adequado de todos os modelos, propondo explicações convincentes sobre o movimento dos astros na abóbada celeste. Mas esse já é um assunto para um próximo capítulo.

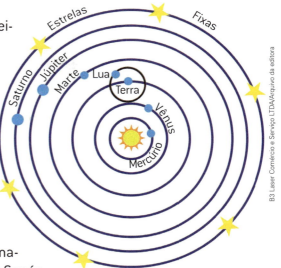

Modelo heliocêntrico de Copérnico. No centro o Sol, em torno do qual giram os planetas (entre eles, a Terra). A Lua passa a ser satélite da Terra, por girar à sua volta. Assim como no modelo geocêntrico, as estrelas ainda estão fixas em uma esfera.

NESTE CAPÍTULO VOCÊ ESTUDOU

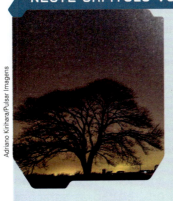

- Os corpos celestes e quais fazem parte do "Universo observável".
- O ano-luz.
- O que são galáxias.
- A Via Láctea: a galáxia em que se encontram o Sol e a Terra.
- As estrelas.
- O que são constelações e asterismos, e como se orientar pelo Cruzeiro do Sul.
- Planetas, satélites naturais, planetas-anões, cometas, meteoroides e meteorito.
- Concepções do Universo.
- O gnômon e o movimento diurno e anual aparente do Sol.
- Modelo geocêntrico e modelo heliocêntrico.

ATIVIDADES

PENSE E RESOLVA

1. O que é uma galáxia? Qual é o nome da galáxia na qual está localizado o planeta Terra?

2. Diferencie estrelas de planetas.

3. Como definimos e diferenciamos meteoro e meteorito?

4. Qual a importância da constelação do Cruzeiro do Sul para a localização geográfica no nosso planeta?

5. Além das prováveis funções religiosas, os monumentos megalíticos eram também utilizados para outras finalidades. A respeito deles, responda: Que outras funções desempenhavam?

6. Qual é a grande utilidade do gnômon para as antigas civilizações, que pode ser observada também nos dias de hoje?

7. Qual é a concepção de Universo do modelo geocêntrico? Cite alguns filósofos e/ou astrônomos defensores e propagadores do modelo geocêntrico.

8. Qual é a concepção de Universo do modelo heliocêntrico? Cite alguns astrônomos que ao longo do tempo demonstraram ser esse modelo o mais adequado.

SÍNTESE

1. Os agrupamentos de estrelas, conhecidos como constelações, receberam seus nomes dos povos antigos, que os associavam a certas figuras. As imagens abaixo mostram os astros presentes em uma constelação e a imagem associada a ela. Observe-as e responda às perguntas:

a) Qual nome deve estar associado a essa constelação?

b) Todas as estrelas que formam a constelação mostrada estariam à mesma distância da Terra?

c) Por que não conseguimos observar essa constelação durante o dia?

2. Observe as duas ilustrações abaixo, que mostram situações da posição do Sol no seu movimento aparente na abóbada celeste.

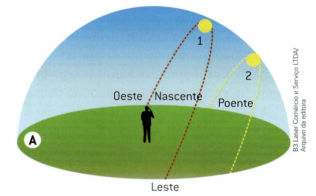

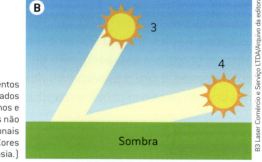

(Elementos representados em tamanhos e distâncias não proporcionais entre si. Cores fantasia.)

a) Considere, na situação **A**, que um observador localizado no centro da linha do horizonte observe as posições do Sol no mesmo horário e local, porém em épocas diferentes do ano. Que números você poderia associar a uma época "mais quente" e a uma época "mais fria"? Por quê?

b) Observando as trajetórias do Sol indicadas por 1 e 3 e por 2 e 4 e considerando sua resposta ao item anterior, que associação poderia ser feita em relação às estações do ano para os dois hemisférios da Terra?

c) Observando as situações **A** e **B**, que números poderiam indicar um período escuro (noite) maior que um período iluminado pela luz solar (dia)?

30

3 Analise todas as informações mostradas nas ilustrações abaixo.

(Elementos representados em tamanhos e distâncias não proporcionais entre si. Cores fantasia.)

a) Com base nas informações das ilustrações é possível deduzir que fenômeno importante estaria ocorrendo? Qual seria ele?

b) Para habitantes da região tropical do hemisfério norte, quais estações do ano poderiam estar começando?

4 Veja a ilustração abaixo, que representa uma pessoa no hemisfério sul que observa, ao longo do ano, as posições do pôr do Sol.

Qual, entre as três trajetórias indicadas na ilustração, poderia representar:

a) o Sol se pondo nos dias de equinócio de primavera e de outono?

b) o Sol se pondo no dia do solstício de verão?

c) o Sol se pondo no dia de solstício de inverno?

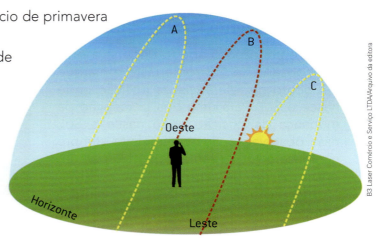

Elaborado com base em Relações Sol-Terra-Lua. Curso de aperfeiçoamento de professores. Fundação Planetário da Cidade do Rio de Janeiro.
(Elementos representados em tamanhos e distâncias não proporcionais entre si. Cores fantasia.)

DESAFIO

1 Os povos antigos conheciam o Sol, a Lua, Saturno, Júpiter, Marte, Mercúrio e Vênus. Vários desses povos adoravam esses astros, pois acreditavam que eram deuses. Para homenageá-los, eles atribuíram o nome deles aos sete dias da semana. Ainda hoje, em várias línguas, os dias da semana estão relacionados ao nome desses astros.

Associe os nomes dos astros mencionados acima com os números 1 a 7 no quadro.

Dia da semana	1. Domingo	2. Segunda-feira	3. Terça-feira	4. Quarta-feira	5. Quinta-feira	6. Sexta-feira	7. Sábado
Inglês	Sunday	Monday	Tuesday	Wednesday	Thursday	Friday	Saturday
Espanhol	Domingo	Lunes	Martes	Miércoles	Jueves	Viernes	Sábado
Italiano	Domenica	Lunedi	Martedi	Mercoledi	Giovedi	Venerdi	Sabato
Francês	Dimanche	Lundi	Mardi	Mercredi	Jeudi	Vendredi	Samedi
Latim	Solis dies	Lunae dies	Martis dies	Mercuri dies	Jovis dies	Veneris dies	Saturni dies

2 Em abril de 2007 foi noticiada, com bastante euforia, a descoberta de um planeta extrassolar (fora do Sistema Solar), feita por astrônomos da França, de Portugal e da Suíça. Por ser parecido com a Terra, esse planeta, localizado a 20,5 anos-luz, foi batizado de Super Terra.

Se fosse possível viajar em um foguete com velocidade igual à velocidade da luz, quanto tempo duraria uma viagem de ida e volta para a "Super Terra"?

3 Com base no que você aprendeu sobre distâncias astronômicas e o conceito de ano-luz, explique a frase: "Quando olhamos para as estrelas, estamos olhando para o passado".

PRÁTICA

"Experimento virtual": O nascer do Sol no horizonte leste

1 Procure um espaço aberto onde seja possível observar o horizonte leste e marque um ponto de referência da posição onde nasce o Sol. Para uma boa percepção da mudança da posição onde nasce o Sol, essa observação deverá ser feita sempre no mesmo local, semanalmente, por um prazo mínimo de seis meses. Se possível, a observação deve se estender durante o ano todo.

2 Considere que você está no hemisfério sul, em uma região próxima ao trópico de Capricórnio, e que você iniciou sua observação no dia 22 de março, dia do equinócio.

a) O que será possível observar por volta do dia 21 de junho em relação ao afastamento da posição inicial feita em março?

b) Que nome damos a esse "dia especial" para o nosso hemisfério?

c) Que estação do ano estaria iniciando?

3 Considere neste "experimento virtual" que você continue observando a posição do nascer do Sol todas as semanas.

a) O que será possível observar por volta do dia 22 de setembro em relação ao deslocamento da posição feita em 21 de junho e em relação à posição inicial feita em março?

b) Que nome damos a esse "dia especial" para o nosso hemisfério?

c) Que estação do ano estaria iniciando?

4 Sendo possível continuar as observações semanais, responda:

a) O que será observado por volta do dia 21 de dezembro em relação ao deslocamento da posição observada em 22 de setembro?

b) Que nome damos a esse "dia especial" para o nosso hemisfério?

c) Que estação do ano estaria iniciando?

5 Observe a ilustração a seguir.

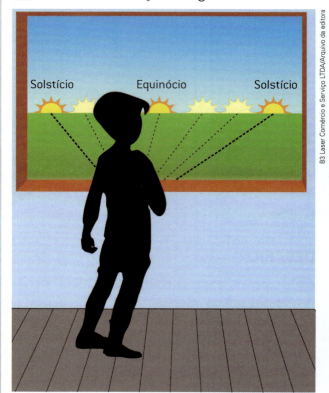

(Elementos representados em tamanhos e distâncias não proporcionais entre si. Cores fantasia.)

Baseando-se nas respostas dadas nas questões apresentadas e na ilustração acima, escreva um pequeno texto elaborando uma explicação para o fenômeno observado no "experimento virtual".

LEITURA COMPLEMENTAR

Horário de verão

Muitos reclamam da adoção do horário de verão. Ele visa maior aproveitamento da iluminação do Sol [além de economia de energia, principalmente a elétrica]. Especial revolta causa o fato de esse artifício ter seu começo na primavera [antes do início do verão]. Essa aparente precocidade não constitui um erro. Ela tem uma razão astronômica.

O verão [no hemisfério sul], como o definimos, começa em fins de dezembro, em um dia particular que abriga o solstício. Esse dia do solstício é registrado quando o Sol, em sua peregrinação anual pelo céu (um movimento aparente devido ao movimento da Terra), atinge seu máximo afastamento do equador celeste, em direção ao sul. Podemos perceber, também, que a duração da parte iluminada do dia (que também chamamos dia, em oposição à noite) é a maior possível no hemisfério sul.

Nesse dia do solstício, teremos a noite mais curta do ano. A partir dele, as noites vão ficando cada vez mais longas, com a mesma duração dos dias (no equinócio), e continuam crescendo até o máximo (no solstício de inverno). Assim, o dia do solstício de verão, com seu período de máxima iluminação, deveria ser o meio do verão, e não o seu início.

Mas falávamos do horário de verão. Pois bem, o solstício de dezembro — no hemisfério sul — marca o início dessa estação. [...] Na verdade, astronomicamente falando, o solstício deveria ser entendido como o auge do verão.

O relógio de rua em São Paulo (SP) anuncia o fim do horário de verão, em 2018.

(Aqui vale a pena enfatizarmos o termo "astronomicamente". As temperaturas mais quentes do ano, o que alguns poderiam chamar de auge do verão, acontecem depois, devido ao tempo que a atmosfera da Terra leva para se aquecer. Esse fato pertence aos domínios de estudo de outra ciência: a meteorologia.)

Não é de estranhar, então, que o início do verão como o conhecemos abrigue o meio do horário de verão. É por isso que o horário de verão começa em plena primavera e termina antes que o verão acabe. É bom lembrarmos que, quanto mais afastados estivermos do equador, mais acentuada será a diferença entre dias e noites ao longo do ano. Nas regiões Norte e Nordeste, essa diferença é tão pequena que o horário não justifica essa adoção.

Os que não são favoráveis ao horário de verão podem ainda achar vários pontos negativos em sua adoção. Só não podem, agora, reclamar que o horário de verão começa na primavera.

Fonte: MOVIMENTOS da Terra. Fundação Planetário do Rio de Janeiro. Disponível em: <http://www.planetariodorio.com.br/movimentos-da-terra/> (acesso em: 10 abr. 2018).

Questões

1. Qual é a finalidade do horário de verão, adotado em algumas regiões do Brasil?
2. Em que meses do ano são propostos o início e o final do horário de verão no Brasil? A quais estações do ano correspondem essas datas?
3. Em quais regiões do Brasil não é adotado o horário de verão? Por quê?

Capítulo 2

A forma da Terra

GSFC/NOAA/USGS/NASA

Planeta Terra visto do espaço.

Observe a imagem do planeta Terra visto do espaço. Agora, responda: Qual é a forma da Terra? Como você chegou a essa conclusão?

Nessa fotografia, obtida por satélite, podemos ver que a Terra tem formato arredondado. Mas será que nossos antepassados já imaginavam que a Terra teria essa forma, mesmo sem nunca terem visto uma fotografia ou ido ao espaço? Como eles poderiam ter chegado a essa conclusão?

Imagens como essa, que mostram a Terra como uma esfera quase perfeita, tornaram-se cada vez mais "aperfeiçoadas" a partir da metade do século XX.

Neste capítulo você poderá conhecer as principais evidências que permitiram à humanidade construir, ao longo da História, a ideia de que o nosso planeta tem formato arredondado, mesmo sem que ninguém antes o tivesse visto do espaço.

❯ Observando a Terra

Você já teve a oportunidade de olhar para a linha do horizonte em um local sem casas, prédios, morros ou mesmo sem outros elementos da natureza? Em vários pontos do litoral ou em locais mais afastados do interior, onde há menor interferência urbana, como construções altas e iluminação pública, isso ainda é possível.

Mas, mesmo diante de uma paisagem no horizonte, livre de interferências, é possível observar a curvatura da Terra?

Ao olhar para a linha do horizonte na praia, temos a impressão de que a Terra é plana. Na foto, praia em Florianópolis (SC), em 2018.

Para um observador situado em qualquer lugar do planeta, a impressão será sempre a mesma: a Terra parece plana, e não esférica.

Isso ocorre porque não conseguimos observar, de uma única vez, uma superfície suficientemente grande e arredondada e perceber a sua curvatura. Essa é a razão de nossos antepassados imaginarem que a Terra era "um grande plano".

Há lendas que relatam o medo das pessoas de navegar nos mares a longas distâncias dos locais onde viviam, temendo chegar a uma extremidade da Terra que as faria cair em um grande abismo!

Nossos antepassados imaginavam que a Terra era plana e limitada.

Capítulo 2 • A forma da Terra   35

Evidências indiretas do formato da Terra

Embora só recentemente tenha sido possível observar a Terra do espaço e perceber que seu formato é quase esférico, ao longo da História, o ser humano fez diversas observações que o ajudaram a construir uma imagem do nosso planeta.

As primeiras ideias sobre o formato da Terra surgiram na Grécia antiga, onde o modelo da Terra plana foi inicialmente aceito. Ideias como essa, porém, começaram a ser discutidas e questionadas por muitos pensadores que, após colecionarem evidências indiretas sobre o formato da Terra, passaram a colocar em xeque a ideia inicial predominante. Vejamos algumas delas:

I. O Sol e a Lua, astros do nosso Sistema Solar, são visíveis a olho nu e têm formato esférico. Por comparação, o nosso planeta também poderia ter a mesma forma.

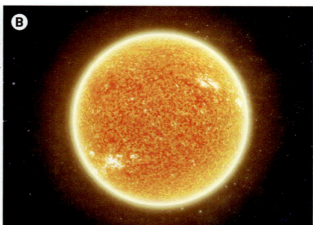

A Lua (A) e o Sol (B) são astros observados desde a Antiguidade.

(Elementos representados em tamanhos não proporcionais entre si. Cores fantasia.)

Antiguidade ou Idade Antiga: período da história da humanidade que se inicia com o surgimento da escrita (por volta de 4000 a.C.) e termina com a queda do Império Romano do Ocidente (em 476 d.C.).

II. Durante os eclipses lunares, observa-se que a sombra da Terra projetada na Lua tem formato circular. Os eclipses são fenômenos conhecidos desde a Antiguidade e ocorrem quando o Sol, a Terra e a Lua ficam alinhados. O eclipse lunar será estudado mais detalhadamente no 8º ano.

III. Desde que o ser humano começou a utilizar grandes embarcações com mastros para desbravar os mares e os oceanos, passou a ser muito comum uma prática durante a chegada e a partida dos navios: no porto,

Veja na imagem que a sombra da Terra projetada na Lua apresenta formato arredondado.

(Cores fantasia.)

muitas pessoas de pé no cais ficavam observando o vaivém das embarcações na linha do horizonte. Nesse momento, era possível perceber que:

- durante a aproximação, apareciam primeiro os mastros ao longe e só depois era possível ver o casco da embarcação por inteiro;

- quando as embarcações se afastavam do cais, as pessoas observavam o contrário: o casco era a primeira parte da embarcação que sumia na linha do horizonte; em seguida, o corpo do navio e, por último, o mastro. Era como se o navio estivesse afundando.

Com base nesses fatos, constatou-se que, se a Terra fosse plana, tanto o mastro como o casco das embarcações diminuiriam de tamanho ao mesmo tempo na linha do horizonte, até desaparecerem totalmente.

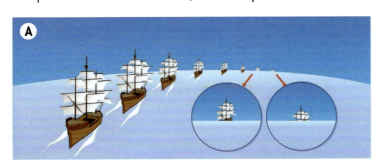

A ilustração **A** mostra o afastamento progressivo de uma embarcação na linha do horizonte. A imagem **B** ajuda a entender o "desaparecimento" do navio no mar.

(Elementos representados em tamanhos não proporcionais entre si. Cores fantasia.)

IV. Era comum nas civilizações da Antiguidade, como a grega, observar e registrar as estrelas e as constelações vistas no céu noturno. Muitos observadores, porém, ao se deslocarem para áreas um pouco mais afastadas, notavam que as constelações mudavam de posição no céu, e algumas estrelas que eram vistas no local onde moravam não eram vistas em outro.

Se a Terra fosse plana, como se supunha, seria possível ver as mesmas constelações e na mesma posição, independentemente do local onde estivesse o observador, desde que a observação fosse feita sempre no mesmo horário.

A observação sistemática e contínua do céu ao longo de milênios contribuiu muito para que várias civilizações se deslocassem pelos mares e pelos oceanos. Ao observar as posições do Sol (durante o dia) e das estrelas (durante a noite), era possível estabelecer pontos de referência que permitiam uma orientação necessária e mais precisa durante os grandes deslocamentos.

Textos históricos narram que, quando se deu o início das grandes navegações, os desbravadores que participaram dessas viagens relataram mudanças na "paisagem do céu" ao se deslocarem mar adentro e descreveram estrelas que não viam na região de onde partiam. Assim, as estrelas, de modo geral, se tornaram referências importantes na direção da rota a seguir em mar aberto.

Em sua famosa viagem ao Oriente, Cristóvão Colombo partiu do pressuposto de que, se a Terra fosse esférica, seria possível "voltar ao ponto de partida". Ele acreditava que poderia navegar em direção ao leste ou ao oeste e retornar ao ponto onde iniciara sua viagem.

Dois observadores em diferentes regiões observando o céu no mesmo horário.

(Elementos representados em tamanhos não proporcionais entre si. Cores fantasia.)

Capítulo 2 • A forma da Terra 37

Colombo decidiu que poderia chegar até o Oriente navegando para oeste, pelo Atlântico. Em 1492, porém, Colombo teria chegado ao continente americano (então chamado Novo Mundo) imaginando ter atingido o Japão e a Índia.

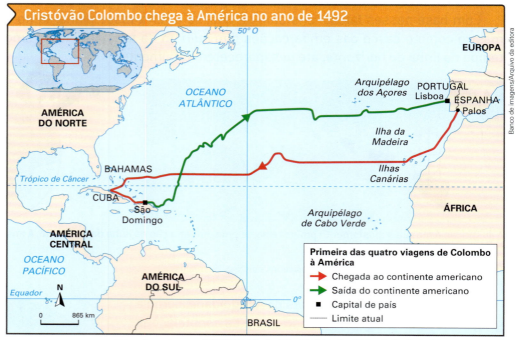

O projeto de Colombo consistia em chegar às Índias dando a volta ao mundo, mas, na verdade, ele acabou chegando ao continente americano.

Elaborado com base em VICENTINO, Cláudio. **Atlas histórico**: Geral & Brasil. São Paulo: Scipione, 2011. p. 90.

Quase trinta anos depois da chegada de Colombo à América, Fernão de Magalhães fez a primeira viagem de "volta ao mundo" e constatou: a Terra era maior do que se pensava na época e era, de fato, redonda.

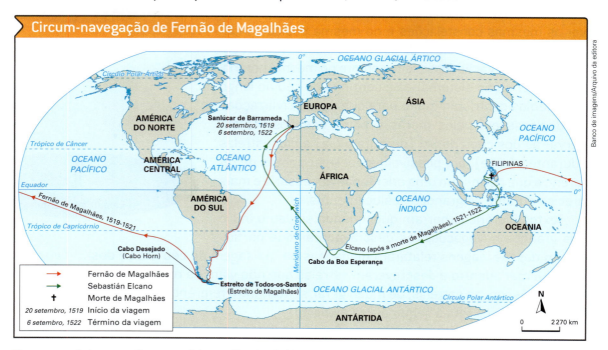

Observe, na linha vermelha, a rota feita por Fernão de Magalhães. Após sua morte nas Filipinas, Sebastián Elcano completa a viagem de circum-navegação, como indica a linha verde.

Elaborado com base em VICENTINO, Cláudio. **Atlas histórico**: Geral & Brasil. São Paulo: Scipione, 2011. p. 90.

Com o passar do tempo, a concepção sobre o formato do planeta Terra foi se modificando em razão do desenvolvimento da capacidade de observação e da criatividade de nossos antepassados, mesmo que ainda não possuíssem aparelhos ou instrumentos para uma observação direta e precisa.

Com o avanço dos conhecimentos astronômicos e, principalmente, cartográficos, foi possível a construção de alguns mapas da Terra, antes mesmo que o ser humano pudesse vê-la "por inteiro" e tivesse certeza de sua forma arredondada.

A partir de meados do século XX, muitas fotos obtidas por satélites mostram a Terra como uma esfera quase perfeita. Atualmente, é possível identificar qualquer lugar do planeta com bastante precisão e ainda calcular a sua circunferência com margem de erro muito pequena (menor que 1 km).

Instrumentos e recursos tecnológicos mais avançados na Ciência têm permitido obter dados muito mais precisos e, com isso, constatar que nosso planeta não é tão esférico assim.

Assista também!

***Cosmos.* Episódio 1 – Os limites do oceano cósmico.** Documentário. Criação: Carl Sagan e Ann Druyan. Direção: Adrian Malone. 1980. 6 min 37 s.

Nesse episódio, Carl Sagan (1934-1996) narra a observação feita por Eratóstenes (276 a.C.-195 a.C.) para constatar a esfericidade da Terra.

EM PRATOS LIMPOS

A Terra é realmente esférica?

A rigor, o planeta Terra não é um corpo esférico. A esfera é apenas a forma geométrica que mais se aproxima do formato do nosso planeta. Apesar de ser algo praticamente imperceptível, ela é levemente achatada nos polos, o que faz com que a distância entre eles e o seu centro seja diferente em relação a outros pontos da Terra. Além disso, sua superfície é muito irregular, apresentando cadeias de montanhas, depressões e outros acidentes geográficos.

De acordo com os dados obtidos pela sonda espacial GOCE (Gravity field and steady-state Ocean Circulation Explorer), da Agência Espacial Europeia, a Terra apresenta forma **geoide**.

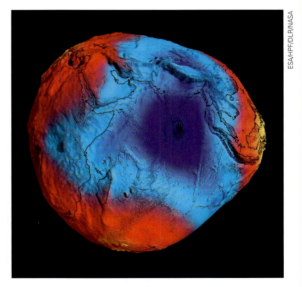

Modelo do planeta Terra criado por computador por meio de imagens de satélite que mostra seu formato geoide.

(Cores fantasia.)

Geoide: formato geométrico da Terra, quase esférico, mas levemente achatado nos polos.

NESTE CAPÍTULO VOCÊ ESTUDOU

- Evidências indiretas sobre o formato da Terra.
- O formato real da Terra.

ATIVIDADES

PENSE E RESOLVA

1. Quais foram as principais evidências observadas ao longo da História que ajudaram o ser humano a construir a ideia de que a Terra possui formato esférico?

2. Em que suposições se basearam Cristóvão Colombo e Fernão de Magalhães ao realizarem a "viagem de volta ao mundo"?

3. Por que somente a partir do século XX foi possível concluir que a Terra tem formato quase esférico?

4. Segundo dados atualizados, a Terra teria um formato esférico perfeito? Justifique.

SÍNTESE

Escreva um pequeno resumo do capítulo utilizando as seguintes palavras-chave:
- Antiguidade
- Formato da Terra
- Terra plana
- Evidências indiretas
- Linha do horizonte
- Eclipse
- Geoide
- Estrelas
- Satélites

DESAFIO

Objetos de diferentes formatos podem produzir sombras circulares?

Crie um procedimento que ajude a responder à questão acima e faça uma lista de objetos que podem produzir sombras circulares.

PRÁTICA

Atividade I – A caixa misteriosa

> Esta atividade não se resume a um jogo. Trata-se de procedimentos necessários à coleta de dados para estabelecer algumas evidências indiretas sobre os possíveis materiais.

Objetivo

Compreender como a Ciência trabalha com **evidências indiretas**.

Material

- "Caixa preta" (fornecida pelo professor)
- Lápis ou caneta
- Papel para anotações

Procedimento

1. Cada grupo de estudantes deve receber uma caixa totalmente fechada com alguns objetos contidos em seu interior.

2. Todos os componentes do grupo deverão manusear a caixa, utilizando os recursos possíveis para identificar as propriedades dos materiais e as características que podem estar associadas aos objetos que estão dentro da caixa, porém sem nomeá-los.

3. O grupo deve anotar no caderno algumas hipóteses sobre o "tipo" de material e características dos objetos contidos na caixa e apresentá-las na síntese final da atividade (discussão entre os grupos).

4. A caixa deve ser entregue a outro grupo para observações e análise, e assim sucessivamente, até que todos tenham feito a avaliação dos objetos.

5. Somente após todos os grupos terem feito a análise das propriedades dos materiais, identificado as características dos objetos e entregue sua síntese final para início da discussão, os grupos poderão identificar os objetos.

Discussão final

1. Quais características principais vocês conseguiram associar aos objetos no interior da caixa?

2. Para tentar identificar as características dos objetos que estavam dentro da caixa, vocês realizaram alguns procedimentos muito comuns na Ciência. Quais foram eles?

3. Vocês poderiam pensar em algum equipamento científico que os teria auxiliado na identificação do objeto? Qual(is)?

Atividade II – Terra plana ou redonda?

Objetivo

Verificar as diferenças entre as sombras projetadas por objetos em uma superfície esférica e em uma superfície plana.

Material

- 1 bola de isopor de tamanho médio
- 1 pequena placa plana de isopor
- Palitos de dente
- Local iluminado pelo Sol ou por apenas uma lâmpada fluorescente compacta (ou de LED).

> **ATENÇÃO!**
> Cuidado ao trabalhar com objetos pontiagudos e perfurantes, como palitos de dente. Se necessário, peça ajuda a um adulto para supervisionar este experimento.

Procedimento

1. Espetem vários palitos na bola e na placa de isopor, distribuindo-os ao longo de toda a superfície que será iluminada. Vocês devem ter um cuidado especial: os palitos devem ser "espetados" (fixados) perpendicularmente à superfície da bola e da placa, todos com a mesma altura e com distância mínima de 3 cm entre eles. Assim, eles poderão "representar" corpos de mesmo tamanho sendo iluminados e projetando sombras (veja as figuras **A** e **B**).

2. Coloquem a bola e a placa com os palitos espetados em uma superfície plana onde possam ser iluminados pelo Sol ou por uma lâmpada.

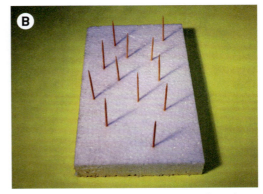

Superfície circular com palitos de dente fincados.   Superfície plana com palitos de dente fincados.

3. Observem atentamente as sombras projetadas pelos palitos. Discutam as observações do grupo e as anotem no caderno.

Discussão final

1. As sombras na bola apresentam o mesmo tamanho e a mesma direção?
2. As sombras na placa apresentam o mesmo tamanho e a mesma direção?
3. Imagine uma situação hipotética: Paulo e Pedro, amigos há muitos anos, decidiram fazer uma observação astronômica juntos, apesar de não morarem na mesma região. Paulo mora em Porto Alegre, e Pedro, em Maceió. Eles combinaram que em um mesmo dia ensolarado no mês de janeiro, às 10 h, colocariam um cabo de vassoura de mesmo tamanho, perpendicular à superfície de um solo plano e observariam as sombras projetadas pelo objeto. O que você espera que eles observem em relação ao tamanho e à posição da sombra em cada local? Justifique sua resposta.

LEITURA COMPLEMENTAR

Carl Sagan mostra como gregos antigos já sabiam que a Terra era redonda

Em Cosmos, o astrônomo explica como Eratóstenes fez a descoberta observando apenas a sombra de duas colunas e a distância entre elas

Em uma recente declaração, o jogador de basquetebol Shaquille O'Neal disse não acreditar no fato de a Terra ser redonda. Segundo o esportista, ele é um dos crentes da teoria de que o planeta é, na verdade, plano.

Talvez seja porque o assunto tenha (surpreendentemente) voltado à tona que um vídeo de Carl Sagan em seu programa dos anos 1980, *Cosmos*, começou a circular na internet nos últimos tempos. Nele, o apresentador explica como alguns gregos antigos já haviam descoberto, através da simples observação, que a Terra é, de fato, uma esfera.

Carl Sagan foi astrofísico, astrônomo e escritor. Sua série televisiva *Cosmos*, de 1980, foi recentemente regravada por Neil de Grasse Tyson e continua fazendo sucesso com seu conteúdo de divulgação científica.

Ele foca na história de Eratóstenes, um estudioso grego chefe dos bibliotecários na Biblioteca de Alexandria que viveu entre os anos de 276 a.C. e 195 a.C. O erudito descobriu não só que vivíamos em uma esfera como também chegou ao valor muito próximo de sua circunferência. Tudo isso utilizando apenas "varas, olhos, pés, cérebro e o prazer de experimentar", como explica Sagan no vídeo.

Para fazer isso, Eratóstenes observou a sombra de duas colunas, uma colocada em Siena e outra em Alexandria. Ele notou que em Siena, no dia do solstício de verão, ao meio-dia, o Sol ficava em seu ponto mais alto e a coluna lá instalada não projetava nenhuma sombra. Diferente daquela de Alexandria, que produzia uma pequena mancha no chão. Sagan explica então que, se a Terra fosse achatada, ambas as estruturas produziriam sombras iguais. Mas, como o planeta é esférico, o sombreamento varia.

Após essa descoberta, calcular a circunferência da Terra foi (quase) simples [...] [...] Fazendo as contas, ele [Eratóstenes] chegou à medida de 40 mil quilômetros como a circunferência do planeta. Hoje, sabemos que ele errou por apenas por 75 quilômetros.

Eratóstenes também desenvolveu um sistema de latitudes e longitudes, um mapa do mundo (do que era conhecido na época) e também um modo de calcular todos os números primos existentes.

Fonte: Revista **Galileu**. Publicado em: 24/3/2017. Disponível em: <http://revistagalileu.globo.com/Ciencia/noticia/2017/03/carl-sagan-mostra-como-gregos-antigos-ja-sabiam-que-terra-era-redonda.html> (acesso em: 5 mar. 2018).

Questões

1 Identifique no texto a evidência indireta usada por Eratóstenes para argumentar que a Terra apresentava formato esférico.

2 Com base no que você estudou, escreva um argumento que possa convencer o jogador de basquetebol Shaquille O'Neal de que a Terra é redonda.

Capítulo 3
A estrutura da Terra

Poço de água: Gabor Nemes/kino.com.br
Poço de petróleo: Delfim Martins/Pulsar Imagens

Observe as fotos acima. O que há em comum entre um poço de petróleo e um poço de água?

Poderíamos afirmar, entre outras coisas, que os dois poços surgiram de uma perfuração na superfície para dentro da Terra. Você já imaginou como é o "interior" da Terra? Quais são as suas características? Qual é a sua estrutura?

A curiosidade e o conhecimento baseado na observação têm levado o ser humano, ao longo do tempo, a criar histórias e explicações fantasiosas de como seria o interior da Terra. Crenças sobre divindades, seres fantásticos, cidades subterrâneas e cavernas secretas povoaram o imaginário de muitas civilizações.

Somente no final do século XIX, com base em conhecimentos científicos e na evolução tecnológica, foi possível criar um modelo de como seria o interior da Terra. Neste capítulo vamos conhecer um pouco sobre a região interna do nosso planeta.

Nas fotografias vemos um poço de petróleo em Carmópolis (SE), em 2018, e um poço artesiano em Campo Limpo Paulista (SP), em 2018.

Capítulo 3 • A estrutura da Terra   43

❯ O estudo da Terra

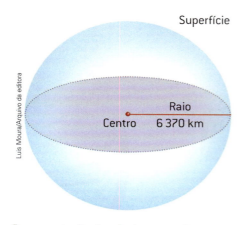

Representação do raio de uma esfera. No planeta Terra, que tem formato quase esférico, essa distância é de aproximadamente 6 370 km.

(Cores fantasia.)

A Terra tem formato quase esférico e aproximadamente 6 370 km de raio, ou seja, essa é a distância aproximada da superfície ao centro do planeta (veja na figura ao lado).

Como as maiores perfurações já realizadas não ultrapassaram os 13 km de profundidade, o ser humano só teve acesso a uma pequena parte do interior do planeta. Então, como é possível conhecer o que existe abaixo da superfície, a profundidades maiores?

Ao longo de décadas de observação e estudo das causas e das consequências da atividade de vulcões e dos terremotos, **geólogos** e outros cientistas ligados aos estudos do interior da Terra criaram uma série de suposições sobre como deve ser sua estrutura interna.

O **modelo** atualmente usado para estudar a estrutura da Terra considera que ela é formada por um conjunto de camadas ou regiões com características diferentes.

Geólogo: profissional que estuda a origem, a formação, a estrutura e a composição da crosta terrestre e as alterações sofridas por ela no decorrer do tempo. O geólogo também investiga os impactos ambientais causados no planeta pelas ações humanas.

➕ UM POUCO MAIS

Modelo

A palavra **modelo** pode ter muitos significados. Por exemplo: "Ela é um modelo de bondade" ou "Esta maquete do prédio e seus arredores é um modelo de como ficará o edifício depois de pronto".

Maquete de parte da cidade do Rio de Janeiro (RJ).

Modelos de células animal e vegetal feitos de massa de modelar.

Na Ciência também podemos utilizar a palavra "modelo" como sinônimo de representação de algo. Os modelos muitas vezes nos ajudam a visualizar estruturas, fenômenos ou objetos que não podem ser observados de maneira direta. É o caso das camadas da Terra, cuja representação (modelo) foi construída com base em evidências indiretas.

Outro exemplo é o modelo geocêntrico, que você já estudou no capítulo 1. Durante muitos séculos, o ser humano acreditou que a Terra era o centro do Universo e todos os astros observáveis giravam ao seu redor (veja a figura ao lado). Esse modelo de representação do Universo foi chamado de geocentrismo ou modelo geocêntrico.

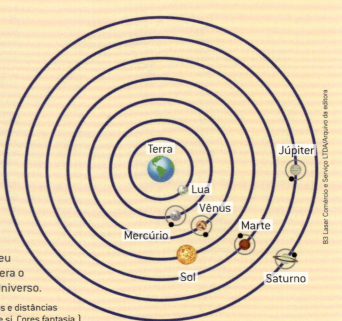

No modelo geocêntrico, estruturado por Aristóteles por volta de 350 a.C. e aperfeiçoado por Cláudio Ptolomeu (90 d.C.-168 d.C.), o planeta Terra era o centro do Universo.

(Elementos representados em tamanhos e distâncias não proporcionais entre si. Cores fantasia.)

Na Ciência, costuma-se criar um modelo idealizado de um sistema complexo que possa reproduzir de maneira simplificada a essência ou a organização desse sistema. A esse modelo damos o nome de **modelo científico**.

Os modelos também podem ser usados para simular eventos, em uma tentativa de demonstrar um comportamento semelhante ao que seria "real", ou seja, para representar como "algo funciona". Um exemplo são os simuladores utilizados em centros espaciais, escolas de aviação e autoescolas.

Convém ressaltar que os modelos têm limitações. No entanto, eles ajudam a entender e a explicar o que está sendo investigado ou estudado.

Simulador de voo utilizado para treinamento de pilotos.

Você já imaginou como é a estrutura da Terra? Nas páginas a seguir você verá um infográfico que representa esquematicamente as camadas que constituem o planeta Terra e também algumas de suas características.

Capítulo 3 · A estrutura da Terra

INFOGRÁFICO

As camadas da Terra

As camadas que constituem o planeta Terra são a crosta terrestre, o manto e o núcleo (externo e interno). Não existe uma separação exata entre uma região e outra.

Núcleo

É a camada mais interna da Terra, formada principalmente por ferro e níquel. Essa região é submetida às maiores pressões e também é a que apresenta as temperaturas mais altas: aproximadamente 5 000 °C. O núcleo pode ser dividido em duas partes:

Núcleo interno
Apresenta material no estado sólido.

Núcleo externo
Apresenta material no estado líquido.

Manto

É a camada localizada logo abaixo da crosta terrestre. Nele, as temperaturas variam entre 100 °C (próximo à crosta) e 3 400 °C (próximo ao núcleo). Os materiais que formam o manto próximo à crosta são encontrados geralmente no estado sólido. Em sua parte mais profunda, os materiais apresentam consistência pastosa por causa das elevadas temperaturas. Esses materiais são formados por rochas derretidas, e essa mistura é conhecida como **magma**.

(Elementos representados em tamanhos e distâncias não proporcionais entre si. Cores fantasia.)

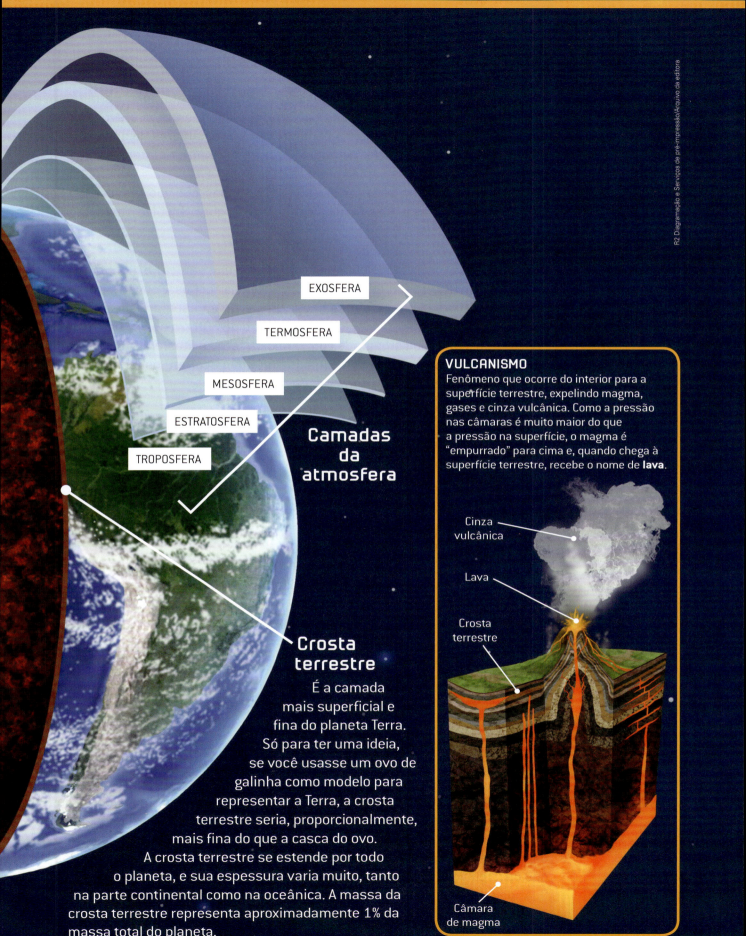

Camadas da atmosfera

- EXOSFERA
- TERMOSFERA
- MESOSFERA
- ESTRATOSFERA
- TROPOSFERA

Crosta terrestre

É a camada mais superficial e fina do planeta Terra. Só para ter uma ideia, se você usasse um ovo de galinha como modelo para representar a Terra, a crosta terrestre seria, proporcionalmente, mais fina do que a casca do ovo. A crosta terrestre se estende por todo o planeta, e sua espessura varia muito, tanto na parte continental como na oceânica. A massa da crosta terrestre representa aproximadamente 1% da massa total do planeta.

VULCANISMO

Fenômeno que ocorre do interior para a superfície terrestre, expelindo magma, gases e cinza vulcânica. Como a pressão nas câmaras é muito maior do que a pressão na superfície, o magma é "empurrado" para cima e, quando chega à superfície terrestre, recebe o nome de **lava**.

- Cinza vulcânica
- Lava
- Crosta terrestre
- Câmara de magma

A superfície da Terra

Tempo geológico: corresponde ao intervalo de tempo desde a formação da Terra até os dias de hoje e compreende, aproximadamente, 4,5 bilhões de anos.

Com o desenvolvimento tecnológico, surgiram aparatos que permitiram verificar que as diversas camadas da Terra interagem entre si e evoluem ao longo do **tempo geológico**. Nesse cenário, há alguns milhares de anos, surgiu um novo personagem – o ser humano –, que viria a interferir intensamente na superfície da Terra, a sua camada mais externa.

A superfície da Terra pode ser dividida em camadas, que vão desde a porção mais externa do manto até o final da camada de ar que a envolve. Veja a seguir.

Litosfera

É a camada formada pela crosta (continental e oceânica) e a porção mais externa do manto (astenosfera). De consistência rochosa, constitui os continentes, o relevo submarino e as ilhas. Apesar de apresentar espessuras de cerca de 100 km abaixo das regiões oceânicas e de 200 km abaixo das regiões continentais, quando comparada com o raio da Terra, a litosfera também pode ser considerada uma fina casca. É na litosfera que ocorrem os fenômenos de interação da superfície com o interior do planeta.

EM PRATOS LIMPOS

O chão onde pisamos se movimenta?

Você pode não acreditar, mas o chão onde pisamos se movimenta, sim. No entanto, esse movimento que ocorre na litosfera se dá muito lentamente e de maneira imperceptível.

Isso se justifica porque a crosta, que apresenta consistência sólida e resistente, se apoia na porção mais externa do manto (astenosfera), que apresenta uma consistência sólida pastosa. Guardadas as devidas proporções, é, mais ou menos, como colocar várias bolachas ou biscoitos (representando a crosta) sobre uma superfície de gelatina (representando a parte mais externa do manto). Com o movimento da Terra, a crosta realiza um leve "deslizamento" sobre a astenosfera.

Mas fique tranquilo, isso não é um terremoto!

Hidrosfera

É a camada que compreende toda a água do planeta. É formada por águas oceânicas (mares e oceanos); águas continentais (rios e lagos); depósitos e lençóis subterrâneos; calotas de gelo; umidade do ar (vapor e água condensada, nuvens). Nela ocorre o ciclo da água na natureza: o conjunto de fenômenos de circulação da água em todas as suas formas – líquida, gasosa e sólida. Quando se trata de água congelada, a hidrosfera é chamada de criosfera.

A maior parte da hidrosfera, cerca de 97%, é composta de águas oceânicas, e o restante é de água doce.

Veja no gráfico abaixo como é constituída a hidrosfera.

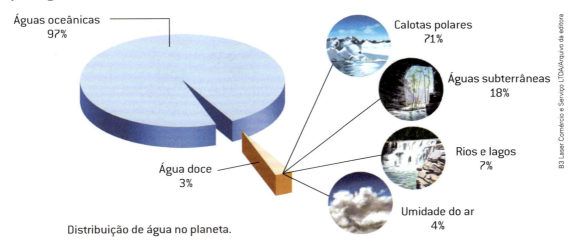

Distribuição de água no planeta.

Atmosfera

É a camada de ar que envolve a Terra. Nela ocorrem processos de distribuição de energia solar e de umidade por toda a superfície. Ela é fundamental para a vida em nosso planeta, pois protege a Terra de radiações nocivas e de meteoritos, participa da manutenção da temperatura média anual do planeta e contribui para a regulação e a distribuição do ciclo da água que ocorre na natureza.

Acima de 50 km de altitude a atmosfera é considerada muito rarefeita, isto é, com pouquíssima quantidade de ar disponível nesse espaço praticamente vazio.

A atmosfera também pode ser separada em camadas, sendo elas: troposfera, estratosfera, mesosfera, termosfera e exosfera.

(Elementos representados em tamanhos e distâncias não proporcionais entre si. Cores fantasia.)

Biosfera

É a camada onde se encontram todos os seres vivos e o conjunto de todos os biomas e ecossistemas do planeta. É formada pelo contato e pelo inter-relacionamento entre a litosfera, a hidrosfera e a atmosfera.

NESTE CAPÍTULO VOCÊ ESTUDOU

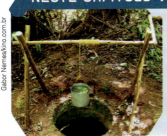

- A estrutura da Terra.
- Conceito de modelo.
- As camadas da Terra e suas principais características.

Capítulo 3 • A estrutura da Terra

ATIVIDADES

PENSE E RESOLVA

1 Em cursos de desenho artístico é muito comum a utilização de bonecos articulados como o da figura a seguir.

Boneco articulado.

Apesar de não poder se movimentar sozinho, o boneco pode servir de modelo para desenhar uma pessoa em movimento. Explique com suas palavras o que significa modelo nesse exemplo.

2 No cotidiano é possível deparar com diversos modelos científicos. Cite alguns deles.

3 Das camadas da Terra, qual apresenta a temperatura mais elevada e qual apresenta a temperatura mais baixa?

4 Quais camadas da Terra interagem entre si permitindo a manutenção da biosfera?

SÍNTESE

Neste capítulo conhecemos as camadas da Terra: núcleo, manto, crosta, hidrosfera, atmosfera, litosfera e biosfera. Agora, no caderno, faça um quadro indicando as camadas estudadas e as principais características de cada uma delas.

DESAFIO

Júlio Verne foi um escritor francês, considerado o inventor do gênero ficção científica, que fez em seus livros predições de vários avanços científicos. *Viagem ao centro da Terra* é o título de um de seus livros, em que é narrada a aventura de três homens que descobrem um caminho para o interior da Terra. A entrada desse caminho é um vulcão inativo localizado em uma ilha da Islândia (país do norte da Europa). Faça uma pequena pesquisa (em livros ou na internet) sobre Júlio Verne e seu livro *Viagem ao centro da Terra* e responda:

a) Em que século viveu Júlio Verne?

b) Cite um dos avanços científicos preditos por Júlio Verne.

c) Seria possível as pessoas viajarem ao centro da Terra como imaginou Júlio Verne? Justifique a sua resposta.

PRÁTICA

A Terra em escala

Objetivo

Construir um modelo do planeta Terra usando materiais simples.

Material

- 1 bola de isopor de aproximadamente 20 cm de diâmetro (deve ser oca e aberta no meio)
- 1 m de barbante
- 1 alfinete
- Régua graduada

Procedimento

1. **Para determinar o perímetro do modelo da Terra**: utilizando o barbante, envolva a bola de isopor (o modelo da Terra) na linha do "equador" e meça o comprimento do barbante. Anote essa medida em centímetros.

> **Perímetro**: comprimento dos lados de uma figura geométrica. Nesse caso, é o comprimento da circunferência.

2. **Para determinar a proporção entre o planeta Terra e o modelo da Terra**: sabemos que o perímetro da Terra é de aproximadamente 40 000 km. Para determinar a proporção entre os dois perímetros, basta dividir o perímetro da Terra (PT) pelo perímetro do modelo (PM).

$$\frac{PT}{PM} = \frac{40\,000\;km}{PM} = \text{número obtido (em km/cm)}$$

Anote o valor obtido. Cada 1 cm no modelo da Terra equivale a esse número obtido, em quilômetros, do planeta.

3. **Para determinar as espessuras das camadas no modelo da Terra**: agora que você já tem uma escala (proporção) entre seu modelo e a Terra, determine e caracterize a espessura das camadas no modelo reproduzindo e completando os dados da tabela abaixo. Em seguida, utilizando a régua graduada, indique as camadas da Terra no seu modelo.

> A espessura da crosta terrestre varia muito, entre 5 km e 10 km para a parte oceânica e entre 35 km e 70 km para a parte continental. Nesta atividade, vamos utilizar o tamanho médio da crosta terrestre.

Comparando as camadas da Terra com as camadas do modelo da Terra		
	Planeta Terra (km)	Modelo da Terra (cm)
Crosta terrestre	52,5	
Manto	2 900	
Núcleo externo	2 250	
Núcleo interno	1 250	

Fontes: TOLEDO, Maria Cristina Motta de. A Terra: um planeta heterogêneo e dinâmico. Disponível em: <www.igc.usp.br/index.php?id=165>; Estrutura interna da Terra. Disponível em: <https://midia.atp.usp.br/plc/plc0011/impressos/plc0011_03.pdf> (acesso em: 26 mar. 2018).

Discussão final

Com base na proporção obtida, responda às perguntas a seguir.

1. Você já deve ter ouvido falar do monte Everest. É o lugar mais alto na superfície terrestre, com seus quase 9 km de altitude. O ser humano só consegue chegar lá com máscaras para respiração em razão da pouca presença de ar. Qual é o valor dessa altitude no seu modelo de Terra? Se você utilizasse massinha de modelar para representar a altura do monte Everest e pudesse observar o modelo da Terra a certa distância, daria para perceber o "monte Everest" representado?

2. A exploração da crosta terrestre se dá em busca dos mais variados materiais (água, petróleo, amostras de rochas, etc.). A profundidade máxima conseguida até o momento foi de, aproximadamente, 13 km. Qual profundidade você teria de "perfurar" com o alfinete no seu modelo da Terra para representar a profundidade máxima feita no nosso planeta?

3. Apesar de algumas de suas camadas atingirem valores maiores de altitude, acima de 80 km há apenas traços insignificantes da atmosfera. Com que espessura a atmosfera seria representada no seu modelo da Terra? Considere 80 km de altitude máxima.

Capítulo 3 • A estrutura da Terra

LEITURA COMPLEMENTAR

Missão quer chegar até o centro da Terra em 2020

Consórcio internacional de cientistas planeja missão de um bilhão de dólares para perfurar a crosta terrestre e chegar ao manto. Com isso, pretendem decifrar antigos mistérios sobre a formação de nosso planeta

Trabalhadores a bordo do navio de pesquisa Chikyu, que conduz perfuradora capaz de atingir 7 mil metros abaixo do fundo oceânico. Japão, 2013.

Um mês depois de o jipe-robô Curiosity pousar na cratera Gale, em Marte, a humanidade alcançou outro ponto tão inexplorado quanto o planeta vermelho [...]. No dia 9 de setembro [de 2012], o navio japonês Chikyu escavou um buraco de 2 466 metros no fundo do mar e retirou amostras de rochas para pesquisas sobre o interior de nosso planeta. É a maior profundidade já atingida por uma missão científica e o mais próximo do manto terrestre [a] que o homem já chegou. [...]

Entre as décadas de 2020 e 2030, pretende-se triplicar essa distância, percorrendo [aproximadamente 4 000 metros de água e] seis quilômetros de rochas duras até atingir o manto terrestre – a camada imediatamente abaixo da crosta, onde podem estar guardados os segredos da formação do planeta e dos limites da vida. A região, que possui 68% da massa da Terra, ainda é um mistério para a ciência. "Perfurar até o manto é a missão mais desafiadora da história das Ciências da Terra", escreveram os geólogos responsáveis pelo projeto em um documento detalhando a escavação. [...]

Esforço internacional – A missão até o manto terrestre faz parte dos planos traçados pelo Programa Integrado para a Escavação do Oceano (IODP, na sigla em inglês) para os próximos dez anos. O programa reúne cientistas de vários países do mundo, como Estados Unidos, Japão e Austrália, com o objetivo de monitorar e coletar amostras do fundo do mar. O Brasil faz parte do projeto, e cientistas do país devem estar em todas as missões do programa – inclusive nas que buscam o centro da Terra.

Como a crosta da Terra mede de quatro a seis quilômetros debaixo do oceano e mais de trinta debaixo dos continentes, a missão terá de acontecer necessariamente em alto-mar. [...]

A viagem sem fim ao centro da Terra – O principal motivo para querer ir até o centro da Terra é simplesmente porque nunca estivemos lá. Tudo que sabemos sobre essa região e o que ela significa para a formação terrestre vem de evidências coletadas aqui na superfície. "Não temos nenhuma amostra do manto da Terra para estudar – e ele representa a maior parte de nosso planeta", diz o pesquisador Teagle.

As primeiras evidências da existência do manto foram coletadas pelo meteorologista croata Andrija Mohorovičić em 1909, quando ele percebeu que as **ondas sísmicas** [responsáveis pelos tremores que ocorrem no interior e na superfície da Terra] se moviam mais rápido abaixo dos 30 quilômetros de profundidade do que nas camadas acima, prevendo que haveria aí uma mudança na composição da Terra. A partir de rochas que chegaram até a superfície durante o surgimento de ilhas e vulcões, os pesquisadores sabem que a região é composta por minerais ricos em magnésio. [...]

Onda sísmica: movimento vibratório dos materiais que constituem as rochas, que se propaga através das camadas da Terra após liberação de grande quantidade de energia em determinado ponto do subsolo.

E é justamente na composição química dessas rochas que mora, segundo os cientistas, a resposta para alguns dos segredos mais antigos da ciência, como a origem de nosso planeta. "É a partir dessa análise que poderemos saber como a Terra foi formada, como o planeta evoluiu a partir disso e como ele funciona hoje", afirma Teagle. [...]

As perfurações mais profundas atingidas pelo ser humano		
Poço	Localização	Profundidade
Superfundo de Kola	Rússia	12 262 metros
504-B	litoral da Costa Rica	2 111 metros abaixo do subsolo marinho
Sakhalin-1	Rússia	12 376 metros
Navio Chikyu	litoral do Japão	2 466 metros abaixo do subsolo marinho

Fonte: ROSA, Guilherme. Revista **Veja**. Missão quer chegar até o centro da Terra em 2020. Publicado em: 6/5/2016. Disponível em: <http://veja.abril.com.br/ciencia/missao-quer-chegar-ate-o-centro-da-terra-em-2020/> (acesso em: 12 mar. 2018).

Questões

1. Por que existe preferência por atingir o manto perfurando a crosta a partir do fundo do oceano, e não da superfície do continente?

2. Em que se baseou o meteorologista croata Andrija Mohorovičić para estabelecer evidências científicas da existência do manto?

3. Por que os cientistas estão interessados na composição química dos materiais que possam vir a ser recolhidos do manto?

4. Será que tanto esforço – e dinheiro – gasto nesse projeto internacional vale a pena? Para a maioria absoluta dos cientistas ligados ao projeto, a resposta é sim. Você concorda com a opinião deles? Justifique.

Capítulo 4

A crosta terrestre: rochas e minerais

Christian Lathom-Sharp/Shutterstock

Muitos dos recursos necessários à sobrevivência dos seres humanos, como os usados em construção civil e na produção de eletrodomésticos, por exemplo, têm em sua composição diferentes tipos de rocha.

Você sabe o que são rochas? De que maneira podem ser usadas pelos seres humanos? Como elas são formadas? Elas podem sofrer alterações ao longo do tempo?

Muitas vezes não nos damos conta, mas inúmeros objetos do cotidiano têm como matéria-prima substâncias extraídas de diferentes tipos de rocha da crosta terrestre. A imagem acima traz alguns exemplos: os tijolos na parede, o vidro da janela, as pedras utilizadas no piso e no restante do ambiente, entre outros objetos, apresentam em sua composição partes de alguns tipos de rocha.

Ao estudar este capítulo, você conhecerá vários tipos de rocha e poderá, então, responder a essas e a muitas outras questões sobre esse assunto.

❯ O que compõe a crosta terrestre?

No capítulo 3, você estudou a constituição do planeta Terra e aprendeu que sua camada mais superficial é a crosta terrestre.

Aproximadamente 67% da crosta terrestre é coberta por água, e somente 33% dela forma os continentes, onde está a maior parte das rochas conhecidas e utilizadas pelo ser humano.

Observe as fotografias a seguir: Qual é a relação entre elas?

Trecho de Floresta Tropical no Parque Nacional da Serra da Canastra (MG), 2018.

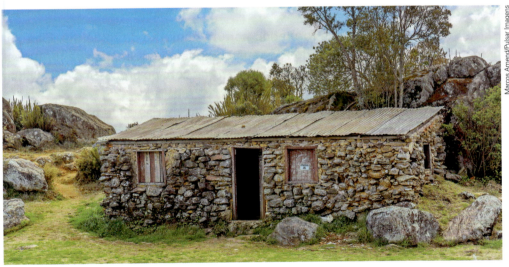

Casa de pedras em Alto Caparaó (MG), 2016.

Se você andar pela rua observando o que está ao seu redor, identificará materiais como areia, cascalho, barro, pedras, etc. A maioria desses materiais é encontrada na superfície ou no interior da crosta terrestre e é constituída de minerais. Explicando de modo simples: os minerais são **substâncias químicas** que formam as rochas e são encontrados na natureza no estado sólido.

Os minerais formaram-se e continuam sendo formados na superfície da Terra, e também em seu interior, por meio de transformações muito lentas (que duram de milhares a milhões de anos) que envolvem a ação da pressão e da temperatura do ambiente em que se encontram.

Capítulo 4 • A crosta terrestre: rochas e minerais

Existem muitos minerais diferentes. Os mais comuns são o feldspato, a mica, o quartzo e a calcita.

Granito.

O granito é um exemplo de rocha. Seus principais minerais constituintes são: quartzo, feldspato e mica.

(Elementos representados em tamanhos não proporcionais entre si.)

Mica.

Calcita.

Feldspato.

Quartzo.

As **rochas** são materiais formados por um conjunto de minerais. Elas podem ser classificadas de acordo com sua composição química, sua forma estrutural, sua textura e, o mais comum, de acordo com os processos envolvidos em sua formação.

Em razão da maneira como foram formadas, as rochas podem ser classificadas em três tipos: **ígneas** ou **magmáticas**, **sedimentares** e **metamórficas**.

Rochas ígneas ou magmáticas

Pedra-pomes ou **púmice:** rocha vulcânica formada quando gases e lava solidificam, originando uma rocha esponjosa.

A palavra **ígnea** vem do latim *ignis* e significa 'fogo'. Como o próprio nome sugere, as rochas ígneas ou magmáticas são formadas a partir do resfriamento do **magma** no interior da crosta terrestre ou sob a forma de lava em uma erupção vulcânica. Exemplos de rochas magmáticas mais comuns são: granito, basalto e **pedra-pomes**.

O granito é a rocha magmática mais conhecida e se forma no interior da crosta terrestre, bem abaixo da superfície, pelo resfriamento lento do magma. Por esse motivo é classificada como rocha **intrusiva**.

Existem vários tipos de granito, com diferentes colorações e usos. Tampos de pia (de banheiro ou cozinha) são comumente feitos de granito.

Tanto o basalto como a pedra-pomes têm origem na lava expelida nas erupções vulcânicas e, assim, são formados na superfície da crosta terrestre por meio de um resfriamento rápido do magma. Portanto, são classificados como rochas **extrusivas**.

Feito de granito, o Monumento aos Mortos da Segunda Guerra Mundial (ou Monumento aos Pracinhas) foi construído entre 1957 e 1960 e está localizado na cidade do Rio de Janeiro (RJ), 2015.

A pedra-pomes, cuja aparência lembra uma esponja, pode ser usada como lixa para alisar superfícies e para esfoliar a pele. Por sua densidade ser geralmente menor do que a da água, ela pode flutuar nesse líquido.

O basalto, rocha de coloração escura, é muito usado na pavimentação de calçadas, como acontece em São Paulo (SP).

Rochas sedimentares

Como o próprio nome indica, esse tipo de rocha é formado por sedimentos que podem ser pequenos fragmentos de outras rochas e partes de animais e de plantas, que podem vir a formar os **fósseis** (assunto que será aprofundado mais adiante, neste capítulo), ou até mesmo por substâncias que estavam dissolvidas na água. Esses sedimentos de diversos tamanhos e diferentes composições se juntam, originando camadas que se acumulam umas sobre as outras com o passar do tempo.

Fóssil: vestígio ou resto petrificado de seres vivos que viveram na Terra há milhões de anos, preservado em diversos materiais, como nas rochas, por meio de processos naturais.

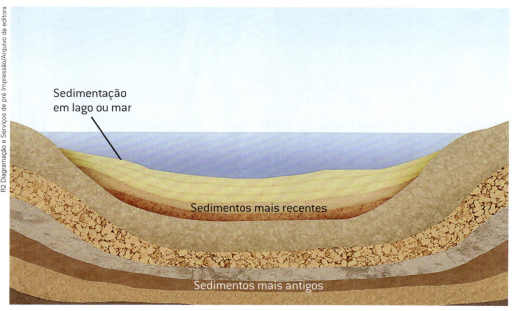

Nesta representação, as camadas inferiores são as mais antigas e as mais compactadas por terem sido formadas primeiro.

(Elementos representados em tamanhos não proporcionais entre si. Cores fantasia.)

A Taça, no Parque Estadual de Vila Velha, Ponta Grossa (PR), 2018, é uma estrutura de arenito.

Conforme as camadas vão se formando, os sedimentos das camadas inferiores vão sendo comprimidos pelo peso das camadas superiores. O estudo desse conjunto de camadas de rochas em um local, associado à presença de fósseis, ajuda os pesquisadores a recompor os ambientes do passado.

Como exemplos de rochas sedimentares temos: o arenito, o argilito e o calcário.

O **arenito** é formado principalmente por grãos de areia compactados, que, ao sofrer desgaste pela ação da chuva e do vento, originam estruturas interessantes, como a da imagem ao lado.

O **argilito** é uma rocha sedimentar formada pelo desgaste de rochas que contêm o mineral feldspato, cujo principal componente é a argila compactada. As partículas da argila são muito pequenas, menores do que as de areia.

O **calcário** é também uma rocha sedimentar, formada principalmente por uma substância química chamada **carbonato de cálcio**. Essa substância é proveniente de carapaças, de conchas e de esqueletos de animais marinhos ou da deposição de minerais de cálcio dissolvidos na água.

Uma formação interessante que pode aparecer em regiões com grandes depósitos de calcário são as **cavernas de calcário**. A água da chuva e o gás carbônico dissolvido nela, ao penetrar por fendas nas rochas calcárias, podem dissolver e transportar substâncias que se depositam, originando estruturas com aspecto de agulha no teto das cavernas, as chamadas **estalactites**. Processo semelhante ocorre quando as gotas caem no chão da caverna, originando, ao longo dos anos, formações conhecidas como **estalagmites**. Essas estruturas levam muito tempo para se formar.

Caverna de calcário localizada no Parque Estadual do Alto Ribeira (também conhecido como Petar), na cidade de Iporanga (SP), 2018. Observe as estalactites e as estalagmites formadas.

> O calcário é a matéria-prima usada na produção da cal e do cimento, utilizados na construção civil. Na agricultura, é utilizado para diminuir a acidez de determinados tipos de solo, melhorando a sua qualidade (veja na página 64 o texto "A formação do solo"). Esse processo é denominado **calagem**.

UM POUCO MAIS

Para que servem a areia e a argila?

A argila, quando misturada com a água, pode adquirir muitas formas ao ser manuseada. Os objetos produzidos são deixados para secar e depois levados a um forno com temperatura próxima de 800 °C. Depois de cozida, a argila passa a ser chamada de cerâmica, que é dura, pouco quebradiça e impermeável.

Além de utilizada para a produção de artesanato, a argila tem grande importância em vários ramos da indústria. Seu uso vai desde a fabricação de tijolos e telhas até a produção de peças para computadores.

A utilização mais comum da areia ocorre na construção civil. A mistura de areia, cimento e água é a base da massa usada na construção de casas e prédios.

A areia também é uma matéria-prima de grande importância na fabricação do vidro. Quando submetidos a altas temperaturas, os componentes da areia se tornam líquidos e podem ser moldados ou, ainda, transformados em lâminas, compondo vários objetos presentes no dia a dia.

Artesã produzindo peça de argila.

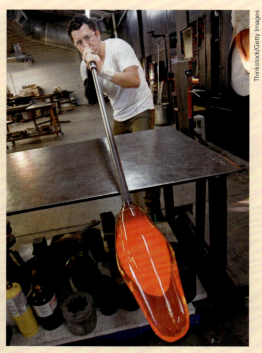

Na técnica conhecida por "soprar o vidro", utiliza-se a ponta de um tubo de aço para soprar a massa de vidro até que ela fique da forma desejada.

Vimos que podemos encontrar fósseis em rochas sedimentares. Mas é possível encontrá-los em outros tipos de rocha? Como os fósseis são formados? Por que são tão estudados pelos cientistas?

Veja, no infográfico a seguir, o que são fósseis e o processo envolvido na sua formação, a **fossilização**.

Capítulo 4 • A crosta terrestre: rochas e minerais

INFOGRÁFICO

❯ Os fósseis

Fósseis são restos, vestígios, marcas e sinais deixados por seres que viveram no passado e que ficaram preservados em rochas, em resinas vegetais ou mesmo no gelo. Eles nos possibilitam entender as mudanças que ocorreram no planeta ao longo de milhões de anos e fornecem importantes evidências para sustentar algumas teorias. Mas como os fósseis são formados? Veja a seguir.

O processo de fossilização

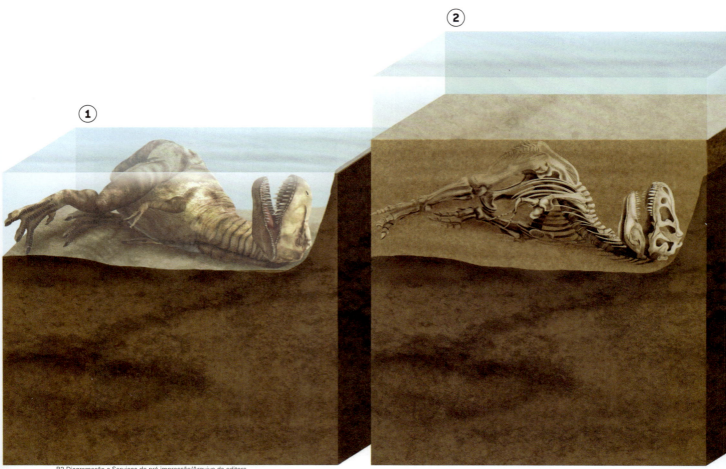

R2 Diagramação e Serviços de pré-impressão/Arquivo da editora

1. Os seres vivos, quando morrem, começam a se decompor. Seu aspecto (cor, textura, cheiro) vai mudando, e muitos podem desaparecer em pouco tempo. Isso acontece por ação de microrganismos e outros fatores do meio ambiente, como a exposição ao Sol, ao vento ou à chuva. Essas transformações que os seres vivos sofrem ao morrer recebem o nome de **decomposição**.

2. Em algumas situações especiais, o processo natural de decomposição de um ser vivo pode ser alterado ou interrompido, permitindo a formação de um fóssil. Isso ocorre, por exemplo, quando seres vivos que acabaram de morrer são cobertos por sedimentos no fundo de um rio ou de um lago. As partes moles dos seres vivos se decompõem primeiro, deixando as partes mais duras (conchas e esqueletos) preservadas por mais tempo.

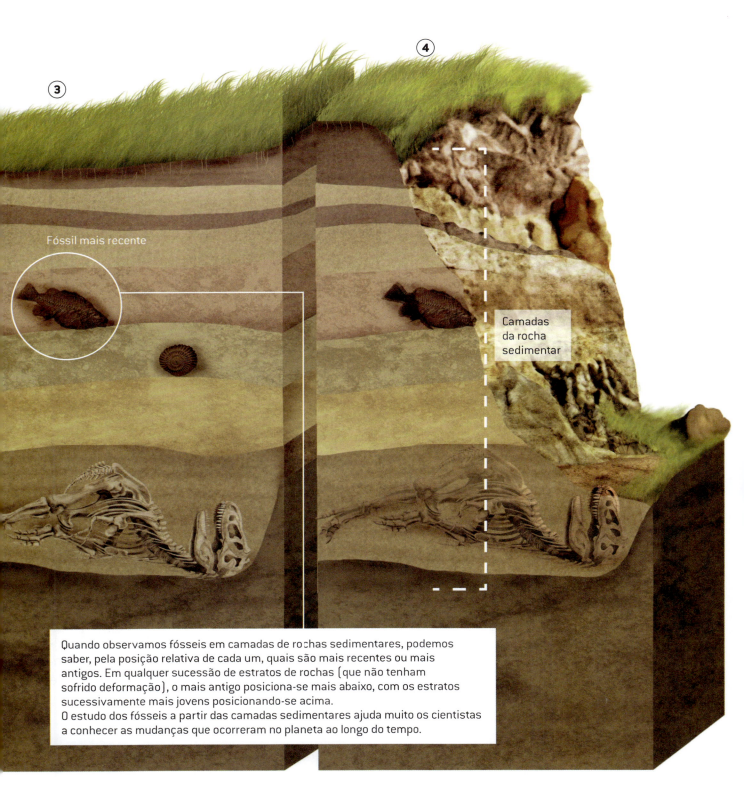

Fóssil mais recente

Camadas da rocha sedimentar

Quando observamos fósseis em camadas de rochas sedimentares, podemos saber, pela posição relativa de cada um, quais são mais recentes ou mais antigos. Em qualquer sucessão de estratos de rochas (que não tenham sofrido deformação), o mais antigo posiciona-se mais abaixo, com os estratos sucessivamente mais jovens posicionando-se acima.
O estudo dos fósseis a partir das camadas sedimentares ajuda muito os cientistas a conhecer as mudanças que ocorreram no planeta ao longo do tempo.

3. As partes mais duras poderão permanecer preservadas por muito tempo ou ser lentamente substituídas por minerais presentes na água infiltrada nos sedimentos depositados. Observe que, nesse processo, os fósseis foram formados em camadas de sedimentos que darão origem a rochas sedimentares.

4. O relevo do local onde os seres vivos foram sepultados pode sofrer alterações — no caso, dobramentos — ao longo do tempo. Essas alterações podem expor os fósseis à superfície, o que facilita sua descoberta. Para que sejam considerados fósseis, é preciso que os restos ou os vestígios sejam mais antigos do que 11 mil anos.

(Elementos representados em tamanhos não proporcionais entre si. Cores fantasia.)

UM POUCO MAIS

O âmbar

Também podemos encontrar fósseis em resinas liberadas pelos vegetais. Essas resinas, quando preservadas por milhões de anos, recebem o nome de âmbar (resina fóssil). Nesse caso, é comum encontrarmos seres vivos quase integralmente preservados, até mesmo seus órgãos internos.

Alguns seres vivos também podem ficar preservados por milhões de anos no gelo, pois a baixa temperatura interrompe a atividade dos microrganismos e inibe o processo de decomposição.

Resina: substância produzida por certos vegetais.

Leia também!

Dinos do Brasil. Luiz E. Anelli e Felipe Alvez Elias. São Paulo: Peirópolis, 2011.

O livro narra como ocorreu a descoberta dos vestígios de dinossauros no Brasil. Além disso, traz as histórias desses fósseis e das escolhas de seus nomes.

Libélula preservada em âmbar.

Fóssil de um bebê mamute de aproximadamente 42 mil anos, encontrado na Rússia, em 2007.

Rochas metamórficas

As rochas metamórficas são formadas pela transformação (metamorfose) de qualquer tipo de rocha. Essas transformações são possíveis quando as rochas ficam submetidas a grandes pressões e a elevadas temperaturas no interior da crosta terrestre.

As mais comuns são o **mármore** e o **gnaisse**. O mármore é originado da transformação do calcário (que é uma rocha sedimentar). O gnaisse é formado pela transformação do granito (que é uma rocha ígnea).

A Vênus de Milo representa Afrodite, a deusa grega do amor e da beleza, e foi esculpida em mármore por volta do século II a.C. Ela está exposta no Museu do Louvre, em Paris, na França. Foto de 2015.

O Pão de Açúcar, na cidade do Rio de Janeiro (RJ), em fotografia de 2017, é uma das formações de gnaisse mais conhecidas do mundo.

❯ A exploração de rochas e seus minerais

Qualquer tipo de rocha ou de mineral que tenha valor econômico, seja para a indústria, seja para o comércio, é chamado de **minério**.

O local onde um minério é encontrado em grande quantidade é denominado **jazida**. Uma jazida que está sendo explorada economicamente é denominada **mina**, e a atividade de exploração do minério é denominada **mineração**.

No Brasil, são encontrados e explorados vários minérios, entre os quais a bauxita, a hematita e a calcopirita. A bauxita e a hematita são exemplos de minérios usados como matéria-prima para obtenção do alumínio e do ferro, respectivamente, metais muito utilizados na produção de utensílios domésticos, embalagens de alimentos e de refrigerantes, medicamentos, portas, janelas e peças de aviões. A calcopirita é utilizada na obtenção de cobre para a fabricação de fios elétricos.

A exploração das jazidas pode provocar um grande impacto ambiental, modificando as características do relevo e expondo o solo a um intenso desgaste.

Os impactos ambientais podem ser reduzidos se, após a exploração de determinada área, houver um trabalho de recuperação do local, como colocação de terra (solo), plantio de novas árvores e aproveitamento do espaço para outras finalidades.

❯ Intemperismo

Todos os tipos de rocha podem sofrer desgaste, que pode ser lento e contínuo, provocado por agentes como a água de mares e rios, pela chuva, pelos seres vivos, pela variação da temperatura (calor e frio) e por substâncias químicas.

Esse desgaste recebe o nome de **intemperismo**.

O resultado do intemperismo nas rochas é sua decomposição e a formação de sedimentos (partículas pequenas), que podem ser transportados principalmente pela água ou pelo vento. Veja nas imagens a seguir exemplos de ambientes formados pela deposição de sedimentos.

Dunas em Jijoca de Jericoacoara (CE), em 2017: exemplos de deposição de partículas de areia.

Manguezal em Camaçari (BA), em 2018, onde há depósito de sedimentos de argila.

Capítulo 4 • A crosta terrestre: rochas e minerais 63

❯ A formação do solo

Durante a formação da Terra, que ocorreu há bilhões de anos, a superfície não tinha o aspecto atual. Ela era composta de grandes rochas e desprovida de vegetação. Ao longo de milhões de anos essas rochas sofreram a ação de agentes naturais e foram se alterando. Essas alterações, que ainda continuam a ocorrer, formaram o solo.

Diferentes tipos de rocha deram origem a diferentes tipos de solo. Chamamos de **rochas matrizes** aquelas a partir das quais o solo se formou ou ainda se forma.

Ao longo do tempo, a variação de temperatura, os ventos, a água, as substâncias químicas dissolvidas e transportadas pela água e os seres vivos agem sobre as rochas, modificando-as e transformando-as em partículas menores, até constituírem o que chamamos de solo.

O processo de formação do solo é muito lento: estima-se que leve de 100 a 400 anos para se formar uma camada de 1 centímetro de solo e que, para se formar um solo apropriado para a agricultura, sejam necessários de 3 mil a 12 mil anos.

Veja a seguir, de maneira simplificada, o processo de formação do solo.

Formação do solo

1 Agentes naturais como água, vento e choque térmico provocam rachaduras na rocha.

2 A fixação de bactérias, liquens e plantas (musgos) também provoca decomposição da rocha, formando uma fina camada de solo.

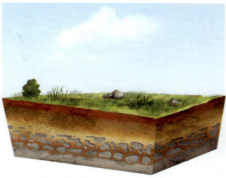

3 Outras espécies de plantas começam a se desenvolver sobre o solo em formação, composto de pequenos fragmentos e nutrientes.

4 As raízes de arbustos e árvores penetram pelas fraturas das rochas, ajudando no seu processo de fragmentação.
(Elementos representados em tamanhos não proporcionais entre si. Cores fantasia.)

Ilustrações: R2 Diagramação e Serviços de Pré-impressão/Arquivo da editora

Esquema das principais etapas de formação do solo.

Os agentes naturais formadores do solo

Os principais agentes naturais responsáveis pela alteração das rochas são: o choque térmico, o vento, a água e a ação de seres vivos. Vamos conhecer como cada um deles atua.

Choque térmico

É o que ocorre, por exemplo, quando despejamos água muito quente em um copo de vidro frio. A variação brusca na temperatura do vidro pode provocar trincas no copo e até quebrá-lo.

Na Terra, a temperatura ambiente pode variar bastante e, nesse processo, as rochas podem se dilatar e se contrair. Ao longo de milhares de anos, esse processo faz com que as rochas trinquem e quebrem em pedaços cada vez menores, contribuindo para a formação do solo.

Vento

Ventos fortes e constantes agem sobre as rochas como se fossem uma "lixa", esfarelando-as. Essas pequenas partículas são transportadas pelo vento e se depositam em outra região, formando o solo.

Água

Você já viu o que acontece com uma garrafa cheia de água deixada no congelador ou no *freezer* de um dia para o outro? Ela trinca ou racha por inteiro. Isso acontece porque a água, ao congelar, aumenta de volume.

Esse mesmo fenômeno ocorre quando a água congela dentro dos pequenos espaços em uma rocha. A repetição constante desse processo vai gradualmente aumentando o tamanho das rachaduras, até que a rocha se quebre.

Além disso, a água líquida em contato com as rochas pode dissolver, transformar e transportar alguns de seus componentes, aumentando seu desgaste.

Seres vivos

Alguns organismos, como bactérias e liquens, conseguem se fixar e sobreviver em rochas úmidas, e liberam substâncias que fragmentam as rochas.

Após sua morte, eles se decompõem e dão origem a uma fina camada de solo, onde se fixam outros organismos, como os musgos, que, ao crescer, fazem com que a rocha se fragmente um pouco mais. Esse processo lento e gradual gera novas camadas de solo, cada vez mais espesso e rico em substâncias nutritivas.

Em regiões onde a temperatura ambiente atinge valores menores do que zero grau Celsius (0 °C), a água, ao congelar, se expande e aumenta o tamanho das rachaduras nas rochas.

Líquen: associação entre determinadas espécies de algas e fungos.

NESTE CAPÍTULO VOCÊ ESTUDOU

- Os tipos de rocha, suas características e sua formação.
- O que é fóssil e o processo de fossilização.
- O significado de rocha, de mineral e de minério, e suas relações.
- O que é uma jazida e algumas consequências de sua exploração.
- O que é intemperismo e suas consequências.
- O processo de formação do solo.

Capítulo 4 • A crosta terrestre: rochas e minerais

ATIVIDADES

PENSE E RESOLVA

1 Complete as frases usando as palavras a seguir:
- magma
- intemperismo
- magmáticas
- extrusivas
- minério
- minerais
- intrusivas
- rochas

a) As _____ são formadas por dois ou mais _____.

b) As rochas ígneas ou _____ são formadas pelo resfriamento do _____.

c) As rochas magmáticas _____ são formadas pelo resfriamento lento do magma, no interior da crosta terrestre.

d) As rochas magmáticas que se formam na superfície da crosta terrestre são denominadas rochas magmáticas _____.

e) A água, os seres vivos, a variação da temperatura (calor e frio) e as substâncias químicas podem provocar o desgaste lento e contínuo das rochas; esse processo recebe o nome de _____.

f) Se um mineral ou um tipo de rocha apresenta aplicação econômica, ou seja, valor industrial ou comercial, é chamado de _____.

2 A fotografia mostra a região de contato entre dois tipos de rocha: granito e gnaisse.

Detalhe da Pedra do Arpoador, no Rio de Janeiro (RJ).

A respeito dessas rochas, responda:

a) De que tipo de rocha é o granito?

b) De que tipo de rocha é o gnaisse?

c) O granito se transformou em gnaisse ou o gnaisse se transformou em granito? Justifique.

3 A figura abaixo representa paleontólogos escavando uma região com diversos fósseis.

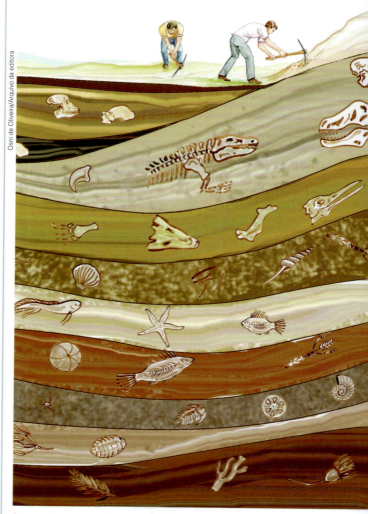

(Elementos representados em tamanhos não proporcionais entre si. Cores fantasia.)

a) A figura mostra um tipo de rocha. Como você a classificaria? Justifique.

b) Caso os pesquisadores encontrem fósseis em outra rocha dessa formação, como poderão saber qual é mais antigo ou mais recente?

4 Leia o texto e responda às questões.

O basalto e o gabro são rochas originadas do resfriamento do magma, porém com uma diferença: o basalto se forma pelo resfriamento do magma na superfície; o gabro é formado por magma que não chegou à superfície e foi se resfriando no interior da crosta terrestre.

a) O basalto e o gabro são rochas magmáticas. Uma é classificada como intrusiva e a outra como extrusiva. Identifique a qual categoria pertence cada uma delas e justifique a sua resposta.

b) O basalto é bastante utilizado na construção civil e na pavimentação de ruas e estradas. Esses usos permitem chamar o basalto de minério? Por quê?

SÍNTESE

1 A classificação das rochas pode ser feita com base na sua origem, conforme mostra o diagrama a seguir.

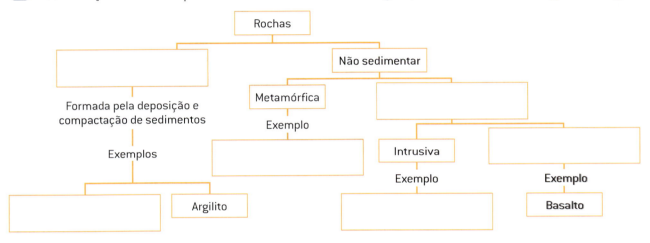

Usando o que você aprendeu neste capítulo, complete o diagrama.

2 A seguir há uma sequência de imagens que pode representar "o diário da transformação de uma rocha matriz". Observe as imagens **A**, **B**, **C**, **D** e **E** e escreva um pequeno texto usando como roteiro essa sequência de imagens. Use também o que você aprendeu sobre a formação do solo.

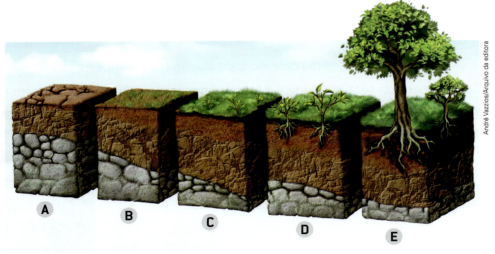

Transformação de uma rocha matriz.
[Elementos representados em tamanhos não proporcionais entre si. Cores fantasia.]

DESAFIO

1 As rochas relacionam-se com as alterações que ocorrem no planeta: variações de temperatura e pressão, movimentos das placas tectônicas, abalos sísmicos e vulcanismo. Além desses fatores, o intemperismo também causa alterações nas rochas. Essas transformações contínuas, que acontecem em um período muito longo de tempo, podem ser representadas simplificadamente pelo ciclo das rochas, mostrado na ilustração ao lado.

Analise o esquema e responda às questões.

a) Qual é o nome do fenômeno representado na imagem E?

b) Qual é o nome do material expelido nesse fenômeno da imagem E?

c) Qual é o tipo de rocha originado pelo resfriamento desse material (imagem A)?

d) Qual é o nome do fenômeno que transforma as rochas representadas na imagem A nos pequenos fragmentos representados na imagem B?

e) Qual é o tipo de rocha formado pela deposição dos fragmentos da imagem B (representado na imagem C)?

f) Que tipo de rocha representado na imagem D é formado quando as rochas representadas na imagem C sofrem alterações de pressão e temperatura?

g) As rochas representadas na imagem D, com aumento de pressão e de temperatura, podem sofrer fusão parcial e originar um material pastoso que é lançado na atmosfera. Qual é o nome desse material?

h) Quais são os números das setas que indicam a ação do intemperismo?

i) Qual é o número da seta que indica a transformação de uma rocha ígnea em metamórfica?

2 Além de inúmeros objetos do dia a dia, as rochas podem ser usadas em obras de arte, como a representação da pintora mexicana Frida Kahlo (1907-1954), ao lado, feita pelo artista plástico brasiliense Henrique Gougon (1946-).

Nessa obra o autor utilizou sobretudo mármores e granitos. Quais são as principais características dessas rochas?

Frida Kahlo – alegoria mexicana, mosaico de Henrique Gougon, 2005.

PRÁTICA

Simulação do processo de fossilização

Objetivo

Simular o processo de fossilização a partir da formação de camadas sedimentares.

Material

- 1 kg de alginato de uso odontológico
- Água
- Recipiente transparente para simular uma "bacia sedimentar"
- Recipiente flexível para preparar o alginato
- 3 corantes para tinta acrílica de cores diferentes
- 3 recipientes para preparar a mistura de alginato e corante
- Colher ou espátula de plástico ou de metal
- Objetos para simular os fósseis (conchas, folhas, miniaturas de dinossauros de plástico, etc.)

Procedimento

1. Coloque todo o material sobre uma bancada ou uma mesa.
2. Em um dos recipientes flexíveis, coloque a água e 250 g do pó de alginato. Misture tudo com o auxílio de uma espátula ou de uma colher.
3. Coloque a mistura em outro recipiente. Adicione algumas gotas de corante e misture novamente.
4. Após a mistura ficar homogênea, coloque o conteúdo no recipiente transparente.

> É importante não demorar muito para despejar a mistura no recipiente, pois ela pode se solidificar em poucos minutos (isso pode variar de acordo com a temperatura e a quantidade de água do alginato).

5. Antes da total solidificação do alginato, pressione levemente os objetos escolhidos para representar os futuros fósseis (conchas, folhas, etc.) contra a superfície de alginato (veja a figura **A** ao lado). Aguarde o alginato se solidificar totalmente para seguir com as demais etapas.

> Ao se solidificar, a mistura vai representar a primeira camada depositada na simulação da "bacia sedimentar".

Camada de alginato com conchas que vão simular os fósseis. (Cores fantasia.)

Capítulo 4 • A crosta terrestre: rochas e minerais **69**

6. Para representar as demais camadas da "bacia sedimentar", repita os procedimentos 2, 3, 4 e 5 utilizando diferentes cores de corante/pigmento e diferentes objetos para representar os fósseis de cada camada. Para simular vários eventos de deposição sedimentar, cada nova camada deve ser despejada sobre a camada anterior de alginato (veja a figura **B**).

As diferentes camadas sobrepostas simulam a deposição sedimentar que forma a "bacia sedimentar". (Cores fantasia.)

7. Ao finalizar todas as camadas, retire-as com cuidado do recipiente transparente e separe-as uma a uma (veja a figura **C**). Durante esse processo, observe como os objetos (conchas, folhas, etc.) deixam marcas no alginato, o que simula a fossilização dos organismos.

Separação da primeira e da segunda camada.

Moldes externos das conchas. (Cores fantasia.)

Com a separação das camadas de alginato, é possível observar as marcas deixadas pelos objetos (conchas, folhas, etc.) que simulam a fossilização dos organismos.

Elaborado com base em: PAULIV, Victor Eduardo; SEDOR, Fernando A. Simulando o processo de fossilização. In: SOARES, Marina Bento (Org.). *A paleontologia na sala de aula*. Ribeirão Preto: Sociedade Brasileira de Paleontologia, 2015.

Discussão final

Após realizar a atividade, discuta com os colegas e responda às questões.

1. Você simulou duas etapas importantes do processo de fossilização em um intervalo de tempo muito curto. Na natureza seriam necessários milhares ou até milhões de anos para obtermos resultado semelhante. Para essa simulação, qual foi o papel do alginato? Por que utilizamos corantes misturados a ele?

2. Explique como o processo de fossilização simulado poderia ter ocorrido na natureza.

3. Se os fósseis que obtivemos por simulação estivessem na natureza, como poderiam ser descobertos? Levante pelo menos duas hipóteses.

LEITURA COMPLEMENTAR

Combustíveis fósseis

Atualmente a maior parte da demanda mundial de energia (cerca de 75%) é suprida por meio da utilização de combustíveis fósseis, originados da decomposição de organismos animais e vegetais durante milhares de anos em camadas profundas do solo ou do fundo do mar. Os principais combustíveis fósseis são o **petróleo**, o **gás natural** e o **carvão**.

[...] O primeiro combustível fóssil que se tornou a fonte de energia mundial mais importante foi o carvão mineral, também chamado de carvão natural. [...] o calor gerado na sua queima era utilizado na produção de vapor que movimentava máquinas, locomotivas e navios.

O carvão mineral é formado pela fossilização da madeira [...].

O petróleo é, na atualidade, o combustível fóssil de maior aplicação comercial, pois, nas refinarias, ele passa por um processo em que são obtidos os seus derivados: a gasolina — que detém, entre todos, a maior importância econômica —, o óleo *diesel*, o querosene e o GLP (Gás Liquefeito de Petróleo). [...] Além disso, esses derivados também são usados como matéria-prima na produção de plásticos e borrachas [...].

Um dos derivados do petróleo é o gás natural [...] usado, por exemplo, na geração de calor e de energia em indústrias e em automóveis, sendo menos poluente que o óleo combustível. [...]

Todos os combustíveis fósseis, quando queimados, liberam gás carbônico e água [...]. Isso é um grande problema, pois, desde o século XIX, a concentração de gás carbônico na atmosfera vem aumentando cada vez mais, o que tem intensificado o problema do efeito estufa.

Além disso, a combustão incompleta dos combustíveis fósseis libera o monóxido de carbono, um gás extremamente venenoso que não pode ser lançado na atmosfera.

Assim como foi dito no caso do carvão, os derivados do petróleo também possuem impurezas que são liberadas em sua queima e poluem a atmosfera.

Além da poluição ambiental que causam, os combustíveis fósseis não são renováveis, ou seja, um dia vão esgotar-se. Por isso, há a necessidade e a busca urgentes por alternativas que sejam fontes de energia mais limpas e renováveis, como os biocombustíveis. [...]

Fonte: FOGAÇA, Jennifer Rocha Vargas. Combustíveis fósseis. **Mundo Educação**. Disponível em: <www.mundoeducacao.com/quimica/combustiveis-fosseis.htm> (acesso em: 15 mar. 2018).

Plataforma de petróleo na baía de Guanabara (RJ), em 2018.

Questões

1 Por que dizemos que o petróleo, o gás natural e o carvão mineral são combustíveis fósseis?

2 Qual é a importância do petróleo no mundo atual?

3 Escolha um dos temas abaixo para uma pesquisa e escreva um texto sobre o tema escolhido.
Tema 1: O que são biocombustíveis e como eles podem substituir os combustíveis fósseis.
Tema 2: Quais são e onde estão localizadas as principais reservas de petróleo, carvão e gás natural do Brasil.

Unidade 2
Vida e Evolução

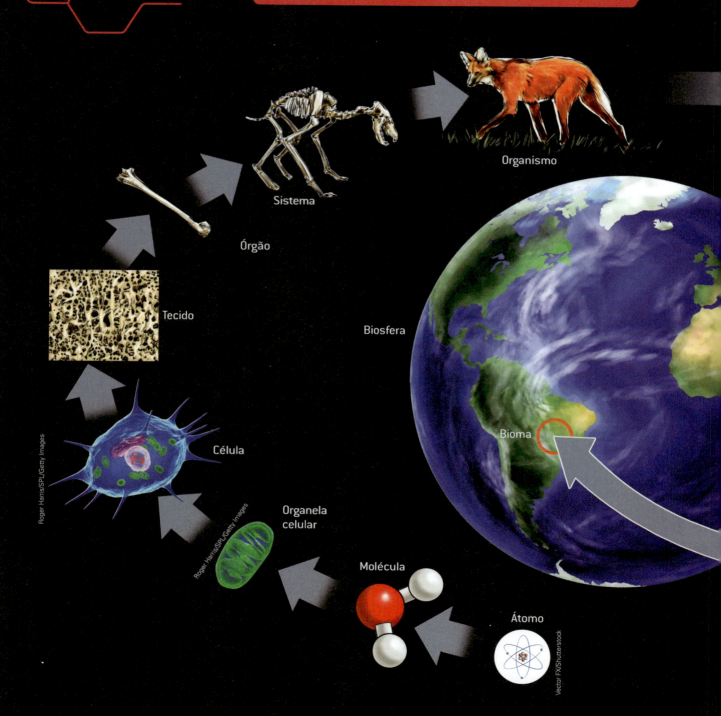

Na unidade anterior estudamos o Universo e em especial o planeta Terra, onde vivemos. Nesta unidade vamos direcionar nosso olhar para a biosfera, porção do planeta onde podemos encontrar vida.

Conheceremos os elementos comuns dos diversos ambientes que compõem a biosfera e perceberemos como interagem entre si, formando um complexo sistema e, ao mesmo tempo, bastante frágil. Também estudaremos os níveis de organização dos seres vivos — da célula, sua unidade estrutural, até os sistemas complexos, formados por conjuntos de órgãos. Alguns desses sistemas serão explorados agora; outros serão estudados em anos posteriores.

Níveis de organização biológica: do átomo até a biosfera.

(Elementos representados em tamanhos não proporcionais entre si. Cores fantasia.)

População

Comunidade

Ecossistema

Capítulo 5
Fatores bióticos e abióticos nos ambientes

Construção erguida em meio aos limites da vegetação nativa da Floresta Amazônica, Brasil, em 2018.

Existe uma grande diversidade de **ambientes** na Terra. Podemos até afirmar que esses ambientes sofrem interferências do ser humano, em maior ou menor grau.

Agora, observe a imagem acima. Nessa paisagem podemos perceber plantas, um rio e construções feitas pelo ser humano em meio à vegetação.

Você conseguiria indicar as principais características desse ambiente? Quais são seus principais elementos vivos e não vivos? Será que todos os ambientes que existem no planeta Terra possuem os mesmos elementos?

Após estudar este capítulo, você poderá responder a essas e a outras questões.

Ambiente: no caso das Ciências, define um local delimitado por determinados fatores e condições. Podemos usar como exemplos um ambiente terrestre ou aquático, uma sala de aula, um jardim, uma cidade, uma mata e, até mesmo, a boca de um indivíduo.

Os ambientes e seus graus de modificação

Na Terra existem vários ambientes onde, em geral, há seres vivos. Por exemplo: as pessoas que moram nas cidades vivem em ambiente urbano; já as que vivem no campo, em fazendas, roças ou sítios, moram em ambiente rural. Os ambientes urbano e rural são exemplos de lugares que apresentam modificações promovidas pelo ser humano em diferentes graus. Praticamente todos os ambientes na Terra sofreram modificações diretas ou indiretas feitas pelo ser humano. Veja a seguir.

Manguezal com guarás (*Eudocimus ruber*) em Guaraqueçaba (PR), em 2017.

Campos Sulinos em Santana do Livramento (RS), em 2017.

A cidade é um ambiente urbano com alto grau de modificação na paisagem original. Salvador (BA), em 2017.

Um vilarejo pode ser considerado um ambiente urbano desde que tenha serviços e comércio, mas com um grau de modificação menor que o de uma cidade. Jandaíra (BA), em 2018.

Para entender como os ambientes funcionam, é necessário reconhecer os elementos que os compõem e os caracterizam e como interagem entre si. Observe novamente as imagens desta página e perceba os elementos nelas existentes: casas, ruas, árvores, capim, luz solar, solo, animais, etc. Juntos, todos esses elementos que compõem os ambientes podem ser divididos em dois grandes grupos: os **fatores abióticos** e os **fatores bióticos**.

Capítulo 5 • Fatores bióticos e abióticos nos ambientes

❯ Fatores abióticos

O termo abiótico parece complicado, mas não é. Vejamos o que ele significa começando pela origem das palavras: *bios*, do grego, que significa 'vida'; e *a*, também do grego, quando usado como prefixo, quer dizer 'desprovido de'.

Você seria capaz de explicar o significado das palavras abiótico e biótico?

Os ambientes apresentam características que determinam a paisagem, por exemplo: o relevo (identifica se a região é montanhosa, plana ou com pequenas elevações), o tipo de solo (indica se é arenoso, argiloso, pedregoso), a quantidade de chuvas (ou precipitação), a variação de temperatura ao longo do ano, a intensidade dos ventos, etc. Além de ajudar a caracterizar um ambiente, esses fatores também são essenciais para a manutenção de determinados seres vivos nesses ambientes.

Assim, de forma geral, podemos listar como principais fatores abióticos de um ambiente:

- solo (tipo, constituição, permeabilidade);
- água (quantidade de água disponível no ambiente);
- umidade (quantidade de vapor de água existente no ar);
- calor (quantidade de energia térmica e variação da temperatura);
- luminosidade (intensidade de luz solar no ambiente);
- clima (condições atmosféricas do ambiente).

Permeabilidade: capacidade dos corpos, como o solo, de deixar passar substâncias através deles.

Vegetação da Caatinga no Parque Nacional da Serra da Capivara (PI), em 2015. A planta em primeiro plano é um xiquexique, que pode atingir até 3 m. Os fatores abióticos deste ambiente são: **solo** — arenoso (muito permeável) e pedregoso; **água** — pouco disponível; **umidade** — muito baixa, o ar é muito seco; **calor** — temperatura média muito alta; **luminosidade** — intensa; **clima** — seco.

Se estivermos tratando de um ambiente aquático, também podemos considerar os fatores abióticos na água:

- oxigenação (quantidade de gás oxigênio dissolvido na água, disponível para os organismos);
- salinidade (quantidade de sais dissolvidos e diluídos na água);
- calor (quantidade de calor e variação de temperatura);
- luminosidade (intensidade de luz solar que penetra na água);
- turbidez (medida da transparência da água).

até 1,10 m

Tartaruga-de-pente em Fernando de Noronha (PE), em 2016. Os fatores abióticos neste ambiente são: **oxigenação** — relativamente constante nos recifes; **salinidade** — relativamente constante em todo o oceano Atlântico; **calor** — temperaturas médias altas, em torno de 25 °C; **luminosidade** — intensa; **turbidez** — águas limpas e muito claras, com pouca turbidez.

EM PRATOS LIMPOS

Salinidade

A quantidade de sais dissolvidos na água (salinidade) é um fator abiótico que pode determinar a existência ou não de alguns seres vivos. O Mar Morto, um enorme lago de água salgada situado entre Israel e a Jordânia, no Oriente Médio, tem cerca de dez vezes mais sais dissolvidos do que os oceanos. O excesso de sal faz com que praticamente não exista vida em suas águas (apenas algumas bactérias muito resistentes ao sal existem por lá). Esse é o motivo de ele ter esse nome.

Texto traduzido pelo autor. Com base em: **New World Encyclopedia**.
Disponível em: <www.newworldencyclopedia.org/entry/Dead_Sea> (acesso em: 10 abr. 2018).

❯ Fatores bióticos

Vamos ver agora como os seres vivos, chamados de fatores bióticos, podem interferir direta ou indiretamente no próprio ambiente.

Para facilitar nosso estudo, podemos organizar os seres vivos em categorias. Cada **organismo** (**A**) pertence a uma **espécie**. Organismos de uma espécie formam uma **população** (**B**), que ocupa determinado local. O conjunto das populações que vivem em um ambiente é denominado **comunidade** (**C**), que, com os fatores abióticos, forma o **ecossistema** (**D**).

(Elementos representados em tamanhos não proporcionais entre si. Cores fantasia.)

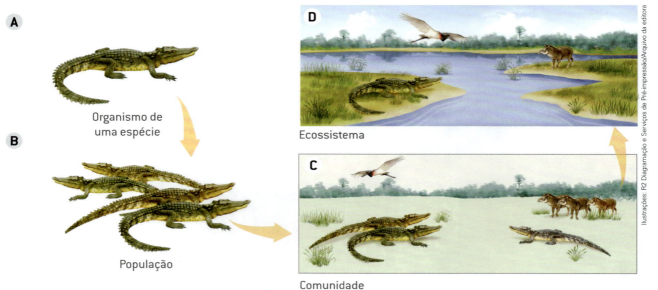

A população é o conjunto de indivíduos de uma espécie vivendo em uma mesma área.
A comunidade é formada pelo conjunto de populações também convivendo em uma mesma área.
O ecossistema é formado pela interação entre a comunidade e os fatores abióticos.

UM POUCO MAIS

Quais são as características de um ser vivo?

Uma pedra possui vida? E uma árvore? E o vento? Sabemos que pedra e vento não são seres vivos, enquanto a árvore é classificada como ser vivo.

É possível que nas aulas de Ciências dos anos anteriores você tenha aprendido algumas características dos seres vivos, como as seguintes:
- **Reprodução** – é a capacidade de se reproduzir, isto é, gerar descendentes.
- **Nutrição** – os seres vivos precisam de nutrientes para o funcionamento do metabolismo.
- **Metabolismo** – conjunto de processos em um organismo, que ocorrem com transformações de substâncias.
- **Organização estrutural** – os componentes, ou seja, as partes de um organismo, cooperam uns com os outros para que o seu funcionamento seja organizado.
- **Crescimento e adaptação** – os seres vivos crescem e estão sujeitos às condições do ambiente onde vivem.
- **Morte** – todos os seres vivos morrem.

Apesar de aparentemente ser simples caracterizar um ser vivo, quando aprofundamos os estudos, vemos que há vários aspectos que devem ser considerados para essa definição.

A imagem abaixo mostra uma região do Pantanal. É possível identificar alguns fatores bióticos, como capins, arbustos e aves. Também há populações de garça-branca-grande, cabeça-seca e de tuiuiú. Todas essas populações juntas formam uma comunidade de determinada região do Pantanal.

Ao considerar os fatores abióticos de determinada região, assim como os fatores bióticos (comunidade) e todas as interações que existem entre eles, chegamos ao conceito de **ecossistema**.

Nesta imagem do Pantanal, tudo o que se vê faz parte de um ecossistema. Nos ecossistemas, os seres vivos e o ambiente interagem entre si, de modo a causar alterações no ambiente e nos próprios seres vivos.

Região de trecho alagado e de terra firme do Pantanal Mato-Grossense (MT) com tuiuiús (*Jabiru mycteria*) garças-brancas-grandes (*Ardea alba*) e cabeças-secas (*Mycteria americana*), em 2017.

UM POUCO MAIS

O conceito biológico de espécie

Indivíduos capazes de se reproduzir e ter descendentes férteis são considerados indivíduos da mesma espécie. Esse é o conceito biológico de espécie, proposto pelo biólogo Ernst Mayr, em 1942. Essa definição apareceu mais de duzentos anos depois da definição do que seria uma espécie, feita por Carl von Linné, em 1735, com base na observação de certas características.

Para ser considerada uma espécie biológica, o cruzamento deve ocorrer de forma natural, sem a interferência humana. Há casos de espécies diferentes que, em cativeiro, podem cruzar e produzir descendentes férteis, sem nunca ter ocorrido tal fenômeno na natureza. Seres vivos resultantes do cruzamento entre indivíduos de espécies diferentes são chamados de **híbridos** e podem ocorrer ou não na natureza.

O tigon é resultado do cruzamento, em cativeiro, de um tigre asiático com uma leoa africana. Como nunca foi visto na natureza, é considerado um híbrido.

NESTE CAPÍTULO VOCÊ ESTUDOU

- O conceito de ambiente e graus de modificação.
- Os fatores abióticos e bióticos de um ambiente.
- As principais características dos seres vivos.
- Espécie, população, comunidade e ecossistema.

Capítulo 5 • Fatores bióticos e abióticos nos ambientes

Vida e Evolução

ATIVIDADES

PENSE E RESOLVA

1 Observe as fotografias **A** e **B** abaixo. Que tipos de ambiente elas mostram? Qual dos ambientes apresenta maior grau de modificação? Justifique as suas respostas.

Curitiba (PR), em 2018.

São Francisco da Glória (MG), em 2018.

2 Um vilarejo onde moram apenas cinco famílias, que fica à beira de uma estrada entre duas pequenas cidades, sem acesso a qualquer tipo de serviço ou comércio, deve ser classificado em ambiente urbano ou rural? Justifique a sua resposta.

3 Observe a figura da abertura deste capítulo e identifique quais são os fatores bióticos e abióticos daquele esquema.

4 Observe as fotografias abaixo:

Deserto de Gobi, Mongólia, China, em 2017.

Geleira Egip Sermia, Groenlândia, em 2017.

Poucos seres vivos conseguem viver nesses ambientes. Quais são os principais fatores abióticos que limitam a vida dos seres vivos em cada um deles?

5 Quais características identificam o xiquexique como um ser vivo?

6 Em uma praça vivem as seguintes aves: 12 pardais, 10 sabiás-laranjeiras, 5 joões-de-barro, 4 bem-te-vis e um casal de corujas-buraqueiras.

a) Quantas aves vivem na praça? Justifique.

b) Qual é o número de espécies de aves que vivem nessa praça? Justifique.

c) Quantas populações de aves habitam a praça? Justifique.

d) Quantas comunidades de aves são encontradas nessa praça? Justifique.

7 Leia o texto com atenção e responda às questões.

Parque Nacional de Itatiaia

[...] Parque Nacional de Itatiaia, localizado na parte sul da divisa entre os estados do Rio de Janeiro e Minas Gerais. Hoje, ele protege um trecho importante do conjunto de montanhas conhecido como Serra da Mantiqueira.

Uma das principais características do parque é o seu relevo. Itatiaia é um termo indígena que significa algo como "pedra com pontas". O parque ganhou esse nome por causa dos muitos picos daquela região. No parque, encontra-se, por exemplo, o Pico das Agulhas Negras, um dos mais altos do Brasil, com 2 800 metros de altitude. Nessas partes mais altas do parque, a floresta dá lugar à vegetação rasteira, chamada de campos de altitude, onde o inverno é tão rigoroso que pode fazer temperaturas de até menos 10 graus durante a noite. Logo abaixo, extensas áreas de floresta tropical, com vegetação exuberante, cercam o parque.

Da combinação de serras e florestas o que acontece, geralmente, é a existência de água em abundância. São tantos riachos, cachoeiras e piscinas naturais que o Itatiaia ficou conhecido como "castelo de águas". Um castelo que abriga outra riqueza impressionante: cerca de 1500 espécies de plantas, 5000 insetos, 50 mamíferos e 400 aves! Aliás, o parque é um dos melhores locais para a prática do turismo de observação de aves em todo o mundo!

PARQUE Nacional de Itatiaia. **Ciência Hoje das Crianças**. Publicado em: 17/10/2017. Disponível em: <http://chc.org.br/parque-nacional-de-itatiaia/> (acesso em: 10 abr. 2018).

a) Quais fatores abióticos são mencionados no texto?

b) Quais fatores bióticos são mencionados no texto?

c) Podemos considerar o Parque Nacional de Itatiaia um ecossistema? Por quê?

SÍNTESE

Analise a figura a seguir e responda:

Representação artística de região de campo rupestre. Esse ambiente é caracterizado por vegetação herbáceo-arbustiva que ocupa trechos de afloramentos rochosos, geralmente em altitudes maiores que 900 metros.
(Elementos representados em tamanhos não proporcionais entre si. Cores fantasia.)

a) Como você caracteriza esse ambiente em relação ao seu grau de modificação? Justifique a sua resposta.

b) Quais são os fatores abióticos vistos na figura?

c) Quais são os fatores bióticos que podem ser identificados na figura?

d) Que outros fatores bióticos devem existir no ambiente, mas que não podem ser identificados apenas observando a figura?

e) Que tipos de interação podem ocorrer entre os fatores abióticos e bióticos da figura?

DESAFIO

As bromélias são plantas que podem crescer no solo ou sobre outras plantas. As bases de suas folhas formam uma espécie de reservatório que acumula água das chuvas, onde há nutrientes que foram trazidos pela chuva e também decorrentes da decomposição de seres vivos ou de partes deles. Nesse ambiente, podem sobreviver alguns seres vivos, como amebas, formigas e larvas de mosquitos. Existe uma pequena perereca (*Scinax perpusillus*), com menos de 2 cm de comprimento, que vive exclusivamente nesse ambiente, alimentando-se de insetos.

Um tipo de bromélia nativa do Brasil.

Perereca-de-bromélia.

1. Muitos pesquisadores afirmam que o reservatório de água de uma bromélia pode ser considerado um ecossistema. Que fatores permitem chegar a essa conclusão?

2. Mosquitos do gênero *Anopheles*, transmissores de uma doença chamada malária, podem depositar seus ovos nos reservatórios das bromélias. As larvas desses mosquitos se desenvolvem melhor em ambientes com temperatura alta e nos quais existam poucos predadores. Pesquisadores verificaram medidas de temperatura da água e quantidade de predadores de *Anopheles* em reservatórios de bromélias localizadas em diferentes ambientes e apresentaram os resultados no gráfico e no quadro abaixo.

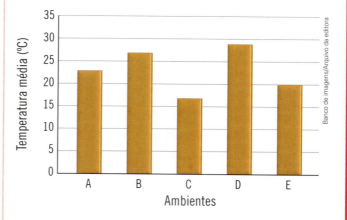

Ambiente	Predadores em cada bromélia (média)
A	2
B	3
C	10
D	8
E	5

a) Considerando apenas os dados relacionados ao fator biótico analisado, em qual ambiente seria esperado encontrar maior número de larvas de *Anopheles* vivendo nos reservatórios de bromélias? Justifique a sua resposta.

b) Considerando apenas o fator biótico analisado, em qual ambiente seria esperado encontrar menor número de larvas de *Anopheles* vivendo em reservatórios de bromélias? Justifique a sua resposta.

c) Se forem considerados os dados relacionados tanto ao fator biótico como ao fator abiótico, em qual ambiente seria esperado encontrar maior número de larvas de *Anopheles* vivendo em reservatórios de bromélias? Justifique.

LEITURA COMPLEMENTAR

Primeiras chuvas começam a recuperar as áreas de Cerrado em Goiás

Depois de um longo período de estiagem, bastaram as primeiras chuvas para o Cerrado se renovar. No Parque Nacional das Emas, em Goiás, a vegetação está colorida e as frutas nativas começam a amadurecer.

Do alto de uma árvore, o gavião observa toda a movimentação na reserva. O casal de periquitos descansa à vontade no pé de gameleira e entre as folhas secas do cerrado, o tiú divide espaço com a mamãe e o filhote de mutum.

Não é de hoje que toda essa época, a reserva ganha um colorido especial. Bastaram as primeiras chuvas para o cerrado mostrar toda sua exuberância de espécies. O pé de pequi já está repleto de flores, o de mangaba bem carregado com a fruta e para quem não perde uma temporada de gabiroba, as frutinhas já estão bem maduras.

Em 2010, mais de 90% do Parque Nacional das Emas foram destruídos devido a um grande incêndio. Após quatro anos, o poder de recuperação do cerrado e a quantidade de árvores que já tem no local impressionam. O que chama a atenção é que tudo aconteceu de maneira natural, não teve a interferência do homem. Teve a ação de banco de semente e a disperção da fauna.

[...]

O Parque Nacional das Emas está localizado em municípios de Goiás, Mato Grosso e Mato Grosso do Sul. A maior parte da reserva fica em Mineiros, no sudoeste goiano.

Durante a primavera, muitos pesquisadores montam acampamento no parque para estudar o rejuvenescimento do cerrado. De acordo com o Instituto Chico Mendes, existem mais de 700 espécies diferentes de plantas no Parque Nacional das Emas.

Fonte: VILELA, Tiago. Primeiras chuvas começam a recuperar as áreas de Cerrado em Goiás. **Globo Rural**, 2014. Disponível em: <http://g1.globo.com/economia/agronegocios/vida-rural/noticia/2014/10/em-go-primeiras-chuvas-comecam-recuperar-areas-de-cerrado.html> (acesso em: 5 jul. 2018).

Cupinzeiro em vegetação de Cerrado. Sua altura média é de 60 cm, mas alguns podem atingir poucos metros. Parque Nacional das Emas (GO), em 2015.

Questões

1. Quais são os fatores abióticos considerados no texto?
2. Quais são os fatores bióticos mencionados no texto?
3. Como a biodiversidade do Parque Nacional das Emas foi afetada por fatores abióticos em 2010?
4. Que fatores abióticos e bióticos foram necessários para a recuperação da vegetação do parque?

Capítulo 6
Cadeias, teias, equilíbrio e desequilíbrio

Nas fotografias vemos (**A**) uma onça e um jacaré, em Poconé (MT), em 2017; e (**B**) uma ameba (mede cerca de 700 micrômetros).

Foto A: Artur Keunecke/Pulsar Imagens; Foto B: SPL/Fotoarena

Essas imagens mostram seres vivos muito diferentes: a onça-pintada, o jacaré, as plantas e a ameba. A onça-pintada, as plantas e a ameba estão fazendo algo em comum, fundamental para a sobrevivência de todos os seres vivos, porém de diferentes maneiras.

Você consegue identificar o que os seres vivos representados na fotografia estão fazendo? Será que o que eles estão fazendo é fundamental para a sobrevivência deles? Em que essa ação — comum a todos os seres vivos — pode afetar ou ser afetada por intervenções humanas ou mesmo por fenômenos naturais?

Neste capítulo, veremos que todos os seres vivos estão inter-relacionados pela alimentação, em uma grande rede planetária que pode facilmente entrar em desequilíbrio.

❯ Relacionados pela alimentação

Todos os seres vivos apresentam características em comum e entre elas está a necessidade de se alimentar. É o alimento que fornece a **energia** de que precisam para sobreviver. Os animais buscam seu alimento em outros seres vivos, como plantas e fungos (os cogumelos, por exemplo), e mesmo em outros animais. As plantas, por sua vez, também precisam de alimento, mas o obtém utilizando outra estratégia.

Como elas fazem, então, para se alimentar?

Energia: de forma simplificada, é a capacidade de produzir movimento. É preciso energia para movimentar o corpo, e ela provém dos alimentos.

❯ Organismos produtores

Uma das necessidades dos seres vivos é conseguir alimento, que deve estar de alguma forma disponível no ambiente. Mas esse alimento deve ser produzido para depois ser consumido.

Os organismos que fabricam seu próprio alimento são chamados **produtores**. Os seres vivos capazes de fazer isso são as plantas, as algas e algumas bactérias, chamadas cianobactérias. A forma mais comum de produção do próprio alimento é pelo processo conhecido como **fotossíntese** (do grego, *photos* = 'luz'; e *synthesis* = 'produção').

Como o próprio nome diz, a fotossíntese é um processo em que há a produção de alimento na presença de luz. Para isso, são necessárias matéria-prima e energia. A planta obtém a matéria absorvendo do ar o gás carbônico e, do solo, a água (as algas e algumas plantas aquáticas obtêm o gás carbônico presente na água). A fotossíntese é responsável pela produção de glicose (um tipo de açúcar fundamental para a nutrição e a sobrevivência da planta) e de gás oxigênio, que é liberado no ambiente. Esse processo ocorre na presença da energia do Sol e da substância clorofila, que dá a cor verde às plantas.

Tanto nos ambientes terrestres como nos aquáticos a maioria dos organismos produtores fabrica seu alimento por meio da fotossíntese.

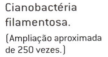

Cianobactéria filamentosa.
(Ampliação aproximada de 250 vezes.)

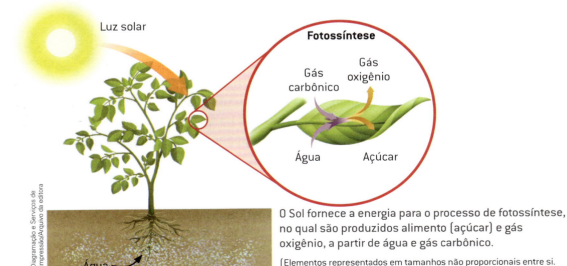

O Sol fornece a energia para o processo de fotossíntese, no qual são produzidos alimento (açúcar) e gás oxigênio, a partir de água e gás carbônico.

(Elementos representados em tamanhos não proporcionais entre si. Cores fantasia.)

Capítulo 6 • Cadeias, teias, equilíbrio e desequilíbrio 85

› Organismos consumidores

Os seres vivos que não produzem seu próprio alimento precisam obtê-lo de outros organismos, por isso são chamados **consumidores**.

Entre os consumidores, os que só se alimentam de organismos produtores são chamados **herbívoros** (do latim, *herba* = 'erva'; e *vorarae* = 'comer', 'devorar'). Existem aqueles que se alimentam de partes de outros animais, de seus produtos, como leite e ovos, ou mesmo deles inteiros; por isso, são chamados **carnívoros** (do latim, *carne* = 'carne'; e *vorarae* = 'comer', 'devorar'). Há ainda animais que se alimentam tanto de produtores quanto de consumidores, sendo classificados em **onívoros** (do latim, *omnis* = 'tudo'; e *vorarae* = 'comer', 'devorar'). Ao se alimentar de outros animais, os carnívoros e os onívoros precisam matar sua presa. Nesses casos, eles também são chamados de **predadores**.

Assim, percebe-se que o tipo de consumidor em que um animal é classificado indica as diversas formas como ele pode obter alimento, utilizando vários itens alimentares em sua dieta.

O peixe-boi (*Trichechus inunguis*) é um mamífero aquático herbívoro.

O lobo-guará (*Chrysocyon brachyurus*) é onívoro, pois se alimenta de pequenos vertebrados e invertebrados, além de uma grande diversidade de frutos.

A garça-branca-pequena (*Egretta thula*) se alimenta de insetos, larvas, caranguejos, peixes, anfíbios e pequenos répteis.

EM PRATOS LIMPOS

Plantas carnívoras

As plantas carnívoras podem capturar pequenas presas, geralmente insetos, e obter delas certos nutrientes.

Essas plantas atraem os animais com cheiros e cores. Suas folhas são modificadas e podem apresentar substâncias pegajosas na sua superfície, de modo que, ao pousar sobre elas, os animais ficam presos. Em seguida, a planta fecha uma "armadilha" sobre a presa e libera substâncias que vão paralisá-la e digeri-la. Os nutrientes liberados pela digestão podem ser absorvidos e incorporados pelas plantas carnívoras, como complemento para a nutrição, já que ela realiza fotossíntese e produz seu próprio alimento.

Mosca capturada pelas folhas modificadas de dioneia, uma planta carnívora.

Mas atenção: as plantas carnívoras não têm um sistema digestório, como a maioria dos animais. A digestão ocorre nas próprias folhas, que também são responsáveis por absorver os nutrientes.

❯ Organismos decompositores

Árvore em processo de decomposição. Floresta de Bialowieza, na Polônia, em 2018.

Observe a imagem acima de uma árvore caída. Ela está morta. Note que parte dela está apodrecendo. O que provoca esse processo? Você já imaginou quais seriam as consequências se todos os seres vivos, após sua morte, continuassem inteiros no meio ambiente?

Todos os seres vivos um dia morrem. Se isso não acontecesse, poderia haver sérios desequilíbrios na obtenção de nutrientes para todos eles. No entanto, quando os seres vivos morrem, seus corpos apodrecem e se decompõem em partes menores, algumas vezes até sem deixar vestígios aparentes.

Você já deve ter deparado com algum alimento apodrecendo, com um animal morto, já com cheiro desagradável, ou ainda com restos de papéis se desfazendo. Todos esses são exemplos de materiais que estão sofrendo o processo chamado **decomposição** (do latim *de* = 'retirar' ou 'desfazer'; e *composit (ionis)* = 'composição').

ATENÇÃO!
Todos os fungos e a maioria das bactérias são também organismos consumidores, pois precisam obter seu alimento do ambiente. Portanto, os decompositores são uma forma de organismo consumidor.

Quando um ser vivo morre, suas partes podem sofrer decomposição em razão da ação de seres vivos especificamente responsáveis por esse processo, os quais se alimentam da matéria morta. Esses seres são chamados **decompositores**. Entre os principais decompositores estão algumas **bactérias** e **fungos**.

Algumas bactérias e fungos são responsáveis pelo processo de decomposição de organismos, como ocorre com este peixe. Nesse processo, muitas vezes, é liberado um odor desagradável.

Capítulo 6 • Cadeias, teias, equilíbrio e desequilíbrio

Os decompositores alimentam-se da **matéria orgânica** (do francês, *organique* = 'relativo aos órgãos de um ser vivo') de outros seres vivos. Na decomposição, a matéria orgânica se transforma em componentes mais simples. Essa matéria orgânica pode ser o corpo ou partes do corpo de outros animais vivos, como penas, pelos e escamas; galhos, flores, folhas, frutos e sementes que caem das plantas; produtos de excreção dos organismos, como fezes e urina; entre outras.

Toda essa matéria, ao ser decomposta, retorna ao ambiente pela ação das bactérias e dos fungos. Os fungos, por exemplo, digerem a matéria orgânica e absorvem o que precisam. O que não aproveitam fica no ambiente. É dessa forma que ocorre a fertilização natural do solo; sem a decomposição, a vida conhecida não seria possível, pois os nutrientes do planeta poderiam se esgotar.

As bactérias decompositoras ajudam a reciclar a matéria que compõe os seres vivos.

(Ampliação aproximada de 4 400 vezes.)

Cogumelos (*Amanita muscaria*), em Santo Antônio do Pinhal (SP), em 2017.

Fungo conhecido por orelha-de-pau (*Pycnoporus sanguineus*) aderido ao tronco de uma árvore.

Eletromicrografia de varredura de *Saccharomyces cerevisiae*. As leveduras são um tipo de fungo microscópico. Eletromicrografias são imagens feitas com microscópios eletrônicos.

(Ampliação aproximada de 7 700 vezes. Cores artificiais.)

UM POUCO MAIS

O que é o bolor?

O bolor é um fungo decompositor que se espalha pelo ar e não forma cogumelos. Ao observá-lo com mais atenção e usando instrumentos como uma lente de aumento, podem ser vistas redes de pequenos fios e, em alguns casos, pequenas estruturas redondas. Os fios que formam a rede são conhecidos como **hifas** (do grego *hyphé* = 'teia'), e as estruturas redondas bem pequenas são os **esporos** (do grego *sporo* = 'semente'). Os esporos são a forma como os fungos se dispersam pelo vento. No ar pode haver muitos desses esporos de fungos flutuando. Ao cair em locais com condições propícias, eles se desenvolvem e formam as hifas. Essas, por sua vez, crescem e vão formando o bolor e novos esporos. Assim, os bolores mantêm o seu ciclo de vida.

Quando o pão está embolorado, é possível observar uma massa esverdeada, negra ou branca sobre ele. Ao olhar o bolor em um microscópio óptico (fotomicrografia ampliada acima), podem ser observados esporos (são as bolinhas menores), as hifas (são os fios) e uma estrutura maior, onde são produzidos os esporos. Fotomicrografias são imagens feitas com microscópios ópticos.

(Ampliação aproximada do detalhe em 115 vezes. Cores artificiais.)

Organismos facilitadores da decomposição

Alguns animais auxiliam os fungos e as bactérias na decomposição, pois se alimentam dos restos de outros organismos, como folhas, galhos, flores, frutos e outros compostos vegetais. São considerados **detritívoros** (se alimentam de detritos). Quando se alimentam desses restos de outros seres vivos, acabam também se alimentando dos organismos que estão realizando a decomposição desses detritos. Vejamos alguns exemplos: as minhocas (**A**), os piolhos-de-cobra e alguns besouros facilitam o processo de decomposição, que depois é finalizado por bactérias e fungos. As moscas-varejeiras (**B**) colocam seus ovos em animais mortos: deles eclodem as larvas que se alimentam dos restos do cadáver. Os urubus e também os carcarás (**C**) se alimentam principalmente de restos de seres mortos e, por isso, são chamados de carniceiros.

Minhocas.   Mosca-varejeira.   Carcarás.

Todos esses são exemplos de organismos facilitadores da decomposição.

› Cadeias e teias alimentares

Você deve ter percebido que todos os seres vivos estão inter-relacionados, direta ou indiretamente, formando uma grande rede que depende, inicialmente, da energia do Sol que chega à superfície da Terra.

Os organismos que usam a energia solar e produzem alimento, os produtores, constituem a **base da cadeia alimentar**, que é dividida em níveis.

Os produtores (1º nível) são a base para a alimentação dos consumidores, inicialmente os herbívoros (2º nível) e, depois, os carnívoros (3º nível e demais). Perceba que mesmo os carnívoros dependem indiretamente dos produtores.

A essa sequência de alimentação dá-se o nome de **cadeia alimentar**. Ela pode ser representada por diagramas que mostram o fluxo do alimento nos quais **o sentido da flecha sempre aponta o caminho do consumo do alimento**.

Um consumidor que se alimenta diretamente de um **produtor** é considerado um **consumidor primário**; um consumidor que se alimenta de um consumidor primário é considerado um **consumidor secundário**; e assim por diante.

Ao lado um exemplo de cadeia alimentar em que o capim é o produtor, o rato é o herbívoro (consumidor primário) e a serpente é o carnívoro (consumidor secundário). Abaixo, outro exemplo de cadeia: capim (produtor), capivara (consumidor primário) e onça-pintada (consumidor secundário).

(Elementos representados em tamanhos não proporcionais entre si. Cores fantasia.)

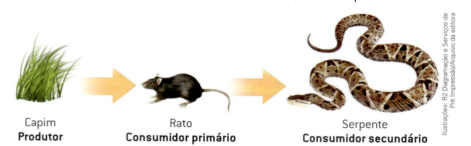

Capim
Produtor

Rato
Consumidor primário

Serpente
Consumidor secundário

Capim

Capivara

Onça-pintada

Ave em decomposição

Fungos decompositores

90

Geralmente, as relações de alimentação entre os seres vivos são mais complexas do que as que ocorrem em uma cadeia alimentar. Por exemplo, pode haver mais de um consumidor primário que se alimente do mesmo produtor.

Quando, no diagrama, há mais de uma cadeia alimentar possível, e pelo menos um dos componentes ocupa mais de um nível (os consumidores podem, por exemplo, ser ao mesmo tempo primários e secundários), o conjunto das relações se chama **teia alimentar**. É possível encontrar teias alimentares bem complexas.

Ainda fazem parte das teias alimentares os organismos decompositores que, ao realizar a decomposição, devolvem alguns nutrientes para o ambiente. Esses organismos podem ser também alimento para alguns consumidores. Animais como porcos selvagens podem se alimentar de fungos e são ótimos farejadores de trufas, fungos subterrâneos bastante valorizados no mercado. Ocorre, portanto, um fluxo de matéria e de energia que parte dos organismos produtores, passa pelos consumidores e chega aos decompositores. Na imagem a seguir há um exemplo de uma teia alimentar em que estão representados todos esses níveis.

Na teia alimentar representada, há produtores (folhas, flores e frutos das plantas), consumidores primários (rato, borboleta, capivara e preguiça), consumidores secundários (serpente, sapo, onça-pintada e gavião-real), consumidores terciários (serpente e gavião-real), consumidor quaternário (gavião-real) e decompositores (bactérias e fungos). Observe que há casos em que um animal pode ocupar tanto o nível de consumidor secundário como o de consumidor terciário e também quaternário.

Um exemplo de teia alimentar: o capim e a orquídea são os produtores, o rato e a borboleta são os consumidores primários, o sapo é o consumidor secundário e a serpente pode ser um consumidor secundário (se comer o rato) ou um consumidor terciário (se comer o sapo).

(Elementos representados em tamanhos não proporcionais entre si. Cores fantasia.)

Equilíbrio e desequilíbrio em teias alimentares

O **equilíbrio** é fundamental para a existência dos seres vivos nos ecossistemas. Qualquer situação ou problema que afete um dos membros das teias alimentares poderá afetar os demais. O ser humano, ao interferir nos ambientes naturais, modifica-os. Muitas vezes, essa interferência causa problemas no delicado equilíbrio entre as espécies, trazendo consequências que podem chegar à extinção dos seres daquele ambiente.

Por exemplo, caso as serpentes da teia alimentar que vimos anteriormente fossem caçadas pelo ser humano e desaparecessem (**A**), a tendência imediata seria aumentar o número de suas presas, os sapos e os ratos (**B**), já que estas não teriam mais o seu predador natural. Isso provavelmente levaria, com o tempo, a uma diminuição do número de borboletas (**C**), uma vez que seus predadores naturais aumentariam em número.

Extinção: desaparecimento por completo de uma espécie de ser vivo em determinado local, em decorrência da morte de seu último representante.

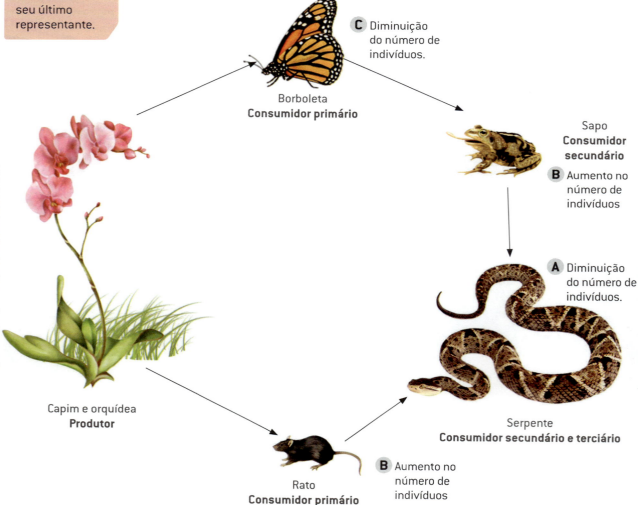

Exemplo de teia alimentar em que o capim e a orquídea são os produtores, o rato e a borboleta são os consumidores primários, o sapo é o consumidor secundário e a serpente pode ser um consumidor secundário (se comer o rato) ou um consumidor terciário (se comer o sapo).

(Elementos representados em tamanhos não proporcionais entre si. Cores fantasia.)

Em outras situações, o desequilíbrio da teia alimentar pode ser causado pela introdução de animais ou plantas em áreas onde antes não existiam.

Essas espécies levadas para novos locais são chamadas de **espécies exóticas** e podem passar a viver nesses novos ambientes sem causar impactos. Os pardais, por exemplo, foram trazidos da Europa no início do século XX e hoje são comuns nas cidades brasileiras. Na maioria das vezes, porém, essas espécies alteram o ambiente, competindo com espécies nativas por recursos como água, alimentos ou espaço. Nesse caso, elas são chamadas de **espécies exóticas invasoras**. Uma vez que não encontram predadores naturais no ambiente onde são introduzidas, as espécies exóticas invasoras tendem a prevalecer na competição com as espécies nativas. Esse é o caso de várias espécies, como o caso do mosquito *Aedes aegypti*, vindo da África e transmissor de doenças como a dengue, a febre chikungunya, a febre amarela e a zika.

Espécies nativas: são aquelas que ocorrem naturalmente em uma região geográfica. Elas estão inseridas em um contexto de equilíbrio ecológico, interagindo com o meio e as outras espécies que vivem no local.

Outro exemplo é o da rã-touro, um anfíbio importado dos Estados Unidos para o Brasil, na década de 1960, com a finalidade de ser criado para alimentação humana. No entanto, muitas delas fugiram dos criadouros e hoje são encontradas em ambientes onde atacam espécies nativas como pererecas, outras rãs e filhotes de peixes. São animais muito vorazes e, sem predadores, estão expandindo sua distribuição principalmente nas regiões Sul e Sudeste do Brasil. O desequilíbrio que as rãs-touro estão causando já levou à extinção local de espécies nativas.

Rã-touro.

NESTE CAPÍTULO VOCÊ ESTUDOU

- Os organismos produtores, consumidores e decompositores em um ecossistema.
- Animais herbívoros, carnívoros e onívoros.
- A fotossíntese e sua relação com a produção de alimento.
- A importância dos predadores nos ecossistemas.
- A decomposição e o papel das bactérias e dos fungos nesse processo.
- O papel dos decompositores nas cadeias e nas teias alimentares.
- Organismos facilitadores da decomposição e seus mecanismos de alimentação.
- Cadeia alimentar e teia alimentar.
- Equilíbrio e desequilíbrio na cadeia alimentar.
- Espécies introduzidas, exóticas e invasoras.

Capítulo 6 • Cadeias, teias, equilíbrio e desequilíbrio 93

ATIVIDADES

PENSE E RESOLVA

1 "Na fotossíntese há produção de alimento." Com base na afirmação, responda às questões.

a) Quais organismos realizam esse processo?

b) De onde vem a energia para realizar a fotossíntese?

c) Quais são e de onde vêm as matérias utilizadas na fotossíntese?

2 Observe as figuras a seguir e indique quais são os produtores, quais são os consumidores e, entre estes últimos, quais são herbívoros, carnívoros e onívoros.

Cajueiro.   Vaca.

Cacto-facheiro.   Algas verdes.

Lobo-guará.   Piranha-vermelha.

3 Observe a ilustração a seguir e faça um esquema mostrando a posição de cada espécie em uma teia alimentar.

(Elementos representados em tamanhos não proporcionais entre si. Cores fantasia.)

4 Analise a teia alimentar de uma fazenda de gado e responda:

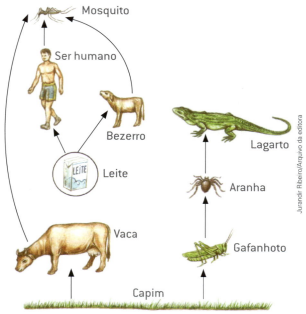

(Elementos representados em tamanhos não proporcionais entre si. Cores fantasia.)

a) Quais são os organismos dessa comunidade?

b) Esquematize, separadamente, cada uma das cadeias alimentares dessa comunidade.

c) Qual é o organismo produtor?

d) Elabore uma hipótese para explicar por que um dos elementos da teia alimentar está circulado.

e) Quantos níveis de seres vivos há em cada uma dessas cadeias?

f) Que animais ocupam os mesmos níveis nessas cadeias? Quais são esses níveis?

5 Leia a frase e responda:

Para sobreviver, os seres vivos estão em constante "luta" na busca pelo alimento, e a forma de obtê-lo pode ser diferente de acordo com o organismo.

a) Como os animais obtêm alimento?

b) Como as plantas obtêm alimento?

c) A palavra luta está entre aspas no texto. O que se pretende destacar com isso?

6 Um estudante lavou muito bem três laranjas, secou-as, colocou-as dentro de um saco plástico, fechando-o a seguir. Só depois de uma semana se lembrou delas. Quando as encontrou, viu que estavam emboloradas. Como se explica esse crescimento dos fungos se o estudante tomou alguns cuidados para que isso não ocorresse?

7 Represente uma teia alimentar da qual façam parte: fungos, rato, capim, capivara, onça, raposa e bactérias.

8 A partir da teia construída na questão anterior:
a) Classifique cada um dos componentes com relação ao nível que ocupam na teia.
b) Que organismo se encontra no topo dessa teia alimentar?
c) Quais são os seres decompositores?

9 Existem algumas espécies de besouros que são chamadas de rola-bosta. Esse nome engraçado se deve ao fato de eles, na época de sua reprodução, fazerem bolinhas de estrume (fezes de animais herbívoros) que rolam e depois enterram, para colocar dentro delas seus ovos. Esses ovos se transformam em larvas que se alimentam do estrume – a exemplo do que fazem os besouros adultos. Como podemos correlacionar os besouros rola-bosta com o que foi visto neste capítulo?

Besouro rola-bosta.

10 Classifique os níveis dos organismos nas cadeias alimentares a seguir, em que participam seres detritívoros:
a) *Champignon* (fungo que cresce sobre um tronco de árvore morta) → ser humano.
b) Cupim (inseto que se alimenta de tronco de árvore morta) → tamanduá.
c) Vaca morta → urubu.
d) Minhoca → joão-de-barro.

11 Considere as seguintes informações sobre animais e plantas do Cerrado brasileiro.

1. No solo do Cerrado, encontramos muitos insetos, como gafanhotos, que fazem de gramíneas, como o capim, sua fonte de alimento.

2. Os gafanhotos têm entre suas predadores naturais pequenos lagartos e aves, como a seriema.

3. A seriema, por sua vez, é uma ave que tem uma dieta muito ampla, alimentando-se de pequenos insetos, como gafanhotos, lagartos e até serpentes.

4. Além da seriema, os lagartos também têm como predadores naturais as serpentes que vivem no Cerrado.

a) Com base nas afirmações anteriores, construa a teia alimentar composta dos seres vivos descritos.
b) Indique o nível de cada componente dessa teia alimentar.

12 Volte à teia alimentar que você representou na questão 3 e imagine que os pássaros se contaminaram com uma doença que levou à morte a maioria da população.
a) O que poderia acontecer de imediato com a teia alimentar?
b) Quais organismos seriam mais afetados? Por quê?

13 Leia a seguir trechos de um texto sobre a superpopulação de piranhas em um balneário no Piauí.

Após cem banhistas serem feridos por ataque de piranhas, o principal balneário da região próximo a Teresina, a barragem do Bezerro, no município de José de Freitas (PI), a 52 quilômetros da capital, contra-atacou: desde o dia 19 deste mês, 100 mil tilápias foram colocadas na barragem, com o objetivo de atacar e, ao mesmo tempo, serem alimento das piranhas. O objetivo é controlar a superpopulação da espécie no local e garantir que a piranha encontre comida na barragem, sem a necessidade de atacar o ser humano. [...]

Segundo o Ibama (Instituto Brasileiro do Meio Ambiente e dos Recursos Naturais Renováveis), foram colocados alevinos (filhotes de peixes logo que nascem) e peixes adultos. "Elas passaram a atacar os banhistas pela ausência dos seus predadores. E como os outros peixes são o alimento da piranha, houve essa busca por comida", [...]

[...] um dos fatores que contribuiu para a superpopulação de piranhas na barragem foi a pesca irregular de tucunarés e traíras, que são predadores naturais dos ovos das piranhas. Os alevinos das duas espécies também servem de alimento para as piranhas, que, devido à superpopulação, estão com alimento escasso. [...]

Fonte: GAMA, Aliny. Após cem feridos por ataque de piranhas, balneário no Piauí recebe peixes para conter superpopulação. UOL Notícias. Publicado em: 29/9/2011. Disponível em: <http://noticias.uol.com.br/cotidiano/ultimas-noticias/2011/09/25/apos-cem-feridos-por-ataque-de-piranhas-balneario-no-piaui-recebe-peixes-para-conter-superpopulacao.htm> (acesso em: 11 abr. 2018).

Agora responda:
a) O que causou a superpopulação de piranhas no balneário existente no município de José de Freitas (PI)?
b) Apesar da solução dada ao problema da superpopulação de piranhas, que outro tipo de problema a introdução de tilápias pode acarretar nessa situação? Explique.

14 Leia trechos do texto a seguir sobre a superpopulação de cobras (serpentes) em uma localidade no Espírito Santo. Trata-se de uma espécie não peçonhenta, popularmente conhecida como "jararaquinha" ou "falsa jararaca".

Moradores de Baixo Guandu, no Noroeste do Espírito Santo, contaram que estão tendo as casas invadidas por cobras há cerca de dois meses. Segundo a contabilização deles, mais de 200 animais já foram encontrados. A bióloga do Instituto Federal do Espírito Santo, Mirella Castro, disse que pode estar acontecendo um desequilíbrio ambiental na região. [...]

A orientação é não matar as cobras. "O certo é chamar a polícia ambiental, mas, se na hora não for possível, recolher a cobra e devolvê-la para uma área de mata. Matando, você vai estar causando ainda mais problemas ambientais", disse Mirella. [...]

Fonte: BORGES, Juliana; MELLO, Mayara. Mais de 200 cobras invadem casas em cidade no ES, dizem moradores. G1. Publicado em: 15/3/2018. Disponível em: <https://g1.globo.com/es/espirito-santo/norte-noroeste-es/noticia/mais-de-200-cobras-sao-encontradas-em-casas-de-baixo-guandu-dizem-moradores.ghtml> (acesso em: 11 abr. 2018).

Agora responda:
a) O que pode ter ocasionado a superpopulação de serpentes em Baixo Gandu (ES)?
b) Por que a bióloga Mirella afirma que ao matar essas serpentes estaria causando mais problemas ambientais?

SÍNTESE

Observe atentamente a teia alimentar a seguir e responda às questões.

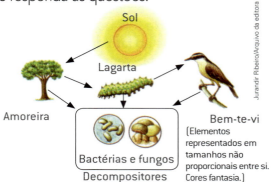

(Elementos representados em tamanhos não proporcionais entre si. Cores fantasia.)

a) De onde provém a energia para esta teia alimentar?
b) Nesta teia alimentar, quem produz seu próprio alimento? De que forma?
c) Quais são os níveis ocupados pela lagarta e pelo bem-te-vi?
d) Que nível ocupam as bactérias e os fungos?
e) Qual é o papel das bactérias e dos fungos?
f) Se fossem introduzidos um urubu e um piolho-de-cobra, como ficaria a nova teia alimentar?
g) Que nível o bem-te-vi ocuparia após a introdução do piolho-de-cobra e do urubu?
h) Qual seria o nível do urubu nessa nova cadeia?
i) Por que se pode afirmar que o urubu e o piolho-de-cobra auxiliam na decomposição?

PRÁTICA
A ação dos decompositores no solo

> **ATENÇÃO!**
> Use luvas quando for mexer na terra!
> Cuidado ao manusear utensílios de vidro.

Objetivo

Observar a ação dos decompositores em alguns materiais. Forme grupo com seus colegas.

Material

- 1 pote de vidro de boca larga e com tampa
- Terra de jardim
- 1 pá de jardinagem pequena
- 2 pedaços de pão ou de uma fruta
- 1 folha de um vegetal
- 1 pedaço de papel
- 1 pedaço de plástico
- 1 etiqueta
- 1 palito de sorvete
- 1 clipe
- 1 bolinha de gude de vidro
- 1 prego
- 2 pedaços de giz
- 1 par de luvas

Procedimento

1. Com a pá, encham o pote de vidro com terra umedecida até a metade e apertem um pouco com a mão (não se esqueça de usar luvas, para evitar a contaminação com materiais do solo). Observem a figura **1**.
2. Separem a superfície da terra em quatro partes, riscando-a com o palito de sorvete, como na figura **2**.
3. Em cada parte, distribuam os materiais (vejam na lista sugerida) junto à parede do pote, de maneira que se tornem visíveis, como na figura **3**.
4. Preencham o restante do pote com terra umedecida e fechem-no para evitar evaporação de água, como na figura **4**.
5. Identifiquem o grupo na etiqueta e colem-na no pote. Deixem o experimento em lugar seguro e sem luz direta.

6. Façam uma tabela e anotem o aspecto de cada material, como cor, consistência, brilho e estado de decomposição (apodrecimento).
7. Registrem uma previsão do que acontecerá com cada um dos materiais, isto é, elaborem suas hipóteses.
8. A cada quatro dias, repitam suas observações e anotem-nas na tabela. Se precisarem abrir a tampa, não aspirem o cheiro exalado e removam a terra com cuidado. Ao final das observações, recoloquem a terra e a tampa.
9. No último dia de observação, toquem os materiais com o palito de sorvete. Observem as modificações que apareceram em relação ao início da atividade.

Discussão final

1. Que materiais apresentaram sinais de transformação? Quais foram esses sinais?
2. Que materiais não apresentaram sinais de transformação? Como vocês justificam esse fato?
3. As suas hipóteses sobre o que aconteceria com os materiais foram confirmadas? Justifiquem a resposta.
4. Quais organismos decompositores podem ser observados na experiência? De onde eles vieram?
5. A que conclusão podemos chegar a respeito da decomposição dos materiais observados?

Capítulo 6 • Cadeias, teias, equilíbrio e desequilíbrio

Capítulo 7
Fotossíntese e respiração celular

Na imagem, uma pintura intitulada **O templo do Sol dos incas em Cuzco (Peru) antes da conquista pelos espanhóis**, do artista equatoriano Antonio Salas (1795-1860), que retrata a cerimônia inca de adoração ao Sol. (Dimensões desconhecidas.)

A civilização inca desenvolveu-se na América do Sul, em uma região próxima à cordilheira dos Andes, onde atualmente estão os países Peru, Bolívia, Chile e Equador.

Os incas adoravam o deus Sol, denominado *Inti*, a quem dedicavam festas e rituais, além de templos que foram construídos por todo o império. Ainda hoje, grande parte da população que habita os Andes refere-se ao Sol usando a expressão *Taita Inti*, que significa "papai Sol".

A civilização inca sabia que o Sol é fonte de vida e luz graças a observações sobre o melhor tempo para o plantio na agricultura e o conhecimento das estações do ano, além da importância do calor nos momentos de frio.

Foram essas observações, portanto, que levaram o povo inca a reconhecer que o grande responsável por tudo era o Sol, e por isso deveria sempre ser venerado.

Até hoje os descendentes dos incas são conhecidos, no Peru, como "Os filhos do Sol". Você consegue elaborar uma hipótese para explicar essa afirmação?

Neste capítulo estudaremos o processo de produção de alimentos e como se dá a utilização do alimento para a obtenção de energia essencial para a existência de vida na Terra.

❭ Fotossíntese

Já vimos que a **fotossíntese** é o processo pelo qual alguns seres vivos produzem o próprio alimento. Esse processo usa a energia que vem do Sol (luz), gás carbônico e água como matéria-prima. Todo esse processo ocorre na presença do **pigmento** clorofila.

Pigmento: substância que dá cor, nesse caso, aos seres vivos.

Quem realiza a fotossíntese?

Os organismos conhecidos que fazem fotossíntese são: as plantas, as algas e as cianobactérias (do grego *kyanos* = 'azul'; *bake* = 'pequeno bastão'; *therion* = 'animal'), um tipo de bactéria.

Para um organismo realizar fotossíntese, ele deve ser capaz de utilizar o Sol como fonte de energia para produzir alimentos, o que, por sua vez, exige certas substâncias, como a clorofila.

O processo da fotossíntese pode ser representado da seguinte forma:

$$\text{gás carbônico} + \text{água} \xrightarrow[\text{clorofila}]{\text{energia do Sol}} \text{glicose (alimento)} + \text{gás oxigênio}$$

Ou seja, o gás carbônico e a água, na presença da energia do Sol e da clorofila existente nas partes verdes das plantas, sofrem transformações nas quais são produzidos o alimento da planta (glicose) e o gás oxigênio.

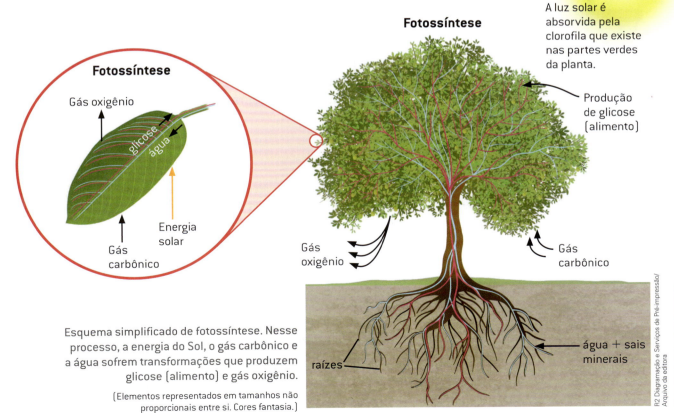

Esquema simplificado de fotossíntese. Nesse processo, a energia do Sol, o gás carbônico e a água sofrem transformações que produzem glicose (alimento) e gás oxigênio.

(Elementos representados em tamanhos não proporcionais entre si. Cores fantasia.)

Capítulo 7 • Fotossíntese e respiração celular

De onde vem o que é necessário para a fotossíntese?

A água é fundamental para os seres vivos. As cianobactérias e as algas captam-na diretamente do meio aquático ou úmido em que vivem.

Em grande parte das plantas aquáticas e terrestres, a água é absorvida pelas **raízes** – estrutura adaptada também para a absorção de nutrientes –, por meio de canais bem finos chamados **vasos condutores de seiva**, e segue pelo caule até chegar às folhas, às flores e aos frutos, quando estes existem.

As raízes das plantas terrestres crescem na direção das partes mais úmidas do solo, o que facilita a absorção da água e dos nutrientes. Em algumas plantas muito pequenas, como os musgos, não há vasos condutores, e a água e os nutrientes passam de célula para célula.

O gás carbônico faz parte da composição do ar atmosférico. A maior parte das plantas é terrestre e, na fotossíntese, captura gás carbônico e libera gás oxigênio principalmente pelas folhas, onde ocorrem essas trocas gasosas. Já as algas, as cianobactérias e as plantas aquáticas que vivem submersas absorvem o gás carbônico que está dissolvido na água.

A fotossíntese ocorre nas folhas e em outras partes verdes, como o caule de algumas plantas. Nessas partes existe uma substância verde chamada **clorofila** (do grego *khloros* = 'verde'; *phycon* = 'folha'), que tem a propriedade de captar a energia luminosa do Sol. Plantas que não são verdes também têm clorofila; ela está com outros pigmentos que "escondem" a sua cor.

A energia do Sol é utilizada pela planta para produzir, na fotossíntese, a glicose, um tipo de açúcar. Os açúcares pertencem a um grupo de substâncias que chamamos **carboidratos**.

Além da luz solar e da água, nutrientes como os carboidratos produzidos e os sais minerais absorvidos pelas raízes são necessários para o desenvolvimento das plantas e para a formação de substâncias como a clorofila.

Veja no esquema por onde entram a água e os nutrientes na planta e como se dão as trocas gasosas.

(Elementos representados em tamanhos não proporcionais entre si. Cores fantasia.)

> ## UM POUCO MAIS
>
> ### Carboidratos
>
> Os carboidratos, também chamados de açúcares (ou glicídios), são a principal fonte rápida de energia dos seres vivos. São principalmente de origem vegetal, encontrados em cereais, batata, mandioca, arroz, cenoura, beterraba, alimentos preparados e adoçados com o açúcar da cana, do mel, entre outros, sendo este último de origem animal.
>
> Alguns carboidratos desempenham funções diferentes no organismo:
>
> - atuam como substância de reserva de energia, como é o caso do **amido** nas plantas e do **glicogênio** nos animais;
> - funcionam como substância que dá estrutura para as plantas, como é o caso da **celulose**.

❯ Respiração celular: do alimento à energia

Todos os seres vivos precisam de alimento para sobreviver. Entre outras funções, o alimento fornece os nutrientes e a energia necessários para os seres vivos desempenharem todas as suas atividades.

O processo de quebra do alimento para a disponibilização da energia é conhecido como **respiração celular**.

Pense nas seguintes situações: O que faz o motor do carro funcionar para que ele se movimente? E o que faz com que uma árvore ou um animal se mantenham vivos e cresçam? Para o motor de um carro funcionar, ele precisa de **combustível** (gasolina, etanol, etc.). Dentro do motor, o combustível e o gás oxigênio sofrem transformações, produzindo gás carbônico e água e liberando energia.

E quanto à árvore? O combustível que a mantém viva e a faz crescer é a glicose. A glicose e o gás oxigênio sofrem transformações nas células, produzindo gás carbônico, água, entre outras substâncias, e liberando energia.

Embora os processos sejam diferentes, nos dois casos ocorre liberação de energia. O que ocorre no motor do carro é chamado **combustão**, e o que ocorre na árvore é chamado **respiração celular**.

O processo da respiração celular pode ser representado da seguinte forma:

$$\text{glicose (alimento)} + \text{gás oxigênio} \longrightarrow \text{gás carbônico} + \text{água} + \text{ENERGIA}$$

Ou seja, a glicose e o gás oxigênio sofrem transformações químicas nas quais são produzidos gás carbônico e água. Nesse processo, a energia necessária para as atividades dos seres vivos é liberada.

EM PRATOS LIMPOS

Combustão, respiração celular e ventilação pulmonar

Combustão. Quando você vê alguma coisa pegando fogo, costuma dizer que aquilo está queimando. Em outras palavras, está ocorrendo uma combustão. Frequentemente, é um processo rápido, que libera grande quantidade de energia na forma de calor. Em geral, percebemos uma combustão pelo aparecimento de chama.

Respiração celular. É um processo que acontece no interior das células dos seres vivos. Ocorre de maneira contínua e controlada, liberando energia de acordo com as necessidades do organismo.

Ventilação pulmonar. É o ato de um animal inspirar (colocar para dentro) e expirar (colocar para fora) o ar de seus pulmões. O processo de entrada e de saída de ar nos pulmões (ventilação) é popularmente chamado respiração. Contudo, "respiração" é a denominação do processo de respiração celular, que só ocorre dentro das células.

De onde vem o que é necessário para a respiração celular?

Para a maioria dos seres vivos, são necessários alimentos (o açúcar glicose) e gás oxigênio para que ocorra a **respiração celular**.

Alimentos

- As plantas produzem o próprio alimento por meio da fotossíntese.
- Os animais obtêm alimento ingerindo outros seres vivos, como plantas ou outros animais.
- O alimento (glicose) e o gás oxigênio são utilizados na respiração celular para a obtenção de energia (liberada do alimento), com produção de gás carbônico e água. Isso ocorre em praticamente todos os seres vivos.
- Em algumas bactérias e alguns fungos ocorre respiração celular, sem a utilização do gás oxigênio.

Fungo orelha-de-pau em tronco.

Capivara e filhotes no Pantanal Mato-Grossense, em 2017.

(Elementos representados em tamanhos não proporcionais entre si. Cores fantasia.)

Gás oxigênio

- As plantas podem conseguir gás oxigênio pela fotossíntese ou diretamente do ambiente, por minúsculas aberturas em suas folhas, que permitem a entrada e a saída de gases.
- As plantas aquáticas, além do gás oxigênio obtido na fotossíntese, obtêm o gás oxigênio dissolvido na água pelas raízes e o retiram do ar por meio dos poros de suas folhas emersas.

As plantas necessitam da fotossíntese para produzir o próprio alimento.

- Os animais terrestres têm diferentes formas de obter gás oxigênio. Certos animais, como as minhocas, que vivem em ambientes terrestres úmidos, obtêm gás oxigênio do ar atmosférico pela pele.
- Outros animais têm estruturas mais especializadas para captar gás oxigênio, como os **pulmões** dos moluscos terrestres (caracóis e lesmas) e a **traqueia** de insetos e de certas aranhas.
- Alguns peixes, os anfíbios adultos (que também fazem trocas gasosas pela pele), os répteis, as aves e os mamíferos têm **pulmões** bem diferentes dos encontrados nos moluscos.

Caracol terrestre.

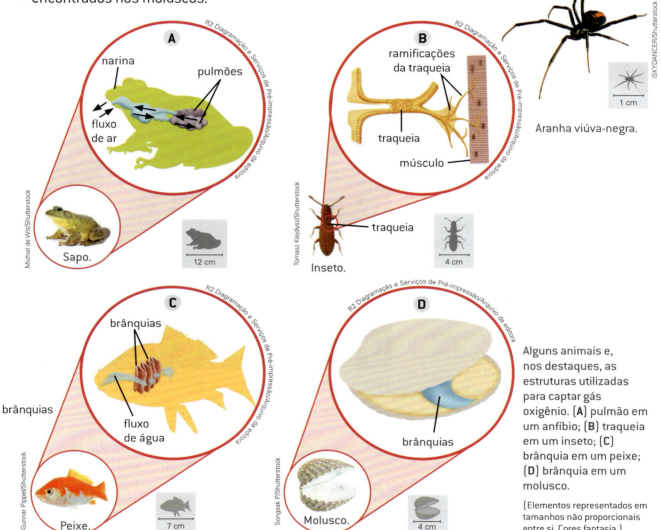

Aranha viúva-negra.

Alguns animais e, nos destaques, as estruturas utilizadas para captar gás oxigênio. (A) pulmão em um anfíbio; (B) traqueia em um inseto; (C) brânquia em um peixe; (D) brânquia em um molusco.

(Elementos representados em tamanhos não proporcionais entre si. Cores fantasia.)

- Os animais aquáticos podem obter gás oxigênio dissolvido na água diretamente pela superfície do corpo, como no caso das esponjas, das águas-vivas, dos corais ou das sanguessugas; ou por meio de estruturas especializadas, como as **brânquias**, encontradas em crustáceos (siris, camarões, lagostas), em moluscos (polvos, lulas, mexilhões, ostras), em equinodermos (ouriços-do-mar) e na maioria dos peixes e nas larvas de anfíbios. Apesar de a estrutura ser chamada brânquia em todos esses grupos, ela difere bastante entre esses organismos.

Caranguejo.

Capítulo 7 • Fotossíntese e respiração celular

❯ Fotossíntese e respiração celular nas plantas

Uma confusão muito comum é pensar que as plantas não respiram enquanto realizam fotossíntese. Na verdade, as plantas, assim como os animais, respiram o tempo todo: de noite e de dia, embora só realizem fotossíntese na presença de luz.

Todos os seres vivos precisam da energia vinda da respiração celular para sobreviver. Por meio da fotossíntese, a planta produz seu alimento. Enquanto isso, a respiração celular utiliza o alimento produzido para obter energia.

EM PRATOS LIMPOS

A Amazônia não é o pulmão do mundo!

Talvez você já tenha ouvido falar que a Floresta Amazônica é o "pulmão do mundo", mas esse conceito está errado.

Quem afirma isso está considerando que na Amazônia ocorre a maior parte da fotossíntese do planeta, porém isso não é verdade. A maior parte da fotossíntese do planeta acontece nos mares, realizada por algas e cianobactérias.

A Floresta Amazônica desempenha, sim, um papel muito importante no clima da América do Sul e do mundo. Sua devastação causa, por exemplo, a diminuição da quantidade de chuvas na própria Amazônia e também em regiões mais distantes, como no Sudeste brasileiro.

Contudo, há mais um motivo para considerar incorreta a afirmação de que a Amazônia é o pulmão do mundo: o pulmão é um órgão que captura gás oxigênio da atmosfera, e a Floresta Amazônica é um local de produção de gás oxigênio.

Vista aérea da Floresta Amazônica. Novo Airão (AM), 2017.

❯ Os filhos do Sol

As cadeias alimentares começam sempre com os **produtores**, que, na maioria dos casos, são seres vivos que realizam **fotossíntese**. Os produtores fabricam o próprio alimento e podem ainda servir de alimento para os consumidores primários, os quais, por sua vez, podem servir de alimento para os consumidores secundários, e assim sucessivamente. Dessa forma, o alimento de onde se obtém a energia para a sobrevivência de todos os seres vivos vai passando de nível em nível no ecossistema.

O alimento, no caso a **glicose**, armazena **energia**; e, na quebra da glicose, pelo processo de **respiração celular**, a energia é liberada e usada para desempenhar todas as funções vitais de um ser vivo.

A maioria dos seres vivos depende da fotossíntese. Todos nós dependemos da energia do Sol e, portanto, somos seus filhos. Os incas já sabiam disso.

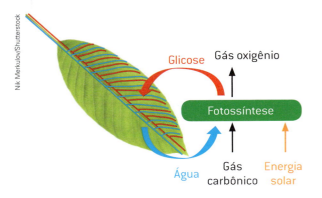 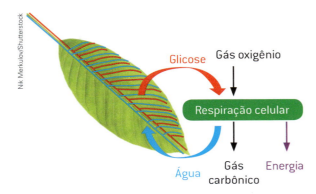

Esquemas comparativos entre os processos de fotossíntese e de respiração celular.

(Elementos representados em tamanhos não proporcionais entre si. Cores fantasia.)

EM PRATOS LIMPOS

Um "Sol" em casa

A fotossíntese necessita de luz natural do Sol para acontecer. No entanto, também é possível estimular a fotossíntese em uma planta por meio de luzes artificiais.

As luzes de lâmpadas incandescentes (em geral de cor "amarelada") e de lâmpadas fluorescentes (em geral de aspecto mais "branco") podem, em conjunto, ser utilizadas para promover a fotossíntese de plantas. A luz liberada por essas lâmpadas por período maior que o da luz natural proporciona as condições necessárias para a planta realizar fotossíntese.

Atualmente, as luzes de LED (do inglês *Light Emitter Diode*, "diodo emissor de luz", em tradução livre) também vêm sendo usadas como fonte de luz em estufas controladas com ótimo desempenho. Agora você consegue interpretar o título deste boxe?

NESTE CAPÍTULO VOCÊ ESTUDOU

- O processo de fotossíntese, a matéria-prima necessária e as substâncias formadas.
- O processo de respiração celular, a matéria-prima necessária e as substâncias formadas.
- Fotossíntese e respiração celular, e sua relação com a fabricação de alimento e obtenção de energia para a sobrevivência dos seres vivos.
- O papel da clorofila e dos nutrientes na fotossíntese.
- A relação entre fotossíntese, respiração celular e cadeias alimentares, levando em conta a produção de alimento e o consumo de energia.

ATIVIDADES

PENSE E RESOLVA

1 Leia o texto e responda às questões.

Todo ser vivo precisa de água e energia para sobreviver: enquanto os animais obtêm a energia dos alimentos que ingerem, as plantas fabricam o próprio alimento.

O gás oxigênio, juntamente com a água e a clorofila presente nas partes verdes das plantas, na presença de luz, podem produzir alimento, armazenando nele a energia que é capturada do Sol. A partir desse alimento e de nutrientes, como sais minerais que retira do ambiente, a planta pode produzir todos os demais nutrientes de que precisa para crescer e se desenvolver.

A respiração celular feita por animais e plantas na presença de um certo gás é o processo que libera a energia armazenada no alimento. Essa energia é utilizada pelos seres vivos para realizar suas funções vitais.

a) Qual é o nome do processo realizado pelas plantas para a fabricação do próprio alimento?

b) Quais são os principais órgãos das plantas responsáveis por fabricar alimento?

c) Que nome se dá ao alimento produzido pelas plantas na fotossíntese?

d) Que gás é necessário para animais e plantas realizarem a respiração celular?

e) Quais são os produtos da respiração, além da energia liberada?

f) Em quais circunstâncias uma planta produz o próprio alimento?

g) De onde vem a água para o processo de produção do alimento da planta?

2 Para onde pode ir o gás carbônico resultante da respiração celular em uma planta?

3 Complete o texto a seguir com os termos adequados.

O modo como um ser vivo obtém energia para sobreviver é pela _____, que utiliza o gás _____ e a _____ (alimento). Esse processo se diferencia da _____ por não ser uma troca de _____ entre o ser vivo e o ambiente, mas sim um processo em que o alimento é quebrado para obtenção de _____. Na maioria dos animais terrestres, essa troca de _____ ocorre nos _____.

4 Considere a cadeia alimentar abaixo e, em seguida, responda às questões.

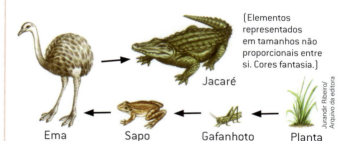

(Elementos representados em tamanhos não proporcionais entre si. Cores fantasia.)

Ema — Sapo — Gafanhoto — Planta — Jacaré

a) Qual é o organismo produtor?

b) Quais são os organismos consumidores?

c) Qual organismo depende diretamente da fotossíntese para obter seu alimento?

d) Podemos dizer que todos os organismos dessa cadeia dependem da fotossíntese? Justifique.

e) Essa cadeia alimentar poderia começar com um gafanhoto? Justifique.

5 Na maior parte das plantas, a fotossíntese ocorre nas folhas. Em plantas como os cactos existem espinhos, que são folhas modificadas. Observando a fotografia ao lado, levante uma hipótese sobre onde deve ocorrer a fotossíntese nos cactos.

Cacto xiquexique.

106

SÍNTESE

1 Observe a imagem abaixo e, usando seus conhecimentos, responda.

a) As folhas envolvidas por um plástico preto ainda mantêm contato com o ar, mas não recebem luz. Qual é o nome do processo que as folhas cobertas deixarão de realizar?

b) A planta morrerá por estar com essas duas folhas cobertas? Justifique.

c) Caso toda a planta fosse coberta, o que aconteceria depois de passado algum tempo?

2 Considere a teia alimentar abaixo e, em seguida, responda às questões.

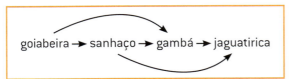

a) Qual é o organismo produtor?

b) Quais são os organismos consumidores?

c) Qual organismo depende diretamente da fotossíntese para obter seu alimento?

d) Quais desses seres vivos realizam respiração celular?

e) Quais deles realizam ventilação (respiração pulmonar)?

f) Qual desses organismos certamente tem clorofila?

g) Como cada um desses organismos realiza trocas gasosas?

h) O que aconteceria nessa comunidade se a população de sanhaços diminuísse ou deixasse de existir?

i) Onde a jaguatirica consegue a matéria-prima necessária para obter energia? E a goiabeira?

DESAFIO

A elódea é uma planta aquática muito utilizada em aquários de água doce. Suas folhas finas e delicadas são usadas como alimento para peixes e outros animais aquáticos.

Essa planta realiza fotossíntese para obter alimento e acaba consumindo água e gás carbônico, bem como produzindo gás oxigênio. A intensidade da fotossíntese depende da quantidade de luz: quanto maior a quantidade de luz, maior é a taxa (quantidade) de fotossíntese, e vice-versa.

Peixe e elódea em aquário.

A respiração celular é feita por plantas e animais, e nela o alimento é transformado na presença do gás oxigênio que é consumido. O resultado é a produção de água e gás carbônico e a liberação de energia, usada para sobreviver.

Num primeiro experimento, em dois aquários de vidro transparente foram colocadas plantas de elódea na mesma quantidade. Um desses aquários foi mantido na presença de luz constante (**1**) e o outro no escuro (**2**), como mostram as figuras a seguir.

Aquário na presença de luz constante.

Aquário mantido no escuro.

Responda:

a) Em qual aquário se espera que a planta realize fotossíntese? Justifique sua resposta.

b) Em qual aquário se espera que a quantidade de gás carbônico aumente e a quantidade de gás oxigênio diminua? Justifique sua resposta.

c) Em qual aquário a planta deve morrer antes? Justifique sua resposta.

Agora vamos supor que fosse feita uma montagem semelhante à do primeiro experimento, só que em cada um dos aquários fosse incluído um peixe. Um dos aquários **3** seria mantido sob a luz e o outro ficaria no escuro **4**, como mostrado nas figuras a seguir.

Aquário na presença de luz constante.

Aquário mantido no escuro.

Responda:

d) Qual peixe deve sobreviver por mais tempo: o do aquário 3 ou 4? Justifique sua resposta.

e) Considerando os aquários 1, 2, 3 e 4, qual planta deve sobreviver por mais tempo:

   I. a do aquário 3 ou a do aquário 4? Justifique sua resposta.

   II. a do aquário 1 ou a do aquário 3? Justifique sua resposta.

   III. a do aquário 2 ou a do aquário 4? Justifique sua resposta.

PRÁTICA

Um gás produzido pelas plantas

Objetivo

Verificar a formação e a liberação de um gás por uma planta aquática.

> **ATENÇÃO!**
> Use luvas quando for trabalhar no laboratório!
> Cuidado ao manusear utensílios de vidro.

Material

- Plantas aquáticas (elódea, por exemplo), que podem ser encontradas em lojas de material para aquário
- Pote de vidro transparente
- Funil de vidro
- Tubo de ensaio
- Balde cheio de água

Procedimento

1. No balde cheio de água, coloque o pote de vidro transparente com a planta aquática coberta pelo funil de boca para baixo.
2. Dentro do balde, encha o tubo de ensaio com água e coloque-o sobre o funil, evitando a presença de ar no seu interior.
3. Retire o sistema montado do balde. Mova o sistema para um local ensolarado.
4. Observe o sistema por cerca de 1 hora e anote suas observações.

Fotografia da montagem do experimento.

Discussão final

1. O que ocorreu no interior do recipiente durante a atividade prática?
2. Levante uma hipótese para explicar o que você observou dentro da parte superior interna do tubo de ensaio.
3. Explique a importância da luz nesta atividade.

Capítulo 8

As células e os níveis de organização

Eye of Science/SPL/Latinstock

Modelo de uma célula eucariótica.

Você consegue reconhecer os componentes da fotografia acima?
Um deles é o mamão, fruto tropical muito consumido no Brasil. Se você olhar atentamente verá que, além do mamão, existem outros elementos: um morango, sementes de mamão e macarrão em diferentes formatos. Esse conjunto está sendo utilizado como um modelo para a representação de uma célula.

Mas será que todas as células são iguais? Qual é a função de uma célula? Todas elas desempenham o mesmo papel? Qual é a importância das células? Como elas se organizam no corpo?

Você e seus colegas conseguiriam imaginar outro modelo feito com outras estruturas ou objetos para representar uma célula? Pensem a respeito e, ao final do estudo deste capítulo, façam um esquema no caderno do modelo imaginado por vocês.

❯ A descoberta da célula

A maioria das células não pode ser vista sem o uso de instrumentos. Sua descoberta está diretamente associada ao desenvolvimento dos microscópios, instrumentos formados por lentes que permitem a ampliação de imagens.

O microscópio, inventado no século XVI, foi utilizado pela primeira vez para observar seres vivos somente no século XVII, pelo holandês Antonie van Leeuwenhoek (1632-1723). Em suas análises, ele observou, entre outros organismos, seres em forma de pequenos bastonetes. Foi assim que descobriu as bactérias. Em grego, a palavra *bakteria* significa 'bastão pequeno', daí o nome desses seres microscópicos.

Outro cientista, o inglês Robert Hooke (1635-1703), fez aprimoramentos ao microscópio de Leeuwenhoek, acrescentando mais uma lente, e com ele observou diferentes materiais, entre eles, pedaços de **cortiça**. Hooke percebeu que a cortiça era formada por inúmeros compartimentos vazios, como se fossem buracos, que ele chamou de células (do latim, *cella* = 'cômodo fechado').

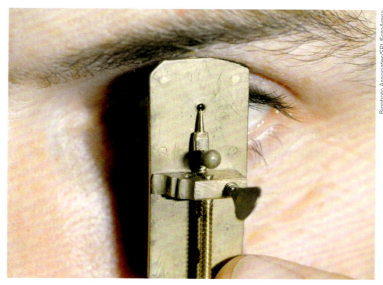

Microscópio de uma lente, semelhante ao utilizado por Leeuwenhoek para observar hemácias do sangue, espermatozoides, bactérias e outros microrganismos.

Cortiça: "casca" do tronco de várias árvores, como o sobreiro.

Tronco de um exemplar de sobreiro (*Quercus suber*), árvore nativa do sul da Europa e do norte da África e que pode atingir até 15 m. No destaque, um pedaço de cortiça observado por um microscópio.

Nos séculos XVIII e XIX, com o auxílio do microscópio, cientistas identificaram células em todos os seres vivos observados. Por volta de 1850, a grande quantidade de evidências da existência de células levou à criação de uma teoria, denominada **teoria celular**.

> A **teoria celular** admite que todos os seres vivos são constituídos de células e que toda célula é originada de outra célula.

Capítulo 8 • As células e os níveis de organização

UM POUCO MAIS

O que são microscópios?

Os microscópios são instrumentos que apresentam um sistema de lentes e de iluminação. Eles são excelentes ferramentas para pesquisa, porque ampliam as imagens e permitem enxergar e estudar estruturas extremamente pequenas.

Microscópios ópticos podem produzir imagens com aumentos de 20 a 1 500 vezes, dependendo das lentes. As fotografias que são resultado de imagens produzidas por esses microscópios recebem o nome de **fotomicrografia**.

Microscópios eletrônicos podem produzir imagens com aumentos de 5 mil a 400 mil vezes. As fotografias que são imagens produzidas por esse tipo de microscópio recebem o nome de **eletromicrografia**.

Você já viu neste livro vários exemplos de fotomicrografias e eletromicrografias, e outros serão vistos com frequência nesta coleção. Quando as imagens receberam algum tipo de tratamento de coloração, a legenda indica que as imagens apresentam **cores artificiais**.

Ao longo do tempo, os microscópios evoluíram muito, possibilitando a observação de estruturas e seres vivos cada vez menores.

O uso dos diferentes microscópios produzem fotografias distintas.

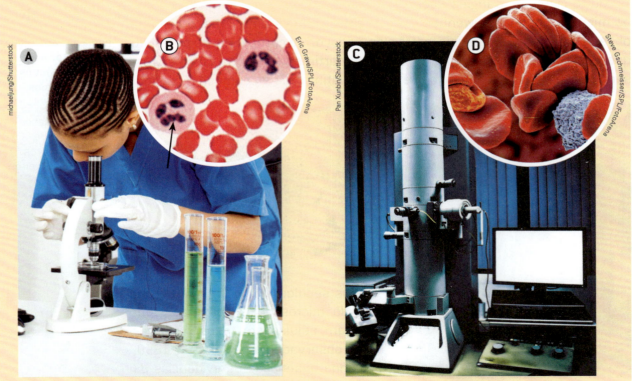

(A) Técnica de laboratório utilizando microscópio óptico moderno formado por dois sistemas de lentes de cristal (oculares e objetivas). Com esse equipamento é possível observar pequenos objetos, microrganismos e diversos tipos de célula.
(B) Células do sangue humano vistas ao microscópio óptico. A seta aponta uma das células de defesa do nosso organismo, um tipo de glóbulo branco. (Ampliação de 1 000 vezes. Cores artificiais.)
(C) O microscópio eletrônico, como o da fotografia, é um equipamento moderno usado em laboratórios de pesquisa.
(D) Hemácias humanas vistas ao microscópio eletrônico. (Ampliação de 7 000 vezes. Cores artificiais.)

❯ Uma viagem pelas células

No século XX, com a evolução dos microscópios e das técnicas de preparo dos materiais para a observação, foi possível visualizar com mais detalhes o interior das células e constatar que elas são formadas por diversas estruturas, chamadas **organelas**. Vamos estudar as células animais, as células vegetais, as células procariontes e algumas organelas dessas células.

A célula animal

A ilustração abaixo representa uma célula animal. Nela estão indicadas as principais estruturas que podem ser observadas com o auxílio de um microscópio. Cada estrutura desempenha um papel importante no funcionamento da célula.

As células animais apresentam três componentes básicos: **membrana plasmática**, **citoplasma** e **núcleo**, além de organelas, como lisossomo e mitocôndria.

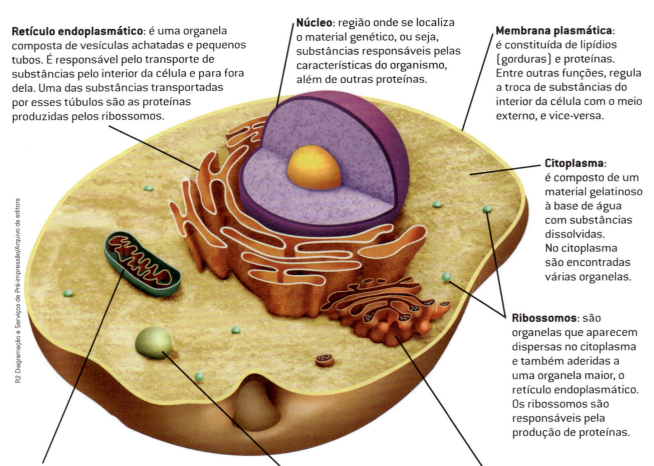

Retículo endoplasmático: é uma organela composta de vesículas achatadas e pequenos tubos. É responsável pelo transporte de substâncias pelo interior da célula e para fora dela. Uma das substâncias transportadas por esses túbulos são as proteínas produzidas pelos ribossomos.

Núcleo: região onde se localiza o material genético, ou seja, substâncias responsáveis pelas características do organismo, além de outras proteínas.

Membrana plasmática: é constituída de lipídios (gorduras) e proteínas. Entre outras funções, regula a troca de substâncias do interior da célula com o meio externo, e vice-versa.

Citoplasma: é composto de um material gelatinoso à base de água com substâncias dissolvidas. No citoplasma são encontradas várias organelas.

Ribossomos: são organelas que aparecem dispersas no citoplasma e também aderidas a uma organela maior, o retículo endoplasmático. Os ribossomos são responsáveis pela produção de proteínas.

Mitocôndria: a célula precisa de energia para executar suas funções. Essa energia provém dos alimentos que ingerimos, principalmente do carboidrato (açúcares). A mitocôndria é a organela responsável pela extração da energia dos nutrientes, sendo a respiração celular o processo responsável pela disponibilização dessa energia.

Lisossomo: organela de formato esférico que contém enzimas (grupos de substâncias) capazes de quebrar outras substâncias grandes (proteínas, gorduras e carboidratos) em partes menores.

Complexo golgiense: é uma organela constituída por uma pilha de vesículas (sacos) achatadas e membranosas que recebem, empacotam e expulsam proteínas para fora da célula.

Esquema de uma célula animal em corte, suas estruturas básicas e organelas.
(Elementos representados em tamanhos não proporcionais entre si. Cores fantasia.)

Capítulo 8 • As células e os níveis de organização

A célula vegetal

Se compararmos uma célula vegetal com uma célula animal, podemos perceber muitas semelhanças entre elas. Ambas são formadas por **membrana plasmática**, **citoplasma** com diversas organelas e **núcleo**.

Porém, somente as células vegetais apresentam uma estrutura que envolve a membrana plasmática, chamada **parede celular**. Essa estrutura rígida e espessa tem a função de proteger e dar forma à célula.

Outra característica das células vegetais é a presença de **plastos** no citoplasma. Os plastos mais conhecidos são os **cloroplastos**, que acumulam principalmente clorofila, substância que participa do processo de fotossíntese.

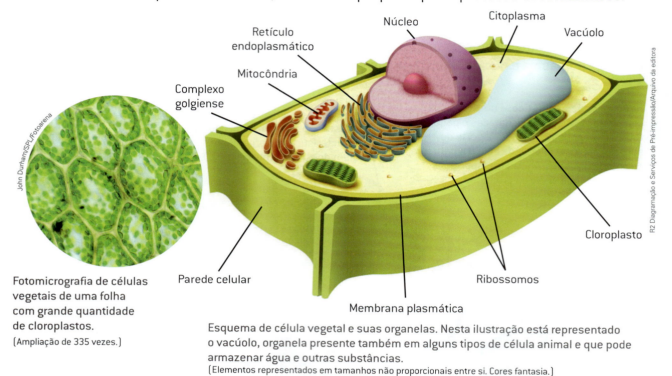

Fotomicrografia de células vegetais de uma folha com grande quantidade de cloroplastos.
(Ampliação de 335 vezes.)

Esquema de célula vegetal e suas organelas. Nesta ilustração está representado o vacúolo, organela presente também em alguns tipos de célula animal e que pode armazenar água e outras substâncias.
(Elementos representados em tamanhos não proporcionais entre si. Cores fantasia.)

A célula procariótica

As células animais e vegetais apresentam núcleo, estrutura onde se localiza o material genético. Por esse motivo são chamadas de células **eucarióticas** ou **eucariontes** (do grego, *eu* = 'verdadeiro'; *karyon* = 'núcleo'; *onthos* = 'ser').

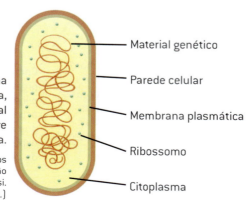

Esquema de uma célula procariótica, na qual o material genético fica livre no citoplasma.
(Elementos representados em tamanhos não proporcionais entre si. Cores fantasia.)

Há também alguns seres unicelulares que têm um tipo diferente de célula: nela, o material genético apresenta-se livre no citoplasma, ou seja, não apresenta núcleo. Essas células são chamadas **procarióticas** ou **procariontes** (do grego, *pro* = 'anterior'; *karyon* = 'núcleo'; *onthos* = 'ser').

As bactérias são os principais representantes dos procariontes.

As células do corpo humano

As células são os elementos fundamentais dos organismos, ou seja, são as **unidades estruturais** dos seres vivos. Todas as células são formadas por diversas substâncias: água, proteínas, lipídios (gorduras), carboidratos (açúcares), vitaminas e sais minerais, entre outras. As membranas das células, por exemplo, são formadas principalmente por lipídios e proteínas. No interior das células, vários componentes participam de inúmeros processos e colaboram para a manutenção da vida dos seres vivos. Assim, as células podem se nutrir, crescer e se reproduzir.

Alguns exemplos de células do corpo humano e suas principais funções:

- As **hemácias**, ou glóbulos vermelhos, são células encontradas no sangue. Elas têm como principal função transportar gás oxigênio para as células do corpo, bem como transportar parte do gás carbônico expelido pelas células.
- Os **espermatozoides** e os **óvulos** são as células sexuais responsáveis pelo processo de reprodução.
- Os **neurônios**, também chamados de células nervosas, distribuem-se por todo o corpo, embora estejam mais concentrados no cérebro. As principais funções dessas células são captar e transmitir informações, sejam elas internas (originadas no interior do organismo), sejam externas (originadas no meio, como o calor ou a luz).

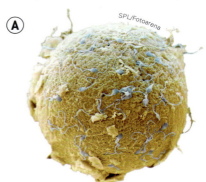
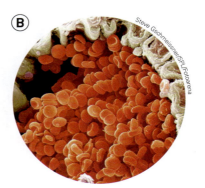
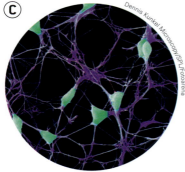

(**A**) Eletromicrografia de vários espermatozoides (em azul) tentando fecundar o óvulo (em amarelo). (Ampliação de 550 vezes.)

(**B**) Eletromicrografia de hemácias. (Ampliação de 1 225 vezes.)

(**C**) Eletromicrografia de um conjunto de neurônios formando uma rede neuronal. (Ampliação de 650 vezes.)

Algumas células apresentam a função de produzir substâncias. As células das glândulas mamárias, por exemplo, produzem leite. Há também as células especializadas na defesa do organismo, como os **glóbulos brancos**, presentes no sangue.

(Elementos representados em tamanhos não proporcionais entre si. Cores artificiais.)

Apesar de existirem muitos tipos de células, elas têm basicamente os mesmos componentes estruturais e funcionam de maneira organizada, dependendo umas das outras para garantir o bom funcionamento do ser vivo.

> A maioria das células tem dimensões microscópicas, medidas em micrometros (μm). Existem, porém, células macroscópicas, como a gema do ovo, a fibra do algodão e os alvéolos da laranja.

Capítulo 8 • As células e os níveis de organização 115

❯ Os níveis de organização do corpo humano

As células são as unidades dos seres vivos. Nos organismos pluricelulares (aqueles que apresentam mais de uma célula), as células que possuem funções semelhantes e, em geral, de morfologia (de formatos) também similar atuam de forma integrada, organizando o que chamamos de **tecido**. Os tecidos que compõem o corpo estão agrupados, interagindo e desempenhando funções comuns. Um conjunto de tecidos com função comum é o que chamamos de **órgão**. Um órgão é composto de vários tipos de tecido e, consequentemente, de vários tipos de **célula**.

No organismo, os órgãos também estão associados para a realização de determinadas funções, formando **sistemas**.

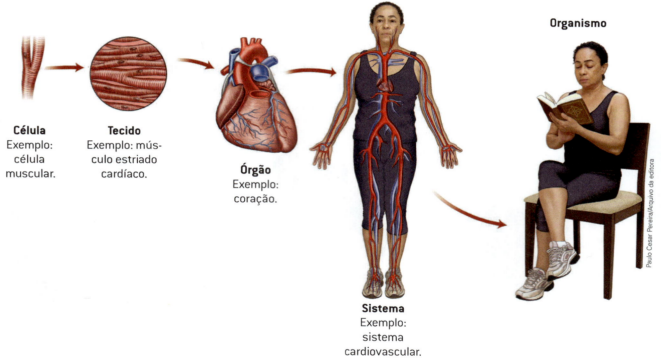

Representação dos níveis de organização do corpo humano. Um exemplo de sistema é o cardiovascular, composto de coração e vasos sanguíneos. Ele é responsável pelo bombeamento e pela circulação do sangue.

(Elementos representados em tamanhos não proporcionais entre si. Cores fantasia.)

❯ Os tecidos do corpo humano

Em um organismo unicelular, todas as funções vitais são desempenhadas por sua única célula. Nos pluricelulares, cada tipo de célula realiza um conjunto diferente de atividades. Todas as células devem atuar em conjunto, de modo a garantir a manutenção do organismo.

As células da maioria dos seres pluricelulares – como o ser humano – estão organizadas em tecidos. Existem quatro tipos principais de tecido, que trabalham de maneira coordenada: o **epitelial**, o **conjuntivo**, o **muscular** e o **nervoso**. Veja a seguir.

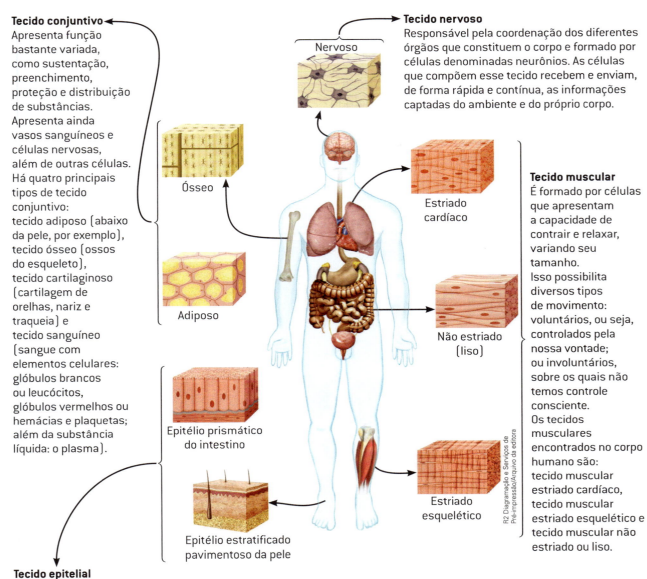

Tecido conjuntivo
Apresenta função bastante variada, como sustentação, preenchimento, proteção e distribuição de substâncias. Apresenta ainda vasos sanguíneos e células nervosas, além de outras células. Há quatro principais tipos de tecido conjuntivo: tecido adiposo (abaixo da pele, por exemplo), tecido ósseo (ossos do esqueleto), tecido cartilaginoso (cartilagem de orelhas, nariz e traqueia) e tecido sanguíneo (sangue com elementos celulares: glóbulos brancos ou leucócitos, glóbulos vermelhos ou hemácias e plaquetas; além da substância líquida: o plasma).

Tecido nervoso
Responsável pela coordenação dos diferentes órgãos que constituem o corpo e formado por células denominadas neurônios. As células que compõem esse tecido recebem e enviam, de forma rápida e contínua, as informações captadas do ambiente e do próprio corpo.

Tecido muscular
É formado por células que apresentam a capacidade de contrair e relaxar, variando seu tamanho. Isso possibilita diversos tipos de movimento: voluntários, ou seja, controlados pela nossa vontade; ou involuntários, sobre os quais não temos controle consciente. Os tecidos musculares encontrados no corpo humano são: tecido muscular estriado cardíaco, tecido muscular estriado esquelético e tecido muscular não estriado ou liso.

Tecido epitelial
Os tecidos epiteliais estão associados principalmente às funções de proteção, revestimento e produção de substâncias, como ocorre com as glândulas (salivares, sudoríparas, mamárias, entre outras). São encontrados revestindo praticamente toda a parte externa do corpo, a pele, e a parte interna de muitos órgãos, como intestino, coração, estômago e pulmões.
Representação dos tecidos do corpo humano: epitelial, conjuntivo, muscular e nervoso.

(Elementos representados em tamanhos não proporcionais entre si. Cores fantasia.)

NESTE CAPÍTULO VOCÊ ESTUDOU

- As células e sua relação com os seres vivos.
- A importância do microscópio para o estudo das células e dos microrganismos.
- Alguns dos principais componentes celulares e suas funções.
- As células animal, vegetal e procarionte.
- A relação entre célula, tecido, órgão e sistema.
- Os principais tecidos que constituem o corpo humano e suas características.

INFOGRÁFICO

❯ Sistemas do corpo humano

Em cada uma das atividades representadas, temos os sistemas do corpo humano interagindo entre si e com o meio ambiente.

(Elementos representados em tamanhos não proporcionais entre si. Cores fantasia.)

❶ Sistema nervoso
Processa as informações do ambiente e controla as respostas a elas.

❺ Sistema urinário
Participa da eliminação dos resíduos do corpo.

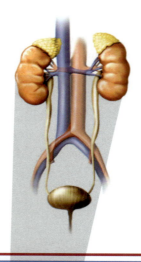

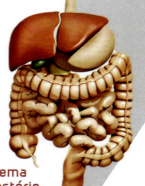

❷ Sistema digestório
Responsável pela digestão e pela absorção de nutrientes.

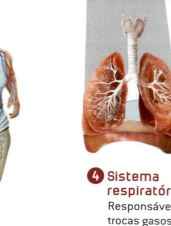

❸ Sistema cardiovascular
Transporta substâncias pelo corpo.

❹ Sistema respiratório
Responsável pelas trocas gasosas entre o sangue e o ar.

8 Sistema muscular
Responsável pelos movimentos corporais.

9 Sistema tegumentar
Reveste e protege o corpo.

(Elementos representados em tamanhos não proporcionais entre si. Cores fantasia.)

10 Sistema esquelético
Sustenta e protege o corpo.

11 Sistema endócrino
Secreta hormônios que coordenam e controlam reações do corpo.

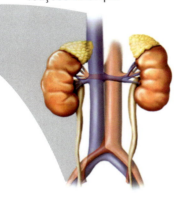

12 Sistema imunitário
Especializado na defesa do organismo.

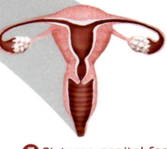

6 Sistema genital masculino
Responsável pela produção de células sexuais (espermatozoides) e pela reprodução.

7 Sistema genital feminino
Responsável pela produção de células sexuais (óvulos) e pela reprodução.

Representação dos sistemas do corpo humano: nervoso, digestório, cardiovascular, respiratório, imunitário ou imune, endócrino, esquelético, muscular, tegumentar, urinário e reprodutores feminino e masculino.

ATIVIDADES

PENSE E RESOLVA

1 Explique por que o desenvolvimento das lentes e dos microscópios está intimamente ligado à descoberta e ao estudo das células.

2 As ilustrações abaixo representam uma célula animal e uma célula vegetal.

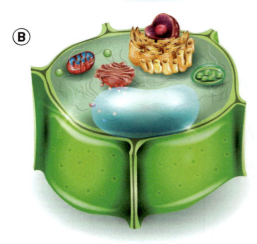

Representação de células eucariontes.

(Elementos representados em tamanhos não proporcionais entre si. Cores fantasia.)

Com base nas imagens, responda:

a) Qual delas é a célula vegetal? Quais são as duas estruturas presentes na célula vegetal que não estão presentes nas células animais?

b) Qual é o nome da organela relacionada à fotossíntese?

c) Qual é a estrutura celular das células procariontes que as diferencia das células eucariontes (vegetal e animal)?

3 Indique a associação correta entre as duas colunas a seguir.

	Função		Organela
A	Responsável pela produção de proteínas.		Núcleo
B	Responsável pela digestão intracelular.		Mitocôndria
C	Responsável pela secreção de substâncias para fora da célula.		Lisossomo
D	Responsável pela respiração celular.		Complexo golgiense
E	Onde se localiza o material genético.		Ribossomo

4 Observe as imagens a seguir, que mostram uma cebola e um corte da folha do bulbo de outra cebola, visto ao microscópio e ampliado cerca de 1 000 vezes.

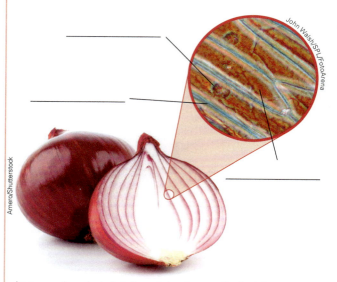

Imagem da cebola inteira e fotomicrografia da folha (ampliação cerca de 1 000 vezes).
(Elementos representados em tamanhos não proporcionais entre si. Cores fantasia.)

a) Escreva o nome dos componentes apontados na imagem acima.

b) Por que, na fotomicrografia ampliada, não conseguimos identificar outras organelas comuns às células vegetais? Justifique sua resposta.

120

5 Observe o esquema a seguir, que evidencia alguns sistemas do corpo humano.

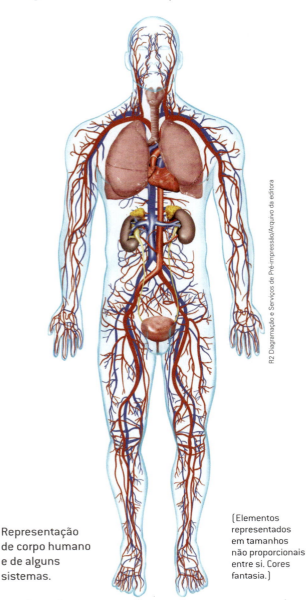

Representação de corpo humano e de alguns sistemas.

(Elementos representados em tamanhos não proporcionais entre si. Cores fantasia.)

Com base nessa ilustração e no seu conhecimento, responda:

a) Quais são os sistemas representados na ilustração?

b) Como esses sistemas podem integrar-se para executar uma atividade, por exemplo, andar de bicicleta?

c) Quais outros sistemas, não representados na ilustração, também contribuiriam para o corpo realizar a atividade de andar de bicicleta? Justifique.

6 Parte das células que constituem a pele sempre se renova naturalmente. Observe a fotografia ao lado, que mostra a retirada de uma parte do tecido que compõe a pele, órgão que reveste nosso corpo.

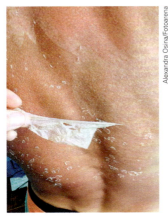

Pele descamando.

a) Qual é o nome do tecido que está sendo removido?

b) As células que constituem o tecido que está sendo removido são vivas ou mortas? Justifique sua resposta.

c) Qual tipo de tecido está evidenciado nas radiografias a seguir? Explique por que esse tecido pode se regenerar quando as extremidades da fratura estão dispostas de maneira adequada.

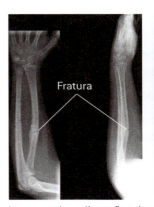 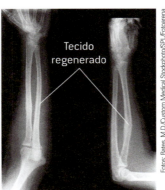

Imagens de radiografias de antebraço.

(Elementos representados em tamanhos não proporcionais entre si. Cores fantasia.)

7 O tecido sanguíneo, também chamado sangue, apresenta aspecto homogêneo, de coloração avermelhada. Ao ser observado ao microscópio óptico, percebe-se que o sangue é formado por vários tipos de célula e por uma mistura de substâncias chamada plasma. É possível separar o plasma dos elementos celulares do sangue por um processo chamado centrifugação.

Capítulo 8 • As células e os níveis de organização

O plasma é constituído principalmente de água, proteínas, sais minerais, hormônios, glicose e vitaminas. Os glóbulos vermelhos – hemácias – são células sem núcleo (anucleadas) responsáveis pelo transporte de gás oxigênio e de parte do gás carbônico pelo corpo. Os glóbulos brancos – leucócitos – são células nucleadas responsáveis pelo sistema de defesa do corpo contra substâncias estranhas e microrganismos patogênicos. Temos, ainda, fragmentos de células chamados plaquetas, que participam do processo de coagulação sanguínea.

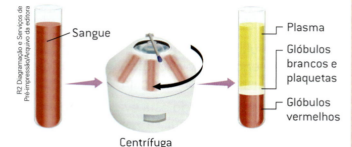

O sangue, ao ser submetido a uma centrifugação, origina um sistema com três camadas, conforme o esquema acima.
(Elementos representados em tamanhos não proporcionais entre si. Cores fantasia.)

Com base nessas informações e no seu conhecimento, responda:

a) Qual é o tipo de tecido do sangue?

b) Escreva o nome dos quatro componentes presentes no sangue e a função de cada um deles.

c) Explique como você faria para diferenciar uma hemácia de um leucócito, observando-os ao microscópio.

SÍNTESE

Acrescente aos espaços do texto as palavras que aparecem abaixo.

célula – hemácias – sustentação – tecido muscular – tecido nervoso – sistemas – células – glóbulos brancos – neurônios – tecido ósseo – contrair e relaxar – tecido sanguíneo – tecido conjuntivo – órgãos – tecidos – corpo humano – movimentos – integrada

O corpo humano é formado por _____. As células estão organizadas em _____. Cada tecido desempenha funções específicas no _____. Os tecidos se organizam em _____, e estes, associados entre si, formam os _____. Os sistemas atuam de maneira _____, de modo a permitir que o corpo atinja um equilíbrio em suas funções.

O _____ engloba vários outros, como o sanguíneo, o ósseo, o cartilaginoso e o adiposo. O _____, sem o auxílio de instrumentos, parece ser uma substância homogênea, mas, quando examinamos uma gota ao microscópio, podemos ver os diferentes tipos de _____ que o compõem: as _____ ou glóbulos vermelhos são responsáveis pelo transporte de gases.

Os leucócitos ou _____ auxiliam na defesa do organismo.

Uma das funções do _____ é a _____ do corpo, e sua principal característica é a resistência em razão do acúmulo de sais de cálcio entre as células que compõem os ossos.

A capacidade de _____, que possibilita a realização de _____, é a principal característica do _____. O _____, composto principalmente de _____, células muito especializadas, tem a função de receber e transmitir as informações captadas do ambiente e do próprio corpo.

122

DESAFIO

▸ Forme um grupo com quatro ou cinco colegas e escolham um tecido do corpo humano que vocês acharam mais interessante durante o estudo do capítulo. Façam uma breve pesquisa utilizando diversas fontes de consulta para obter mais informações sobre o tecido escolhido. Registrem a pesquisa no caderno. Em seguida, utilizando diversos materiais (rolhas, elásticos, canudos, etc.), construam uma maquete, com o auxílio e a orientação do professor, representando o tecido estudado.

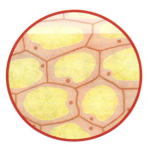
Tecido conjuntivo

Tecido muscular

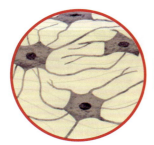
Tecido nervoso

Tecido epitelial

(Elementos representados em tamanhos não proporcionais entre si. Cores fantasia.)

PRÁTICA

Observação de célula vegetal

Objetivo

Observar as células da epiderme da cebola e identificar núcleo, parede celular e citoplasma.

> **ATENÇÃO!**
> Manuseie o microscópio com muito cuidado!

Material

- 1 microscópio óptico
- 1 pinça
- 1 conta-gotas
- 1 lâmina de vidro
- 1 lamínula
- 1 lenço de papel
- 1 faca (uso exclusivo do professor)
- água
- cebola previamente cortada pelo professor

Procedimento

1. O professor vai cortar o bulbo da cebola longitudinalmente em quatro partes com o auxílio de uma faca.
2. Com uma dessas partes do bulbo, separe uma das camadas (são folhas modificadas conhecidas como catáfilos).
3. Nessa camada, com a pinça, destaque um pedaço bem fino da epiderme (camada mais externa e bem fina). Esse pedaço deverá ser menor que o tamanho da lamínula.
4. Coloque o pedaço da epiderme sobre a lâmina.
5. Pingue uma gota de água.
6. Cubra o material corretamente com a lamínula.
7. Observe ao microscópio, inicialmente no aumento menor e depois no maior.
8. Desenhe o que você observou, registrando os aumentos utilizados.

Discussão final

1. Das estruturas observadas nas células da epiderme da cebola, quais são comuns às células animais?
2. Caso tenha havido alguma estrutura identificada nas células da epiderme da cebola que não exista nas células animais, justifique o porquê dessa ausência.

Capítulo 9
Sistema nervoso, um sistema de integração

Cesar Diniz/Pulsar Imagens

Como o nosso corpo é capaz de realizar movimentos tão coordenados como os que são feitos pelos capoeiristas da fotografia? Roda de capoeira em Salvador (BA), 2016.

O corpo humano é capaz de realizar diversos movimentos, como os que são mostrados na fotografia acima. Isso só é possível graças à integração de diferentes sistemas realizada pelo sistema nervoso.

Muitas pessoas associam sistema nervoso ao cérebro, mas será que esses termos são sinônimos? Todos os animais possuem cérebro, assim como os seres humanos?

Neste capítulo vamos estudar um pouco o sistema nervoso em alguns animais e, em especial, nos seres humanos.

❯ A interação com o ambiente

Ao falarmos em memória, em pensamento, em tomar decisões, em resolver problemas e realizar uma ação, é muito comum que as pessoas pensem imediatamente no cérebro como o grande responsável por tudo isso. Embora o cérebro participe de boa parte dessas atividades, é o sistema nervoso, do qual ele faz parte, que se encarrega dessa interação do corpo com o ambiente.

Assim, quando aprendemos a andar de bicicleta, por exemplo, cabe ao sistema nervoso usar as memórias das tentativas passadas e modificar o comportamento até conseguirmos nos equilibrar na bicicleta e pedalar. Essas modificações de comportamento, resultantes das experiências passadas, são parte do aprendizado.

O nosso sistema nervoso trabalha o tempo todo recebendo e processando informações do meio ambiente externo, através dos órgãos dos sentidos (como poderemos aprofundar no capítulo 11), assim como do ambiente interno, por meio de vários receptores espalhados por todo o corpo. Dizemos, então, que o sistema nervoso é um sistema informacional, ou seja, ele trabalha o tempo todo captando e processando informações. E é esse processo que nos permite, a cada instante, tomar decisões.

Para compreender como o sistema nervoso atua, precisamos conhecer seus componentes, como eles se comunicam e como estão organizados.

> **Memória:** capacidade que temos de aprender, guardar e fazer uso de informações que adquirimos durante toda a vida. Por isso, a memória deve ser sempre estimulada e exercitada.

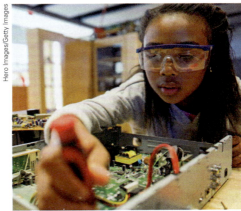

Andar de bicicleta, estudar, aprender o funcionamento de objetos ou mesmo evitar se machucar são exemplos de ações que envolvem aprendizado e coordenação motora — algumas das funções do sistema nervoso.

❱ Neurônios: transmissão de mensagens

As células do sistema nervoso responsáveis por perceber estímulos do próprio corpo e do ambiente, interpretar as informações e possibilitar a tomada de ações são os **neurônios**.

Os neurônios são células especializadas em receber e transmitir mensagens. Todos os tipos de neurônio apresentam a mesma estrutura básica: **corpo celular**, **dendrito** e **axônio**. No corpo celular, estão o núcleo, o citoplasma e as organelas. Os dendritos são filamentos muito ramificados menores do que o axônio, que é o filamento maior e só se ramifica na extremidade final. Veja na ilustração ao lado.

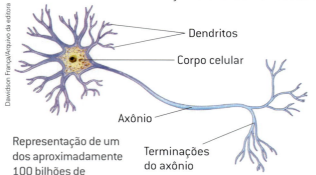

Representação de um dos aproximadamente 100 bilhões de neurônios que existem no corpo de um ser humano adulto. (Elementos representados em tamanhos não proporcionais entre si. Cores fantasia.)

Os neurônios se comunicam

Para que a recepção e a transmissão de mensagens sejam eficientes, é essencial que os neurônios se comuniquem entre si e com músculos e glândulas. Para isso, dependem de ações, pensamentos, sentimentos, aprendizagem, sensação de dor, etc.

A comunicação entre os neurônios envolve fenômenos de naturezas diferentes que promovem o chamado **impulso nervoso** e a **liberação de substâncias**.

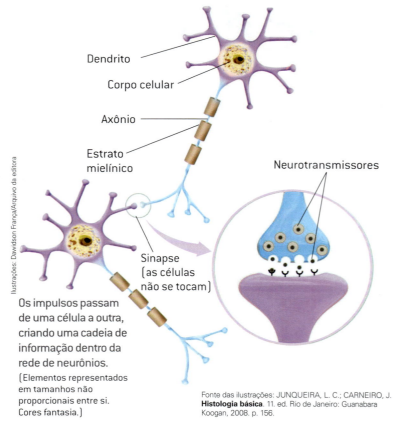

Os impulsos passam de uma célula a outra, criando uma cadeia de informação dentro da rede de neurônios. (Elementos representados em tamanhos não proporcionais entre si. Cores fantasia.)

Fonte das ilustrações: JUNQUEIRA, L. C.; CARNEIRO, J. **Histologia básica**. 11. ed. Rio de Janeiro: Guanabara Koogan, 2008. p. 156.

Fenômenos relacionados ao impulso nervoso

- Os neurônios transmitem a informação por meio dos chamados **impulsos nervosos**, sinais que se propagam no sentido do dendrito para o axônio.
- O axônio da maioria dos neurônios é revestido pelo estrato mielínico, que torna o impulso nervoso mais rápido.

Fenômenos relacionados à liberação de substâncias

- Entre o axônio de um neurônio e a célula seguinte, há uma região chamada **sinapse**, na qual as células não se tocam. A transmissão da informação na sinapse é feita por substâncias chamadas **neurotransmissores**.
- De acordo com as características da célula seguinte, o impulso nervoso pode gerar diferentes respostas. Se a célula seguinte for outro neurônio, o estímulo do neurotransmissor pode gerar um novo impulso nervoso. Mas, se a célula seguinte for muscular, ela pode se contrair e produzir movimento. Se for uma glândula, pode liberar hormônios ou outras secreções.

❯ Organização do sistema nervoso

Os animais vertebrados, como os peixes, os anfíbios, os répteis, as aves e os mamíferos, possuem a organização do sistema nervoso muito parecida. Nesses seres vivos, o sistema nervoso é dividido em duas partes: o **sistema nervoso central**, composto pelo encéfalo e pela medula espinal, e o **sistema nervoso periférico**, formado pelos nervos.

Os estímulos do próprio corpo e do ambiente são percebidos e, então, enviados, por meio dos nervos, ao sistema nervoso central, onde as comunicações entre os neurônios organizam as informações. Essas informações geram uma resposta, que é enviada, novamente por meio dos nervos, aos músculos e às glândulas para que realizem uma ação, como um movimento, por exemplo.

A descrição da organização do sistema nervoso nos vertebrados será feita com base no ser humano. Assim, vamos conhecer um pouco mais o sistema nervoso dos seres humanos e as estruturas básicas que o constituem.

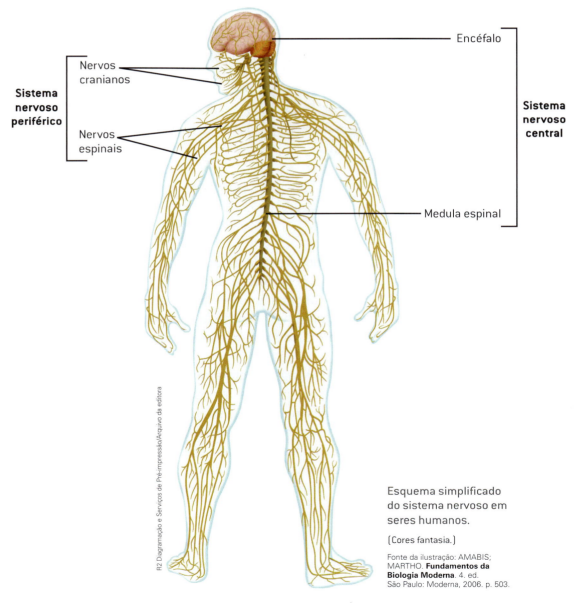

Esquema simplificado do sistema nervoso em seres humanos.

(Cores fantasia.)

Fonte da ilustração: AMABIS; MARTHO. **Fundamentos da Biologia Moderna**. 4. ed. São Paulo: Moderna, 2006. p. 503.

Capítulo 9 • Sistema nervoso, um sistema de integração 127

Leia também!

Cérebro na barriga. Disponível em: <http://chc.org.br/cerebro-na-barriga/> (acesso em: 10 abr. 2018).

O artigo trata sobre os neurônios que auxiliam no controle da digestão e garantem que os alimentos sigam seu percurso correto dentro do nosso corpo.

Sistema nervoso central

O sistema nervoso central, como já foi dito, é formado pelo encéfalo e pela medula espinal, órgãos que controlam as funções do organismo. Ambos os órgãos são protegidos por ossos e por três membranas, chamadas meninges, como veremos a seguir.

Encéfalo

O encéfalo tem, aproximadamente, 1,5 kg em um adulto. Esse órgão fica protegido pelos ossos do crânio e pelas meninges.

Os estímulos internos e externos captados pelos neurônios são enviados ao encéfalo, que produz respostas voluntárias (ações que fazemos por vontade própria e podemos controlar) e involuntárias (ações que nosso corpo realiza sem que possamos controlá-las diretamente). O encéfalo é formado por cérebro, cerebelo e tronco encefálico.

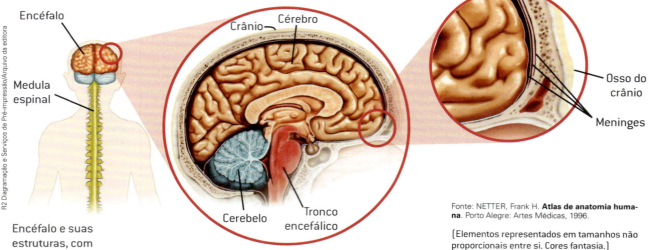

Encéfalo e suas estruturas, com destaque para as meninges e os ossos do crânio que o protegem.

Fonte: NETTER, Frank H. **Atlas de anatomia humana**. Porto Alegre: Artes Médicas, 1996.

(Elementos representados em tamanhos não proporcionais entre si. Cores fantasia.)

O **cérebro** é a maior parte do encéfalo e apresenta duas metades bem definidas, chamadas hemisférios cerebrais, o direito e o esquerdo. O cérebro é responsável pelas seguintes funções: interpretação das informações fornecidas pelos sentidos (tato, gustação, visão, olfato e audição), linguagem falada e escrita, movimentos voluntários, raciocínio, criatividade, aprendizagem e memória.

O **cerebelo** possibilita a aprendizagem motora, mantém o equilíbrio e a postura, além de regular e coordenar os movimentos de nosso corpo. Ele é essencial para que possamos realizar atividades motoras que exigem muita habilidade e controle fino dos movimentos, como tocar um instrumento e desenhar.

O **tronco encefálico** faz a comunicação entre a medula espinal e o cérebro. Ele é o responsável pelas funções involuntárias do corpo, como a respiração, o ajuste do ritmo cardíaco, a regulação da pressão arterial e do sono.

Medula espinal

A medula espinal é um cordão de tecido nervoso protegido pela coluna vertebral. Ela é responsável por transmitir os impulsos nervosos entre o encéfalo e o restante do corpo.

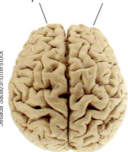

Hemisférios cerebrais humanos.

Sistema nervoso periférico

O sistema nervoso periférico está dividido em sistema nervoso voluntário e sistema nervoso autônomo.

O **sistema nervoso voluntário** transmite informações que determinam as ações voluntárias, isto é, aquelas que dependem da vontade do indivíduo, como andar de bicicleta ou tocar um instrumento musical. É formado pelos nervos que levam as informações do encéfalo para os músculos esqueléticos e dos órgãos dos sentidos para o encéfalo.

O **sistema nervoso autônomo** comanda as funções involuntárias do organismo, como o batimento cardíaco, o ritmo respiratório, a digestão e a excreção.

Para dançar ou tocar um instrumento musical, o sistema nervoso voluntário comanda os músculos necessários para sua execução.

Durante uma corrida, por exemplo, é o sistema nervoso autônomo que comanda os batimentos cardíacos e a respiração. Na foto, indígenas guarani-kaiowás em competição nos jogos de Integração Indígena, Amambai (MS), em 2013.

Músculo esquelético: músculo associado ao esqueleto que atua no deslocamento do corpo, como nos movimentos de andar ou correr, e sustenta a postura em conjunto com os ossos.

Algumas doenças do sistema nervoso

Doença de Parkinson

A doença de Parkinson é causada pela morte de neurônios. Os sintomas são falhas na coordenação motora, tremores, rigidez muscular, dificuldade para caminhar, equilibrar-se e engolir. Esses sintomas se agravam com o tempo e a pessoa afetada pode perder os movimentos dos membros.

Demência

A demência caracteriza-se por um conjunto de sintomas resultante do mau funcionamento do sistema nervoso central. Os sintomas envolvem dificuldade de aprendizagem, falta de memória, dificuldades para se expressar, falar, controlar os movimentos, reconhecer objetos e pessoas, planejar e organizar ações.

A doença de Alzheimer é o tipo mais comum de demência. O aparecimento dos sintomas é lento e pode ocorrer antes dos 65 anos.

Não existe cura para a doença de Parkinson nem para a doença de Alzheimer, mas existem tratamentos específicos para cada uma delas. É importante que a doença seja identificada quanto antes para que se inicie o tratamento e o doente tenha melhor qualidade de vida.

❯ Sistema nervoso dos animais

O sistema nervoso permite ao organismo receber informações do ambiente, interpretá-las e produzir uma resposta a elas, além de integrar todos os outros sistemas, a fim de mantê-los vivo. A organização do sistema nervoso pode variar entre os animais, embora existam semelhanças entre determinados grupos.

Vimos, por exemplo, que a organização do sistema nervoso no ser humano é dada por um cordão nervoso dorsal, isto é, na região "das costas", ligado a uma grande massa de células nervosas conhecida por encéfalo. Essa forma de organização é comum aos animais vertebrados.

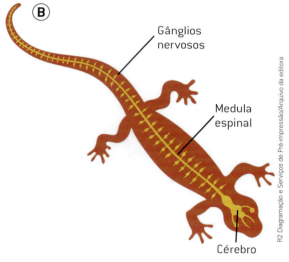

Os animais vertebrados, como a salamandra (A), possuem uma grande concentração de células no encéfalo. Veja no esquema (B) a medula espinal ligada a nervos por todo o corpo do animal.

(Esquema simplificado. Cores fantasia.)

Entre os animais que não são vertebrados, ou seja, os invertebrados, o sistema nervoso varia bastante e, em alguns, está até ausente. Vejamos alguns exemplos.

Animais mais simples do ponto de vista de organização do corpo, como as esponjas, não possuem um sistema nervoso que integre a ação de suas células, já que nem tecidos possuem. A sobrevivência sem um sistema nervoso é possível nesse caso porque a organização corporal desses animais é muito simples: eles têm praticamente apenas duas camadas de células nas paredes do corpo. São animais fixos, sésseis, ou seja, que não se movimentam. A comunicação entre essas células se dá de célula a célula e as reações ao ambiente ocorrem em nível celular.

As esponjas são animais invertebrados que não possuem sistema nervoso. Uma esponja pode medir de 2 milímetros a 2 metros de altura.

Os cnidários, dos quais fazem parte os corais, as águas-vivas, as medusas, as hidras e as anêmonas, possuem sistema nervoso difuso, isto é, ele está organizado de tal forma que não possui uma região centralizadora, mas uma rede nervosa. No caso dos cnidários, é possível integrar estímulos do ambiente vindos de todas as direções.

Os animais invertebrados possuem sistemas nervosos com organizações que acompanham a forma do corpo. Nas figuras a seguir há alguns exemplos que vamos comparar.

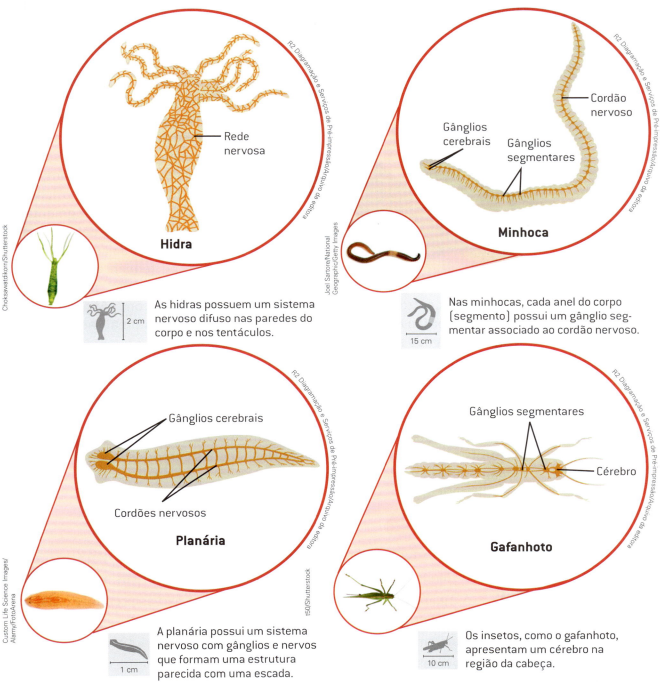

Sistema nervoso de alguns animais invertebrados, destacado na cor laranja.

(Esquema simplificado. Elementos representados em tamanhos não proporcionais entre si. Cores fantasia.)
Fonte: HICKMAN, C. P. **Princípios integrados de zoologia**. 16. ed. Rio de Janeiro: Guanabara Koogan, 2016. p. 758.

Capítulo 9 • Sistema nervoso, um sistema de integração **131**

Ao entrar em contato com a planta, o sistema nervoso do inseto recebe estímulos que determinarão uma resposta. Na fotografia, o gafanhoto-migratório (*Locusta migratoria*).

Nos demais invertebrados, há maior concentração de estruturas nervosas e sensoriais na região anterior do corpo. Dessa forma, esses animais entram em contato com o ambiente com uma parte do corpo que concentra os órgãos sensoriais (que auxiliam na percepção do que ocorre ao redor) e nervosos (que permitem a coordenação de movimentos).

Nos platelmintos, dos quais fazem parte as planárias, o sistema nervoso é formado por dois gânglios cerebrais (órgãos com concentrações de células nervosas), seguidos por cordões nervosos que se estendem ao longo do corpo.

Nas minhocas, que pertencem ao grupo dos anelídeos, além de gânglios cerebrais e cordões nervosos ao longo do corpo, existem gânglios segmentares, isto é, concentração de células nervosas a cada segmento do corpo.

Em insetos, pertencentes ao grupo dos artrópodes, o padrão de sistema nervoso encontrado é parecido com o das minhocas, com gânglios cerebrais, um cordão nervoso ventral (na região inferior do animal) ao longo do corpo e gânglios segmentares.

Podemos concluir, portanto, que em todos os animais, exceto nas esponjas, o sistema nervoso é composto por órgãos que, juntos, e atuando de forma organizada, são responsáveis pela integração do organismo com os ambientes interno (o próprio corpo) e externo.

É esse sistema que organiza as informações recebidas do ambiente, controla e participa da coordenação das funções corporais e permite que o organismo responda e atue sobre o meio.

NESTE CAPÍTULO VOCÊ ESTUDOU

- As estruturas básicas e as funções do sistema nervoso.
- Os fenômenos responsáveis pela comunicação entre os neurônios.
- A organização do sistema nervoso: o sistema nervoso central e o sistema nervoso periférico.
- O sistema nervoso voluntário e o sistema nervoso autônomo.
- Algumas doenças do sistema nervoso.
- Características gerais do sistema nervoso de animais invertebrados e vertebrados.

ATIVIDADES

PENSE E RESOLVA

1. Explique como o sistema nervoso faz a integração do corpo com o ambiente.

2. Quais células compõem o sistema nervoso? Como se formam os circuitos nervosos e como esses circuitos atuam em relação aos estímulos externos e internos do corpo?

3. Em seu caderno, desenhe um neurônio e identifique suas regiões. Em seguida, junto à identificação das regiões, escreva um pequeno texto descrevendo suas funções.

4. Qual é o papel dos neurotransmissores na comunicação entre os neurônios?

5. Quais são as partes do sistema nervoso central? Explique as características e o funcionamento de cada parte.

6. Observe atentamente a ilustração abaixo, que relaciona diferentes regiões do encéfalo com as funções que elas comandam.

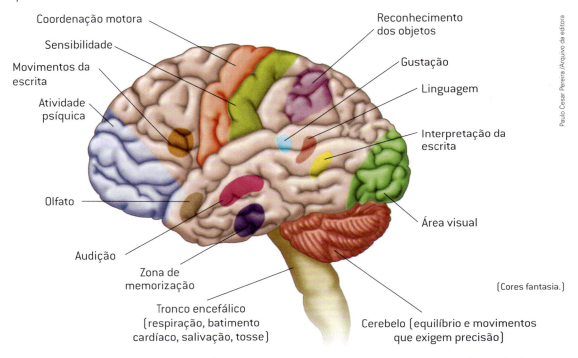

(Cores fantasia.)

Indique o nome das funções do encéfalo responsáveis por cinco situações vivenciadas por você em seu dia a dia. Para facilitar a localização, indique também as cores que as representam na figura.

7. Assinale a alternativa que apresenta a definição mais adequada para **sinapse**.

    a) Tipo de fibra muscular localizada nos braços.

    b) Célula sanguínea envolvida no transporte de gás oxigênio.

    c) Tipo de tecido conjuntivo situado entre os ossos que permite seus movimentos.

    d) Região entre a extremidade do axônio de um neurônio e a superfície de outras células nervosas.

8. Pesquise e escreva no caderno a forma como se organiza o sistema nervoso nos seguintes grupos de animais: poríferos (ex.: esponja), cnidários (ex.: água-viva), platelmintos (ex.: planária), nematelmintos (ex.: lombriga), moluscos (ex.: lula), artrópodes (ex.: inseto), anelídeos (ex.: minhoca), equinodermos (ex.: ouriço-do-mar) e vertebrados (ex.: ser humano).

SÍNTESE

1 Leia o mapa conceitual a seguir e complete-o corretamente.

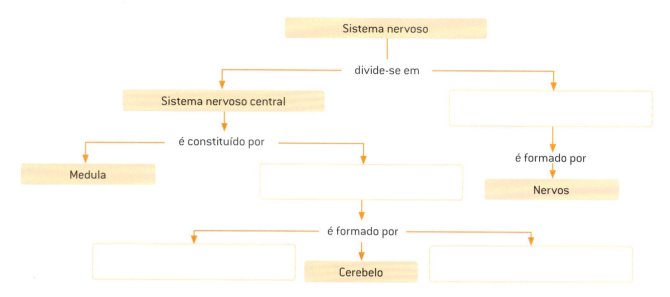

2 Com base no esquema da página 133, que mostra algumas áreas especializadas do cérebro e suas funções, faça o que se pede nos itens a seguir.

a) Liste as funções das áreas especializadas do cérebro.

b) A partir da análise dessas informações, escreva um pequeno texto sobre a importância do cérebro para o ser humano.

3 Existe uma relação entre o formato do corpo e a organização do sistema nervoso nos animais. Há animais que possuem regiões anterior e posterior, outros têm formato mais circular, sem essas regiões. Apresente exemplos de diferentes animais que confirmem a relação estabelecida entre formato do corpo e organização do sistema nervoso.

DESAFIO

1 Uma nadadora precisa desenvolver coordenação, equilíbrio e controle físico para realizar satisfatoriamente sua atividade.

a) Que parte do encéfalo possibilita a coordenação e o controle fino dos movimentos da nadadora?

b) Onde essa estrutura se localiza?

c) Que outras funções essa estrutura exerce no organismo?

2 Qual é o papel do sistema nervoso quando estamos aprendendo a andar de bicicleta?

Para responder a essa questão, procure reunir as informações deste capítulo, analisá-las e identificar os órgãos responsáveis pelo aprendizado dessa atividade. Pense em cada passo necessário, como manutenção da postura e do equilíbrio, coordenação ao mover braços e pernas, manter a atenção, etc.

Na sequência, construa uma tabela e organize as informações relativas à função e aos órgãos (ou às regiões) do sistema nervoso responsáveis pela realização de cada função. Em uma das colunas da tabela, escreva a palavra Função e, na outra, escreva Órgãos/regiões do sistema nervoso responsáveis pela função.

PRÁTICA

A visão em três dimensões

Objetivo

Perceber que cada um dos olhos envia imagens diferentes de um mesmo objeto para o cérebro, possibilitando a visão em três dimensões.

Procedimento

1. Feche um dos olhos e olhe para um ponto ou objeto distante, como um carro parado na rua ou o interruptor de luz na parede, por exemplo.
2. Em seguida, abra o olho e feche o outro.
3. Repita os procedimentos abrindo e fechando os olhos alternadamente, enquanto olha para o ponto ou objeto escolhido.

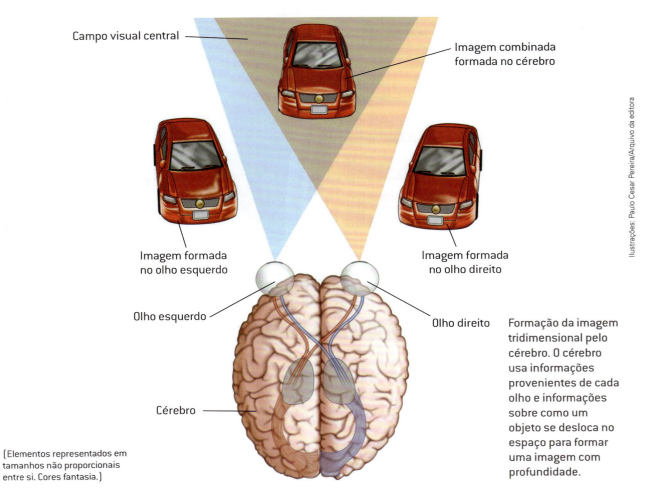

Formação da imagem tridimensional pelo cérebro. O cérebro usa informações provenientes de cada olho e informações sobre como um objeto se desloca no espaço para formar uma imagem com profundidade.

(Elementos representados em tamanhos não proporcionais entre si. Cores fantasia.)

Discussão final

1. O que você observa ao realizar o procedimento da atividade?
2. A partir de suas observações, levante uma hipótese sobre qual seria a vantagem da utilização de dois olhos paralelos em vez de um olho.

Capítulo 10 — Sistema locomotor

Wodicka/Ullstein Bild/Getty Images

Pessoa com deficiência física enfrentando dificuldade em chegar a local sem rampa de acesso a cadeira de rodas.

Na fotografia acima você pode identificar uma pessoa com deficiência física. Em nossa sociedade, pessoas com deficiência física ou que apresentem mobilidade reduzida enfrentam barreiras diariamente para exercer seu direito de ir e vir.

O que deveria existir nas cidades para que todas as pessoas com dificuldade de locomoção pudessem exercer esse direito? O que pode ter ocasionado essa deficiência física? Como os sistemas do corpo humano interagem e se organizam para promover o movimento?

Neste capítulo você estudará o sistema locomotor, formado pelos **sistemas esquelético e muscular**, que agem sob o comando do **sistema nervoso**, e saberá por que a acessibilidade, um direito de todo cidadão, deve estar presente em todos os lugares.

❯ A sustentação e a movimentação do corpo

A forma do corpo humano é determinada, em grande parte, pelos ossos e músculos.

O sistema esquelético (esqueleto) e o sistema muscular (musculatura), em conjunto com o sistema nervoso, são os responsáveis pelos movimentos do corpo e pela locomoção.

Sistema esquelético

Os seres humanos apresentam uma estrutura de sustentação interna, ou seja, um endoesqueleto, que forma o sistema esquelético (uma combinação de cartilagens e de ossos).

As principais funções do sistema esquelético são:

- sustentar o corpo;
- dar forma ao corpo;
- proteger os órgãos vitais, como os pulmões, o coração e os órgãos do sistema nervoso central;
- permitir o deslocamento do corpo, com a participação dos sistemas muscular e nervoso;
- armazenar cálcio e fósforo;
- produzir as células sanguíneas.

A **cartilagem** é um tipo de tecido conjuntivo maleável que forma todo o esqueleto humano até a 12ª semana de gestação, quando começa a ser substituída pelos ossos. Uma parte cartilaginosa continua a existir nos adultos, em regiões como as extremidades dos ossos e em estruturas como as orelhas e o nariz. A cartilagem tem a função de amortecer impactos, facilitar o deslizamento entre os ossos e fazer a ligação entre eles.

Os **ossos**, por sua vez, são rígidos e resistentes. Eles têm tamanhos e formas diferentes. Podem ser chatos, como os ossos do crânio; longos, como o fêmur; curtos, como a patela (localizada no joelho); e também podem ter formato irregular, como as vértebras que formam a coluna vertebral.

Para facilitar o estudo dos ossos do corpo, vamos dividir o esqueleto em três partes: cabeça, tronco e membros.

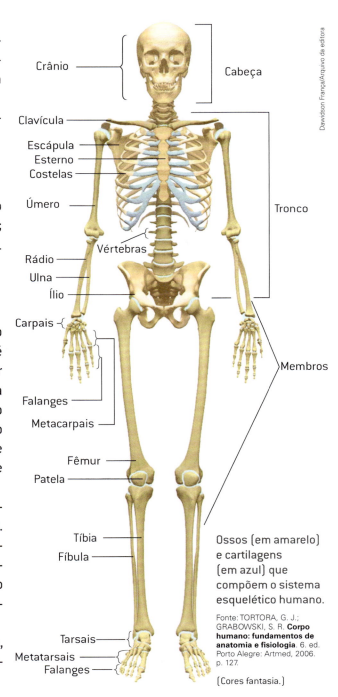

Ossos (em amarelo) e cartilagens (em azul) que compõem o sistema esquelético humano.

Fonte: TORTORA, G. J.; GRABOWSKI, S. R. **Corpo humano: fundamentos de anatomia e fisiologia**. 6. ed. Porto Alegre: Artmed, 2006. p. 127.

(Cores fantasia.)

Capítulo 10 • Sistema locomotor **137**

Ossos da cabeça

A cabeça é formada por oito ossos que se encaixam formando o crânio, que tem a função principal de proteger o encéfalo. Além deles, a cabeça é constituída pelos ossos da face e pelos ossículos das orelhas, chamados de martelo, bigorna e estribo.

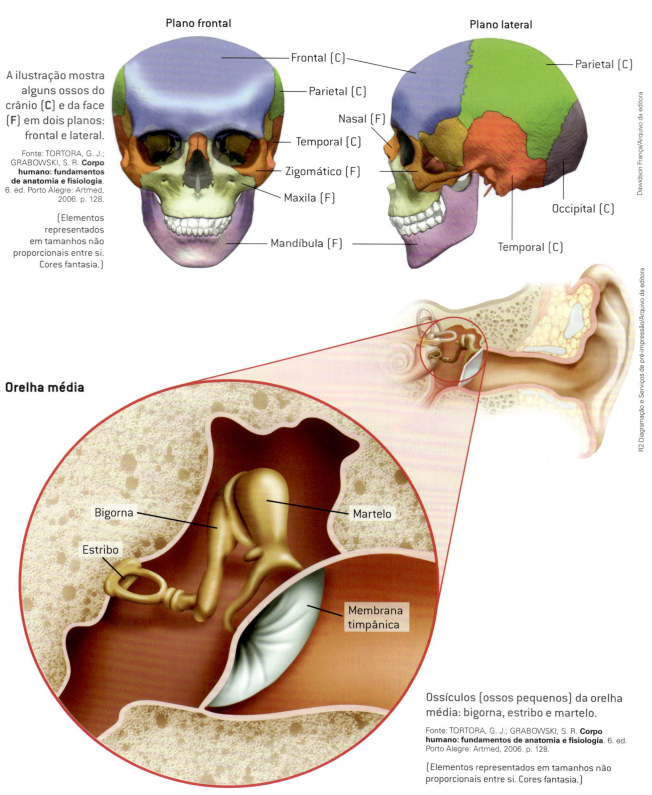

A ilustração mostra alguns ossos do crânio (C) e da face (F) em dois planos: frontal e lateral.

Fonte: TORTORA, G. J.; GRABOWSKI, S. R. **Corpo humano: fundamentos de anatomia e fisiologia**. 6. ed. Porto Alegre: Artmed, 2006. p. 128.

(Elementos representados em tamanhos não proporcionais entre si. Cores fantasia.)

Orelha média

Ossículos (ossos pequenos) da orelha média: bigorna, estribo e martelo.

Fonte: TORTORA, G. J.; GRABOWSKI, S. R. **Corpo humano: fundamentos de anatomia e fisiologia**. 6. ed. Porto Alegre: Artmed, 2006. p. 128.

(Elementos representados em tamanhos não proporcionais entre si. Cores fantasia.)

A quantidade de ossos diminui com a idade?

Um bebê recém-nascido tem o mesmo número de ossos de um adulto, 206; porém, muitos ainda não estão completamente fundidos. Um exemplo é o que ocorre com os ossos da cabeça.

Observe no esquema a seguir que, no recém-nascido, os ossos ainda estão separados. O espaço entre eles é formado por tecido conjuntivo e é chamado popularmente de moleira (fontanela). As fontanelas permitem que, ao nascer, os ossos da cabeça do bebê se movimentem, reduzindo o seu volume e facilitando a passagem pelo estreito canal do parto, que conduz o bebê para fora do corpo da mãe.

Depois do nascimento, esses espaços permitem o crescimento do encéfalo. Após alguns anos, os ossos crescem e se fundem, e as fontanelas se fecham.

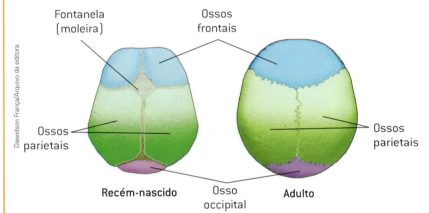

Esquema dos ossos da cabeça (vistos de cima) de um recém-nascido e de um adulto.

Fonte: TORTORA, G. J.; GRABOWSKI, S. R. **Corpo humano: fundamentos de anatomia e fisiologia**. 6. ed. Porto Alegre: Artmed, 2006. p. 135.

(Elementos representados em tamanhos não proporcionais entre si. Cores fantasia.)

Ossos do tronco

O tronco é formado pela **caixa torácica**, que tem a função de proteger os pulmões e o coração, e pela **coluna vertebral**, que protege a medula espinal.

A caixa torácica é formada, geralmente, por doze pares de costelas e pelo esterno, osso achatado localizado na frente do corpo, ligado às costelas por cartilagens. Elas permitem um pequeno movimento das costelas durante a inspiração e a expiração.

A coluna vertebral é formada por vários ossos acoplados, denominados vértebras. Elas se encaixam e se articulam, ligadas umas às outras pelos discos intervertebrais (que ficam entre duas vértebras), formados por cartilagem, que garantem resistência à compressão e ao desgaste desses ossos.

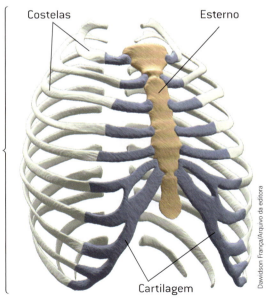

A caixa torácica é formada pelas costelas e pelo esterno, que se ligam por meio de cartilagens (em azul).

Fonte: TORTORA, G. J.; GRABOWSKI, S. R. **Corpo humano: fundamentos de anatomia e fisiologia**. 6. ed. Porto Alegre: Artmed, 2006. p. 141.

(Elementos representados em tamanhos não proporcionais entre si. Cores fantasia.)

Capítulo 10 • Sistema locomotor

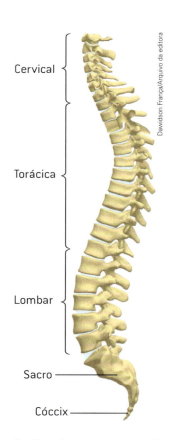

A articulação das vértebras com discos intervertebrais possibilita à coluna grande variedade e amplitude de movimentos.

Existem diferentes tipos de vértebras que se encontram agrupados, determinando as regiões da coluna: cervical (7 vértebras), torácica (12 vértebras) e lombar (5 vértebras). No final da coluna vertebral estão a região sacral (o osso sacro formado por 5 vértebras soldadas) e a região coccigiana (o osso cóccix, formado por 4 vértebras soldadas), respectivamente.

Alterações na forma da cartilagem, provocadas pela pressão e pelo desgaste das vértebras, podem originar **hérnia de disco**, que é um deslocamento da cartilagem. O problema é mais frequente nas regiões lombar e cervical da coluna vertebral.

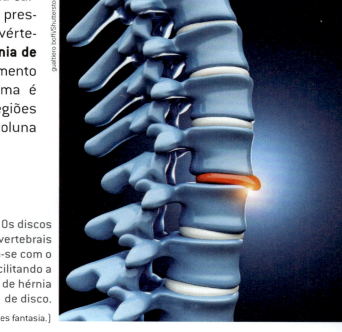

Regiões da coluna vertebral.

Fonte: TORTORA, G. J.; GRABOWSKI, S. R. **Corpo humano: fundamentos de anatomia e fisiologia**. 6. ed. Porto Alegre: Artmed, 2006. p. 136.

(Elementos representados em tamanhos não proporcionais entre si. Cores fantasia.)

Os discos intervertebrais desgastam-se com o tempo, facilitando a formação de hérnia de disco.

(Cores fantasia.)

➕ UM POUCO MAIS

Cuidados com a postura

Manter a postura correta ao sentar-se, levantar objetos e dormir é fundamental para que a coluna vertebral se mantenha saudável.

Ao observar a coluna vertebral de lado, é possível perceber que ela não é reta. Suas curvaturas são normais e chamam-se lordose (cervical e lombar) e cifose (torácica). Quando essas curvaturas são exageradas, chamam-se **hiperlordose** e **hipercifose** e podem causar dores nas costas.

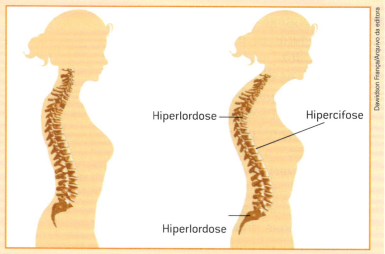

Esquema mostrando coluna com curvatura normal e outra com hiperlordose e hipercifose.

(Elementos representados em tamanhos não proporcionais entre si. Cores fantasia.)

A **escoliose** é outra alteração que pode ocorrer na coluna vertebral. Caracteriza-se por um desvio da coluna para o lado direito ou esquerdo.

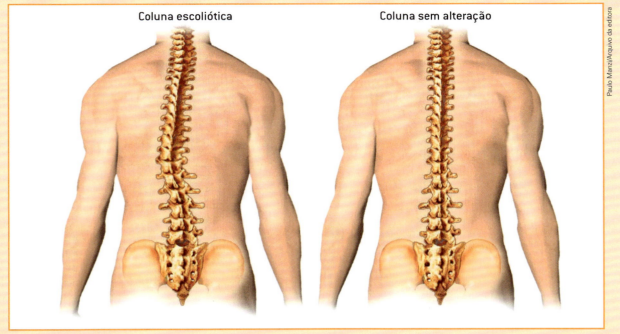

Os ombros e o quadril podem ficar desalinhados por causa da escoliose.
(Elementos representados em tamanhos não proporcionais entre si. Cores fantasia.)

Ossos dos membros superiores e inferiores

Os membros superiores são formados por braço, antebraço e mão.

No braço encontra-se o úmero, osso que se articula com a cintura escapular (no ombro) e com o rádio e a ulna (no cotovelo), que formam o antebraço. A cintura escapular é constituída pelos ossos da escápula e da clavícula.

Nas mãos estão os ossos carpais, que formam o punho; os ossos metacarpais, que formam a palma da mão; e as falanges, que formam os dedos. Existem muitos músculos e articulações que permitem uma grande variedade de movimentos das mãos.

Os membros inferiores são compostos de coxa, perna e pé e estão ligados ao tronco pela pelve. No quadril, há articulações especializadas em sustentar peso, diferentemente do ombro, por exemplo, que nos dá mobilidade.

A cintura pélvica (cíngulo do membro inferior) é formada por três ossos — ílio, púbis e ísquio —, sendo os dois últimos articulados com o fêmur, o osso da coxa. A perna é formada por dois ossos, a tíbia e a fíbula, que se articulam com os pés. E o pé é constituído por tarsais e metatarsais, e os dedos dos pés, pelas falanges.

> O punho ou pulso é a região da base da palma da mão, formada pelos ossos conhecidos como carpais. O tornozelo, por sua vez, é a região de articulação entre o pé e a perna. Os ossos da tíbia e da fíbula, no final, fazem parte do tornozelo.

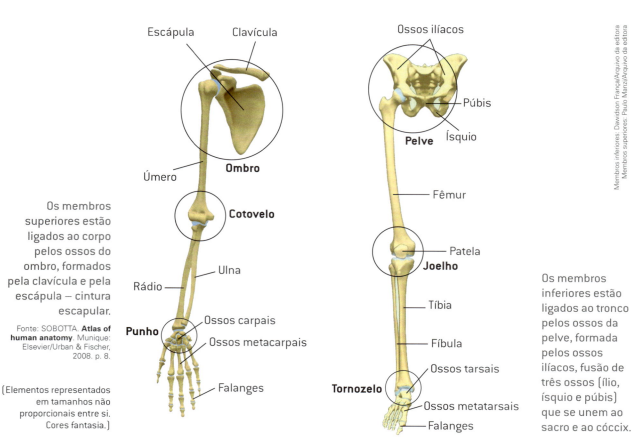

Os membros superiores estão ligados ao corpo pelos ossos do ombro, formados pela clavícula e pela escápula – cintura escapular.

Fonte: SOBOTTA. **Atlas of human anatomy**. Munique: Elsevier/Urban & Fischer, 2008. p. 8.

(Elementos representados em tamanhos não proporcionais entre si. Cores fantasia.)

Os membros inferiores estão ligados ao tronco pelos ossos da pelve, formada pelos ossos ilíacos, fusão de três ossos (ílio, ísquio e púbis) que se unem ao sacro e ao cóccix.

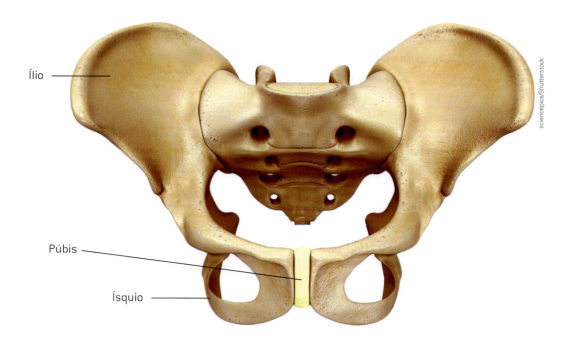

A cintura pélvica é composta dos ossos ílio, púbis e ísquio.

(Elementos representados em tamanhos não proporcionais entre si. Cores fantasia.)

O maior osso do corpo humano é o **fêmur**, que fica na coxa, e o menor é o **estribo**, que fica na orelha média. Uma pessoa com 1,80 m de altura tem um fêmur de aproximadamente 50 cm. O estribo, por sua vez, mede apenas 0,25 cm.

Estrutura dos ossos

Os ossos são formados por tecido compacto e tecido esponjoso, revestidos por uma membrana exterior chamada **periósteo**. Essa membrana é ricamente vascularizada (cheia de vasos, por onde passa o sangue) e responsável pela nutrição do tecido ósseo.

Os ossos estão em permanente processo de recomposição: as células que os formam são destruídas e renovadas constantemente.

Articulações

São as conexões entre as peças do esqueleto (ossos ou cartilagens). Dependendo do material de que são formadas, podem ser classificadas em **fibrosas**, **cartilaginosas** e **sinoviais**.

A saúde do sistema esquelético

Um esqueleto saudável depende de alimentação adequada, da prática de atividades físicas e de exposição frequente ao Sol. Esses fatores são determinantes para ter ossos fortes, com a quantidade ideal de cálcio e fósforo. A falta desses minerais pode provocar uma doença chamada **raquitismo** (em crianças) ou **osteomalacia** (em adultos), que pode deixar as pernas encurvadas. Além da carência de cálcio e fósforo, o raquitismo está associado à carência de vitamina D.

Esquema de fêmur (osso longo). Apontamento de suas principais estruturas.

(Elementos representados em tamanhos não proporcionais entre si. Cores fantasia.)

> A exposição ao sol e a produção da vitamina D estão associadas. A exposição ao sol de maneira moderada é importante para estimular a produção de vitamina D pelo organismo.

Com o envelhecimento, o organismo deixa de repor o cálcio necessário para a manutenção da saúde do esqueleto e há perda de massa óssea. Dessa forma, os ossos ficam mais porosos, caracterizando uma doença chamada **osteoporose**. Essa doença pode ser prevenida com uma alimentação rica em cálcio e a prática de atividades físicas.

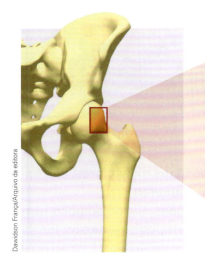

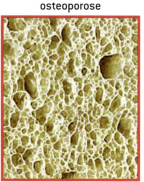

Osso sem alteração

Osso com osteoporose

Comparação entre osso normal e osso com osteoporose. Há um aumento na quantidade de poros dos ossos com a doença.

(Elementos representados em tamanhos não proporcionais entre si. Cores fantasia.)

Capítulo 10 • Sistema locomotor

Sistema muscular

Formado pelos músculos, esse sistema é responsável pelos movimentos corporais, como a mastigação, as expressões faciais e a locomoção. Além disso, ele atua nos batimentos cardíacos e nos movimentos involuntários dos órgãos internos, como o esôfago e o intestino, importantes para conduzir o alimento.

Classificação dos músculos

Existem três tipos de tecido muscular: o não estriado (liso), o estriado cardíaco e o estriado esquelético.

Os **músculos não estriados** formam as paredes dos órgãos internos ocos do organismo, como estômago, útero e bexiga, e regulam a quantidade de material (por exemplo, urina) no interior dos órgãos que revestem. Apresentam contração lenta e involuntária, ou seja, os movimentos ocorrem independentemente de nossa vontade.

O **músculo estriado cardíaco** forma o coração e é responsável pelos batimentos dele. A contração desse músculo é rápida e involuntária, sendo também independente da nossa vontade.

Os **músculos estriados esqueléticos** estão associados ao esqueleto. Eles atuam no deslocamento do corpo, como nos movimentos de andar ou correr, e sustentam a postura em conjunto com os ossos. A contração muscular pode aquecer o corpo e, diferentemente dos músculos anteriores, é voluntária e rápida, pois os movimentos respondem às nossas vontades.

Os músculos esqueléticos contribuem para a manutenção da postura, atuam nos movimentos e podem contribuir para o aquecimento do corpo.

Estrutura dos músculos

As células que formam os músculos, chamadas fibras musculares, são especializadas em movimentos de contração e de relaxamento.

Um conjunto de fibras musculares, vasos sanguíneos, tecido adiposo (um tipo de tecido conjuntivo já visto anteriormente) e terminais nervosos forma um feixe muscular. Vários feixes musculares formam o músculo.

A contração e o relaxamento dos músculos promovem diversos movimentos. Por exemplo, o músculo cardíaco faz o coração bater; os músculos não estriados impulsionam o alimento no tubo digestório; e a musculatura esquelética nos permite piscar, sorrir, andar, mastigar, etc.

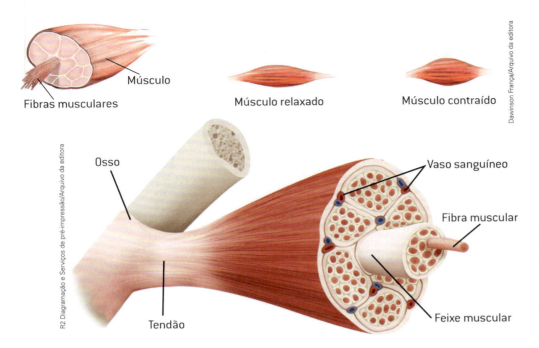

O músculo é formado por fibras musculares que se contraem e relaxam.

(Elementos representados em tamanhos não proporcionais entre si. Cores fantasia.)

Integração dos sistemas esquelético, muscular e nervoso

Enquanto os ossos dão forma e sustentação ao corpo e protegem os órgãos vitais, os músculos são responsáveis pelos movimentos, pois têm a capacidade de contrair e de relaxar.

Conectado ao músculo, há sempre um nervo. As ramificações dos nervos chegam às fibras musculares e estimulam os movimentos de contração por meio de impulsos nervosos. Podemos dizer, então, que os movimentos musculares são controlados, de forma voluntária ou involuntária, pelo sistema nervoso e consomem energia para ocorrer.

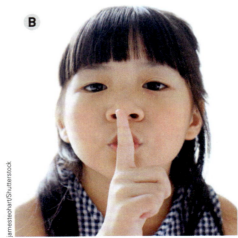

Em (A), uma expressão de surpresa, uma emoção espontânea; em (B), uma expressão consciente e voluntária.

Capítulo 10 • Sistema locomotor 145

UM POUCO MAIS

Ato reflexo

Você já percebeu que não consegue controlar determinadas ações que ocorrem no seu corpo? Isso acontece porque existem situações em que nosso corpo reage automaticamente sem que haja consciência do que causou o estímulo. Essas reações involuntárias a um estímulo específico são chamadas de **atos reflexos**.

Se você já levou um choque, queimou a mão ou espetou o dedo em uma agulha, sabe do que estamos falando. Em situações como essas, a reação do corpo é imediata, mas a sensação de choque, calor ou dor é posterior.

O que acontece nessas situações é que a reação é produzida na medula espinal sem a participação do encéfalo. Só quando o impulso nervoso que partiu da medula espinal chega ao cérebro é possível perceber o que aconteceu e como o corpo reagiu.

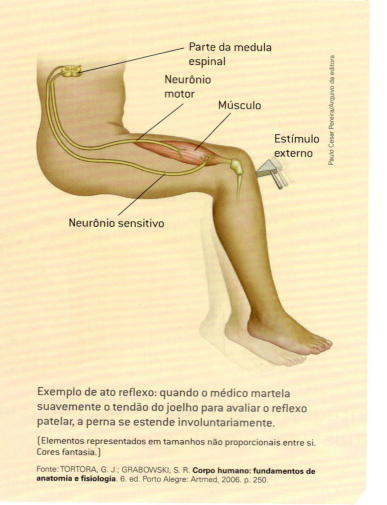

Exemplo de ato reflexo: quando o médico martela suavemente o tendão do joelho para avaliar o reflexo patelar, a perna se estende involuntariamente.

(Elementos representados em tamanhos não proporcionais entre si. Cores fantasia.)

Fonte: TORTORA, G. J.; GRABOWSKI, S. R. **Corpo humano: fundamentos de anatomia e fisiologia**. 6. ed. Porto Alegre: Artmed, 2006. p. 250.

Locomoção

A **locomoção** depende de ossos, articulações e músculos, que agem coordenadamente quando estimulados pelo sistema nervoso. Os músculos relacionados com a locomoção estão localizados logo abaixo da pele, ligados ao esqueleto, e realizam movimentos voluntários.

Como os ossos, que são peças tão rígidas, podem participar dos movimentos e do deslocamento do corpo?

Observe os dedos de suas mãos ou de seus pés e movimente-os. Quantos movimentos as falanges conseguem fazer? E o dedo inteiro? E a mão inteira? E o braço?

Existem articulações que conseguem produzir movimentos limitados, como são as da coluna vertebral, mas outras produzem movimentos mais amplos, como as articulações dos braços e das pernas.

Os músculos esqueléticos se fixam aos ossos por meio dos **tendões**. Tendão é a região esbranquiçada do músculo que não se contrai e é formada por tecido conjuntivo resistente. É a região que conecta o músculo ao osso, às cartilagens, aos ligamentos (tecido conjuntivo que liga ossos entre si) e à pele.

A imagem abaixo ilustra como ocorre o movimento de flexionar e estender a perna.

Músculos flexores e extensores

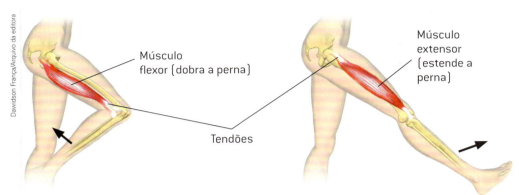

Músculo flexor (dobra a perna)

Músculo extensor (estende a perna)

Tendões

Representação dos músculos flexores e extensores da perna. As setas indicam o sentido do movimento.

(Elementos representados em tamanhos não proporcionais entre si. Cores fantasia.)

Paralisia causada por lesão na medula espinal

Da medula espinal partem os nervos do sistema nervoso periférico, que levam os sinais que comandam os órgãos do corpo. Qualquer lesão que ocorra na medula espinal irá comprometer a condução nervosa e poderá causar paralisia, já que o fluxo de informação é interrompido. Dependendo da gravidade do ferimento, a recuperação é possível.

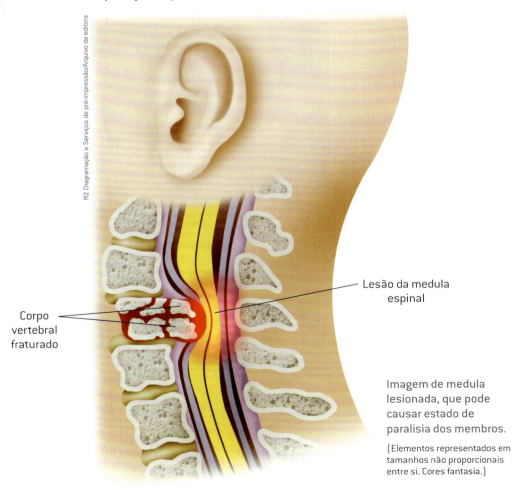

Corpo vertebral fraturado

Lesão da medula espinal

Imagem de medula lesionada, que pode causar estado de paralisia dos membros.

(Elementos representados em tamanhos não proporcionais entre si. Cores fantasia.)

Capítulo 10 • Sistema locomotor 147

Paralisia e acessibilidade

As lesões na medula espinal podem decorrer de doença ou trauma. A paralisia dos membros inferiores é chamada **paraplegia** e resulta de lesão na medula em alguma parte das vértebras torácicas, lombares e sacrais (veja imagem das regiões da coluna na página 140). A paralisia do tronco e dos membros superiores e inferiores é chamada **tetraplegia** e resulta de lesão da medula na região das vértebras cervicais.

A pessoa que sofreu lesão medular tem de desenvolver novas habilidades físicas e funcionais que permitam a sua locomoção, a autonomia na realização das atividades do dia a dia e a interação com o ambiente e a sociedade.

Por outro lado, o ambiente deve estar preparado para proporcionar a acessibilidade das pessoas com mobilidade reduzida. Para isso, existem normas que regulam a construção de calçadas e rampas de acesso aos prédios e aos meios de transporte.

Você já reparou como são as calçadas da sua rua, do supermercado e da farmácia que você frequenta? E da sua escola? Verifique se a sua escola apresenta acessibilidade para as pessoas que necessitam usar cadeiras de rodas ou muletas.

UM POUCO MAIS

Você conhece esta paratleta?

Paratletas são praticantes de esportes de alto rendimento, geralmente com caráter de competição, que possuem alguma deficiência, podendo ser física, visual ou intelectual.

Aos 17 anos, Lia Maria Soares Martins sofreu um acidente automobilístico e precisou amputar sua perna direita abaixo do joelho.

Ela faz parte da seleção brasileira feminina de basquete sobre rodas. Lia nasceu em 1987, em Belém, no Pará.

Pessoas com deficiência física podem ser pessoas amputadas, com paraplegia ou tetraplegia.

Lia Martins (à direita) nas Paralimpíadas do Rio de Janeiro, em 2016.

A locomoção nos demais animais vertebrados

Nos animais vertebrados, a movimentação é semelhante à do ser humano, com a interação entre ossos, articulações e musculatura comandada pelo sistema nervoso. No entanto, há várias adaptações nos diferentes grupos, relacionados ao ambiente em que vivem, seja ele aquático, seja terrestre.

O esqueleto dos vertebrados pode ser dividido em **axial** e **apendicular**:

- o esqueleto axial compreende a coluna vertebral (costelas e esterno não estão presentes em todos os vertebrados) e o crânio;
- o esqueleto apendicular é composto das cinturas escapular e pélvica e dos membros anteriores e posteriores e nadadeiras (em peixes).

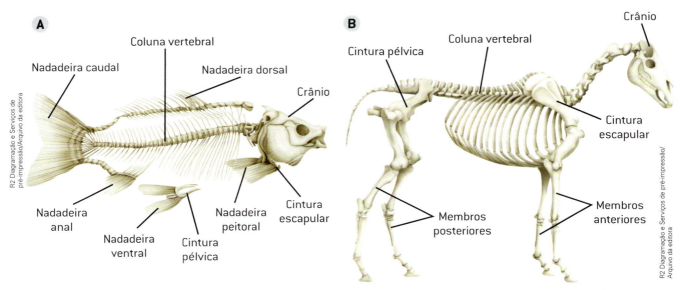

Esquemas dos esqueletos axial e apendicular em um peixe (**A**) e em um cavalo (**B**).

(Elementos representados em tamanhos não proporcionais entre si. Cores fantasia.)

Nos peixes, o esqueleto axial, junto com uma musculatura segmentada, faz com que o corpo realize movimentos ondulatórios laterais, provocando seu deslocamento na água. As nadadeiras exercem uma função mais orientada à mudança de direção no movimento.

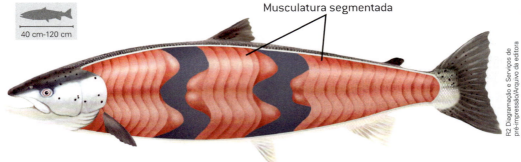

Representação de um peixe ósseo (salmão) parcialmente dissecado com sua musculatura segmentada em evidência.

Fonte: HICKMAN, C. P. **Princípios integrados de zoologia**. 16. ed. Rio de Janeiro: Guanabara Koogan, 2016. p. 552.

Nos animais vertebrados terrestres com quatro membros (tetrápodes) a locomoção está associada com a movimentação dos membros anteriores e posteriores do esqueleto apendicular, sendo muito variada entre os grupos.

Capítulo 10 · Sistema locomotor 149

Animais que correm com muita destreza e velocidade, como os felinos (mamíferos), possuem seus membros posicionados na região ventral do corpo. Já nos animais cujos membros têm importante função em sua sustentação, esses são posicionados mais lateralmente no corpo.

A posição dos membros em um jacaré (A) é mais lateral do que a disposição dos membros em uma jaguatirica (B).

Existem ainda animais que possuem a capacidade de voar, como a maioria das aves e os morcegos. Neles, o esqueleto apendicular possui uma série de adaptações que permitiram a presença de asas, como reduções e alongamentos de alguns ossos dos membros anteriores das aves e dos morcegos, além da presença de penas nas aves e de membranas interdigitais (entre os dedos) nos morcegos, que formam suas asas.

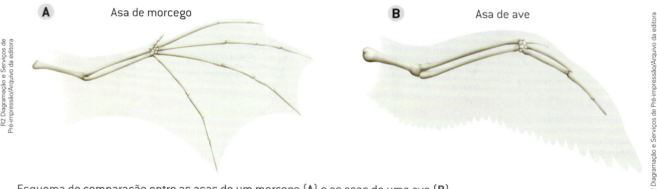

Esquema de comparação entre as asas de um morcego (A) e as asas de uma ave (B).
(Elementos representados em tamanhos não proporcionais entre si. Cores fantasia.)

NESTE CAPÍTULO VOCÊ ESTUDOU

- As características e o funcionamento dos sistemas esquelético e muscular.
- A constituição da coluna vertebral.
- As articulações e sua relação com os movimentos.
- Os movimentos voluntários e os involuntários.
- O papel das articulações, dos nervos e dos músculos.
- O ato reflexo.
- Paralisia e acessibilidade.
- A ação conjunta entre ossos e músculos na locomoção em animais.
- A ação do sistema nervoso nos sistemas esquelético e muscular.
- A importância dos exercícios e da postura correta na saúde dos órgãos do sistema locomotor.
- Locomoção e animais vertebrados.

ATIVIDADES

PENSE E RESOLVA

1. Quais são os órgãos protegidos pelas seguintes estruturas ósseas: crânio, coluna vertebral e caixa torácica?

2. Relacione as colunas:

A	Escoliose		Protege a medula espinal
B	Estômago		Músculo involuntário e não estriado
C	Articulação		Curvatura anormal da coluna vertebral
D	Coluna vertebral		Tecido cartilaginoso

3. Relacione cada item abaixo a um dos termos da tabela.

   I. Músculo involuntário

   II. Ossos da coluna

   III. Une o músculo esquelético ao osso

Coração	Costela	Músculo extensor da perna
Cotovelo	Vértebras	Tíbia
Medula espinal	Fêmur	Tendão

4. Identifique quais das funções a seguir são executadas pelo sistema esquelético (SE) e quais são realizadas pelo sistema muscular (SM).

   (   ) Aquecem o corpo quando se contraem.

   (   ) É reserva de cálcio e fósforo para o organismo.

   (   ) Dá forma e sustentação ao corpo.

   (   ) Protege os órgãos vitais.

   (   ) Suas contrações estabilizam as articulações, mantendo a pessoa em determinada postura.

   (   ) Produz células sanguíneas.

   (   ) Quando são não estriados, formando órgãos ocos, podem regular a quantidade de substâncias contidas no interior deles, contraindo e relaxando.

5. Há vários tipos de acidente que envolvem o sistema locomotor e muitos deles podem ocorrer em casa. Alguns cuidados devem ser tomados a fim de evitar acidentes, principalmente com os idosos, como não deixar tapetes soltos e objetos no caminho, eliminar degraus desnecessários, colocar pisos antiderrapantes e barras de apoio próximo aos vasos sanitários e no boxe do chuveiro. Imagine a seguinte situação: o vovô Paulo levantou-se da cama meio sonolento, não viu o tapete, tropeçou e caiu. Infelizmente, fraturou a bacia, alguns ossos da mão e do pé. O que se pode dizer sobre a quantidade de ossos fraturados do vovô? Que doença isso pode indicar? Justifique.

6. Lá está você, com muita fome e, enquanto o almoço está sendo preparado na cozinha, surge a péssima ideia de mexer nas panelas. Antes mesmo de sentir qualquer dor, sua mão já está bem longe delas. Os músculos do braço agiram para afastar seus dedos do perigo antes mesmo que você percebesse. Mas o resultado está lá: você queimou o dedo e deu aquele grito de dor!

   a) Como se chama o mecanismo que permite esse tipo de resposta imediata?

   b) Qual é o caminho percorrido pelo impulso nervoso que permite a rapidez da mensagem?

7. Qual outro animal vertebrado terrestre se locomove de forma semelhante à dos peixes em água? Justifique.

8. Observe a figura e avalie se esse local permite que uma pessoa com deficiência física tenha acessibilidade. Nesse caso, o que poderia ser modificado nesse ambiente para garantir esse direito à pessoa com deficiência?

Pessoa com deficiência física enfrentando dificuldade para se locomover em São Paulo (SP), 2016.

SÍNTESE

▶ Você costuma andar de bicicleta, jogar bola ou dançar? Como essas atividades poderiam estar ligadas às expressões: ossos/esqueleto, músculos esqueléticos, nervos, contração, articulações, relaxamento, movimentos, locomoção e impulsos nervosos?

Produza um texto relacionando sua atividade cotidiana a essas expressões.

DESAFIO

1 Leia e faça o que se pede.

A diminuição da massa óssea pode ser influenciada por diversos fatores, como:
- inatividade física (sedentarismo);
- alimentação inadequada;
- fatores hereditários;
- idade;
- diminuição da função dos ovários, nas mulheres;
- quantidade de massa óssea que a pessoa adquire ao longo da vida;
- etnia.

Um fator importante na conservação da massa óssea é a quantidade de cálcio ingerida diariamente por meio da alimentação. Analise a tabela a seguir, que indica as necessidades diárias de cálcio para o ser humano em diferentes fases da vida.

Necessidades diárias de cálcio para o ser humano (em mg)		
Idade	Quantidade de cálcio em mg	
	Homem	Mulher
1 – 5 anos	800	800
6 – 10 anos	800 – 1 200	800 – 1 200
11 – 24 anos	1 200 – 1 500	1 200 – 1 500
25 – 50 anos	1 000	1 000
+ 50 anos	1 000	1 500
+ 65 anos	1 500	1 500
Gravidez e/ou lactação	–	1 200 – 1 500
1 copo de leite equivale a 250 mg de cálcio		

Fonte dos dados: O CÁLCIO e a osteoporose. Disponível em: <www.osteoprotecao.com.br/pt_calcio.php?skey=f893aa994327caa91b63ea17c9a7f492> (acesso em: 29 jul. 2018).

A tabela informa que um copo de leite contém 250 mg de cálcio. Outros alimentos também são ricos em cálcio e, por esse motivo, devem ser habitualmente consumidos. Alguns exemplos são os derivados do leite (iogurte e queijos); os peixes, como a manjuba e o badejo; algumas verduras, como o espinafre, o agrião, a acelga, a couve-manteiga; a azeitona, o chocolate amargo; e oleaginosas como as nozes e a castanha-do-pará.

a) Anote, durante três dias, os alimentos que você ingerir em cada refeição.

b) Analise a lista de alimentos que ingeriu e verifique se em cada refeição havia alimentos ricos em cálcio.

c) O que você concluiu com relação à sua ingestão diária de cálcio?

d) Justifique a quantidade diária de cálcio necessária para a mulher grávida e para a que amamenta.

2 Embora existam controvérsias quanto ao início da perda da massa óssea tanto em homens quanto em mulheres, neste exercício vamos considerar os dados fornecidos na tabela "Necessidades diárias de cálcio para o ser humano (em mg)", da atividade anterior, como referência.

a) Aos 50 anos, em média, as mulheres passam por um período de transformações físicas, a menopausa, fase em que há risco de perda de massa óssea. Justifique a quantidade diária de cálcio necessária para essas mulheres.

b) Nos homens também há perda de massa óssea. Segundo a tabela, a partir de que idade isso pode ocorrer? Que dados permitiram que você chegasse a essa conclusão?

c) Além da ingestão de cálcio, são necessários outros cuidados para que uma pessoa tenha ossos saudáveis. Quais são? Justifique sua resposta.

PRÁTICA

Perda de massa óssea

Objetivo

Observar que a perda de cálcio influencia na dureza e na resistência do osso.

Material

- Ossos de coxa de frango
- Vinagre de álcool (para manter o osso mergulhado)
- 2 recipientes transparentes com tampa
- Panela
- Água
- Detergente
- Etiquetas

> **ATENÇÃO!**
> É necessária a supervisão de um adulto para a manipulação de objetos cortantes e no momento de usar o fogo.

Procedimento

1. Com cuidado, retire todos os músculos aderidos aos ossos. Procure localizar a região do osso na qual ficam os tendões dos músculos.

2. Após essa primeira fase de limpeza, o professor deverá ferver os ossos em água durante 20 a 30 minutos. Deixe os ossos esfriarem e retire todo o material que ainda estiver grudado neles (músculos, tendões e cartilagens). Observe atentamente cada parte extraída.

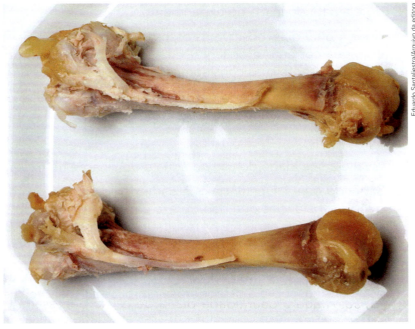

Ossos limpos, mas ainda com pedaços de cartilagem, periósteo e tendões.

3. Lave os ossos com detergente para retirar toda a gordura.

4. Observe novamente os ossos. Caso eles ainda estejam com o periósteo (membrana exterior), localize os pontos de inserção dos músculos e nervos. Se o periósteo ainda estiver presente, o professor deverá removê-lo raspando o osso delicadamente.

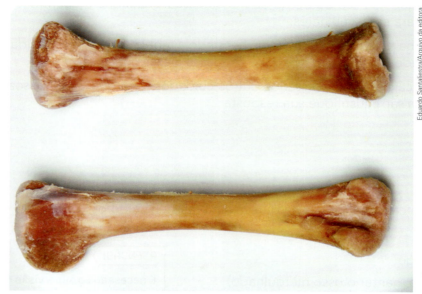

Ossos completamente limpos.

5. Anote dia e hora do início do experimento. Observe a cor dos ossos e tente torcê-los. Anote suas observações.

6. Coloque um dos ossos em um recipiente e acrescente água até cobri-lo. Esse osso será usado como controle do experimento. Tampe e rotule o recipiente, informando seu conteúdo e a data do início do experimento.

7. Coloque o vinagre no outro recipiente e mexa-o com uma colher até eliminar todas as bolhas de ar. Mergulhe o outro osso no vinagre. Tampe e rotule o recipiente, informando seu conteúdo e a data do início do experimento.

8. Após 4 ou 5 dias, observe os ossos novamente e faça anotações. Retire-os dos potes, lave-os em água corrente e observe seu aspecto. Segure cada osso por suas extremidades e tente torcê-los. Anote suas considerações.

9. Caso o osso mergulhado em vinagre ainda esteja muito duro, coloque-o novamente no vinagre e observe-o após alguns dias.

Discussão final

1. Qual é a finalidade do uso da água e do vinagre no experimento?

2. Sabendo que a substância que dá flexibilidade ao osso é uma proteína chamada colágeno e que as substâncias que dão dureza e resistência ao osso são os sais minerais, principalmente cálcio e fósforo, explique os resultados obtidos nessa atividade.

3. Como a perda de cálcio nos ossos afetaria uma pessoa?

4. Com a idade, as pessoas perdem certa quantidade de cálcio dos ossos. O que essa atividade pode ensinar sobre a osteoporose em pessoas mais velhas?

5. Escreva o que você concluiu com essa atividade prática.

LEITURA COMPLEMENTAR

Trate bem o seu esqueleto e os seus músculos

Como você carrega o seu material escolar?

Você sabe como deve ser sua postura ao sentar-se? E ao deitar-se?

Posturas incorretas favorecem o desalinhamento dos ossos e, com isso, os músculos, as juntas e os ligamentos entre os ossos ficam tensionados, provocando dores e cansaço.

Alguns cuidados que se deve ter com a postura são:

- Ao levantar peso, nunca dobre a coluna com as pernas esticadas. Abaixe-se dobrando as pernas, mantenha a coluna reta e só depois se levante carregando consigo o peso. Assim, a coluna fica mais protegida, pois as pernas sustentarão o peso. Caso as pernas estivessem esticadas, o peso sobrecarregaria a coluna.

- A mochila nunca deve ser carregada em um único ombro. O peso deve ser distribuído entre os dois lados do corpo.

- Ao sentar-se, apoie as costas no encosto da cadeira, mantenha os ombros relaxados e os braços sobre os apoios da cadeira. Mantenha os pés encostados no chão ou sobre um apoio.

Capítulo 10 • Sistema locomotor 155

Você deve se preocupar com o seu sistema locomotor não só enquanto está acordado, pois a postura ao deitar-se também exige cuidados. Sabe por quê?

O sono é importante para a manutenção da nossa saúde e do equilíbrio corporal. Para que se tenha um sono reparador, é necessário estar acomodado em um colchão adequado ao seu peso e com um travesseiro compatível com a sua estrutura corporal. O principal, no entanto, é a postura ao deitar-se. Passamos um terço de nossas vidas dormindo e, se não soubermos deitar em uma posição confortável, com os músculos relaxados, poderemos ter noites maldormidas e acordar com dores no corpo.

Quando for dormir, deite-se no escuro, arrume-se na cama, feche os olhos e procure relaxar seus músculos. Certifique-se de que sua coluna vertebral esteja reta, apoiada no colchão, e que seu corpo não esteja torcido, muito esticado ou contraído. Tenha uma boa noite de sono restaurador.

Questões

1. Por que posturas incorretas provocam dores e cansaço?
2. Qual é a maneira correta de levantar um objeto pesado que está no chão?
3. Por que a mochila não deve ser levada em um ombro só?
4. Qual é a postura correta ao sentar-se?
5. Por que é importante ter uma boa noite de sono?
6. Agora que você aprendeu como é importante ter uma postura correta, avalie os seus hábitos: quando assiste à televisão; a quantidade de material que leva na mochila; a sua postura na sala de aula ou quando estuda em casa; como fica em frente ao computador e ao deitar-se. Relacione os maus hábitos que você pratica em seu dia a dia com a maneira correta de corrigi-los.

Capítulo 11
Sistemas nervoso e sensorial

Tim Clayton/Corbis/Getty Images

O corpo humano recebe informações do ambiente a todo momento. Para se equilibrar na trave olímpica, por exemplo, a ginasta da fotografia precisa ter muito controle sobre os movimentos de seu corpo.

Você consegue avaliar que características do ambiente ela precisa perceber para conseguir essa façanha? E quais partes do próprio corpo estão envolvidas nesse processo?

No capítulo anterior, você estudou que o sistema nervoso é responsável por receber informações externas e internas, interpretá-las e emitir uma resposta a cada uma delas. Mas como ele recebe essas informações? Quais são os órgãos que captam os variados estímulos ambientais e do próprio corpo?

Vamos descobrir as respostas estudando este capítulo.

Para que a ginasta se apresente na trave olímpica é necessário que ela tenha equilíbrio.

Vida e Evolução

❯ A percepção do ambiente: os órgãos dos sentidos

No ambiente existem fenômenos e substâncias que, quando em contato com o corpo humano, são "traduzidos" em sensações. Ao encostar em uma superfície quente, por exemplo, nosso corpo é capaz de perceber a temperatura e emitir uma resposta a essa situação. Se a superfície estiver muito quente, nosso corpo vai se afastar dela. Contudo, se a temperatura for agradável, podemos permanecer em contato com essa superfície durante mais tempo.

Como vimos no capítulo anterior, é o sistema nervoso central que avalia o que deve acontecer nessas situações; porém, são os **órgãos dos sentidos** que captam os estímulos ambientais.

Na cabeça estão localizados os principais órgãos dos sentidos: olhos, nariz, língua e orelhas. Eles possuem células especializadas que funcionam como receptores de estímulos externos e internos. Cada um deles tem receptores específicos que funcionam como sensores, capazes de detectar determinados aspectos do meio ambiente e comunicá-los ao encéfalo e à medula espinal.

Os receptores presentes nos olhos são sensíveis à luz, enquanto os receptores nas orelhas são sensíveis ao som. Algumas substâncias, por sua vez, estimulam os receptores da gustação existentes na língua, e os do nariz captam os odores por meio dos receptores do olfato. A combinação das sensações da gustação e do olfato resulta nos sabores que percebemos.

No corpo inteiro existem terminações nervosas responsáveis pela sensação do tato. Só na pele há cerca de 5 milhões de receptores táteis, ou seja, que recebem e transmitem ao cérebro a sensação do toque.

O cérebro recebe impulsos sensoriais dos sentidos, isto é, ele capta os estímulos e as informações do ambiente que o cerca e também os provenientes de seu próprio corpo, e dá interpretações específicas para cada um desses estímulos. Quando enxergamos uma fruta que já experimentamos, por exemplo, somos capazes de reconhecê-la e de lembrar seu gosto, seu cheiro e sua textura.

Neste capítulo, estudaremos os sentidos da **visão**, da **audição** (e de sua influência sobre o **equilíbrio**), do **olfato**, da **gustação** e do **tato**.

Olhos: visão
Nariz: olfato
Orelhas: audição e equilíbrio
Língua: gustação
Pele: tato

Os órgãos dos sentidos têm como função comunicar ao encéfalo as informações detectadas por seus receptores. As orelhas, além de serem responsáveis pelo sentido da audição, também respondem pelo equilíbrio.

〉 Visão

É o sentido que nos possibilita enxergar. Os olhos são os órgãos da visão capazes de captar os estímulos luminosos.

Veja a figura a seguir. Os olhos se localizam em duas cavidades ósseas, que lhes dão proteção, chamadas órbitas. Eles são fixados por músculos que lhes dão sustentação e movimento. As pálpebras (superior e inferior) impedem o ressecamento e permitem a abertura e o fechamento dos olhos. Os supercílios, localizados acima de cada olho, impedem a entrada do suor, e os cílios dificultam a entrada de partículas suspensas no ar. As glândulas lacrimais também são estruturas protetoras, pois produzem a lágrima, que mantém o olho úmido, e apresentam substâncias que atuam contra microrganismos.

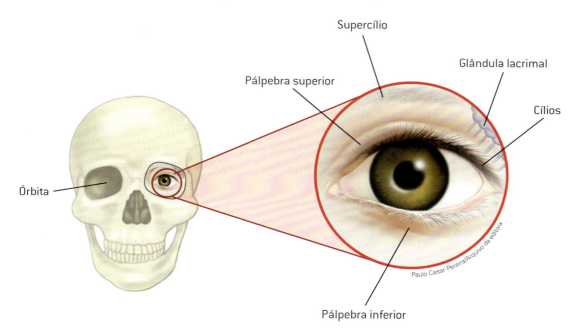

Esquema de olho humano e suas estruturas protetoras.
Fonte: TORTORA, G. J.; GRABOWSKI, S. R. **Corpo humano: fundamentos de anatomia e fisiologia**. 6. ed. Porto Alegre: Artmed, 2006. p. 299.
(Elementos representados em tamanhos não proporcionais entre si. Cores fantasia.)

O olho é uma esfera preenchida por um líquido transparente e formada por diferentes camadas:

- a camada externa é formada pela **esclera**, que tem cor branca e é opaca; e pela **córnea**, que é transparente e pode ser considerada a primeira lente do olho. A córnea é recoberta por uma membrana fina irrigada por vasos sanguíneos, chamada **conjuntiva**, que protege os olhos de corpos estranhos;
- a camada intermediária, chamada **corioide**, é rica em vasos sanguíneos e abriga a **íris** (a parte colorida do olho);
- a camada mais interna é a **retina**, que possui uma região formada por células sensíveis à luz – os **cones** e os **bastonetes** – chamadas fotorreceptoras, onde se formam imagens invertidas do objeto observado. Elas geram um impulso nervoso que é transmitido por meio do nervo óptico ao cérebro, onde é interpretado e então resulta na imagem que vemos.

Capítulo 11 • Sistemas nervoso e sensorial

Os cones são responsáveis pela percepção da cor e são mais sensíveis à luz intensa; os bastonetes não distinguem cores e são responsáveis pela visão em locais pouco iluminados.

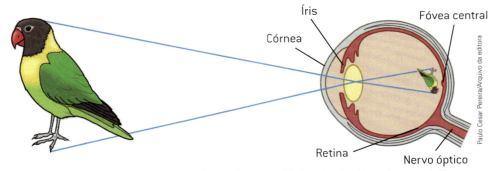

A luz refletida pelos objetos penetra nos olhos pela pupila. No interior do olho, a luz sensibiliza as células da retina, formando uma imagem invertida. Essas células desencadeiam impulsos nervosos que são levados pelo nervo óptico até o cérebro para que sejam então interpretados e resultem na imagem que vemos.

Fonte: TORTORA, G. J.; GRABOWSKI, S. R. **Corpo humano: fundamentos de anatomia e fisiologia**. 6. ed. Porto Alegre: Artmed, 2006. p. 303.

(Elementos representados em tamanhos não proporcionais entre si. Cores fantasia.)

- Imediatamente atrás da íris encontra-se a **lente** (antes chamada cristalino), que, devido à sua estrutura flexível, pode variar sua distância focal com o auxílio dos músculos ciliares durante a acomodação visual.

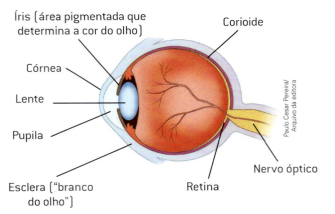

Esquema com as principais partes que compõem o olho.

Fonte: TORTORA, G. J.; GRABOWSKI, S. R. **Corpo humano: fundamentos de anatomia e fisiologia**. 6. ed. Porto Alegre: Artmed, 2006. p. 300.

(Elementos representados em tamanhos não proporcionais entre si. Cores fantasia.)

> **Assista também!**
>
> **A hora de lembrar**. Ministério da Saúde do Brasil, 2017. Animação. 4 min 40 s. Disponível em: <http://portalarquivos.saude.gov.br/campanhas/doeorgaos/> (acesso em: 16 abr. 2018).
>
> O filme destaca a importância da doação de órgãos. Em uma cidade habitada por relógios, um deles, um pai de família, se torna um doador de órgãos e cede suas peças aos relógios com problemas em suas engrenagens.

UM POUCO MAIS

Doação de córnea

Algumas doenças e acidentes que causam cegueira, como a perda da transparência da córnea ou ferimentos no olho, podem ser revertidos com o transplante de córnea. O olho só pode ser retirado do doador até seis horas após sua morte e com autorização dos parentes. Por isso, é muito importante que a pessoa que queira doar seus olhos registre-se em um banco de olhos como doador e converse com a família sobre sua vontade.

Adaptação visual

Você já percebeu que, ao sair de um local muito iluminado e, em seguida, entrar em outro com pouca luz, sua visão fica diferente e você não consegue focar direito os objetos? Isso acontece porque os olhos precisam de um tempo para se adaptar à nova condição de luminosidade do ambiente.

A pupila é o orifício por onde entra a luz que estimula os receptores da retina. A regulação do diâmetro da pupila é feita pela contração de músculos da íris. Em locais bem iluminados, a pupila fica com o diâmetro reduzido, protegendo a retina do excesso de luz. Ao entrar em um ambiente com baixa luminosidade, a luz presente pode ser insuficiente para estimular de forma adequada os receptores da visão, dando a sensação de que os objetos estão desfocados. Após alguns segundos de adaptação, o diâmetro da pupila aumenta, permitindo que mais luz chegue à retina e sensibilize os receptores.

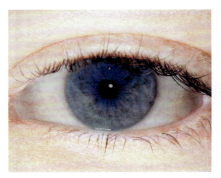
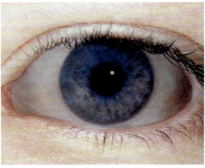
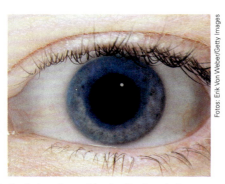

A regulação do diâmetro da pupila é um reflexo involuntário em resposta à quantidade de luz do ambiente. Em locais bem iluminados, os músculos da íris se contraem, diminuindo a abertura da pupila. Em baixa luminosidade, outros músculos da íris são contraídos e a pupila se dilata.

EM PRATOS LIMPOS

Acomodação visual

Quando se utiliza uma máquina fotográfica ou filmadora, é preciso ajustar o plano focal para visualizar com nitidez os objetos, ou seja, é preciso "focalizar" as imagens. Para isso, é necessário mudar a posição da lente, aproximando-a ou afastando-a do objeto.

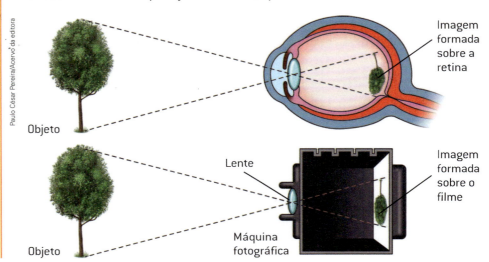

O olho humano e a máquina fotográfica são exemplos de sistemas ópticos que formam imagens reais; invertidas em relação ao objeto e de tamanho menor que o dele.

(Elementos representados em tamanhos não proporcionais entre si. Cores fantasia.)

O olho humano também tem ajuste de foco, mas a sua lente não se move para a frente nem para trás, como em uma máquina fotográfica ou filmadora com *zoom*. O formato da lente é alterado, ficando mais ou menos abaulada, com o auxílio dos músculos ciliares.

A essa capacidade da lente de mudar continuamente a curvatura de suas faces, mudando a distância focal, chamamos **acomodação visual**. A distância focal muda para que a imagem do objeto visualizado seja projetada sobre a retina. Se não ocorrer a acomodação, a imagem se tornará embaçada ou desfocada e, portanto, sem nitidez.

Para enxergar objetos próximos dos olhos, os músculos ciliares comprimem a lente deixando-a mais curvada. Com isso, a focalização converge para uma distância menor. Dizemos, nesse caso, que a lente se tornou mais convergente.

Para enxergar objetos mais distantes dos olhos, os músculos ciliares relaxam e deixam a lente mais alongada. Com isso, a focalização converge para uma distância maior. Dizemos, nesse caso, que a lente se tornou menos convergente.

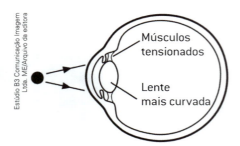

Para diminuir a distância focal, os músculos ciliares comprimem a lente e a deixam mais curvada.

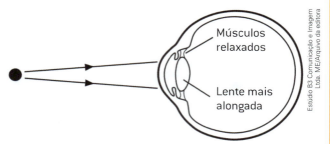

Para aumentar a distância focal, os músculos ciliares relaxam e a lente fica mais alongada.

UM POUCO MAIS

As lentes

Lentes são sistemas ópticos constituídos por um meio material transparente delimitado por duas faces com formatos côncavos ou convexos.

As **lentes com faces convexas** têm a parte central mais larga e as bordas mais finas, estreitas; por isso, são chamadas de **lentes de bordas finas**.

As lentes de bordas finas apresentam o **comportamento convergente**, ou seja, a luz, ao atravessá-las, converge para um ponto, chamado **foco**. Assim, as lentes de bordas finas também são chamadas de **lentes convergentes**.

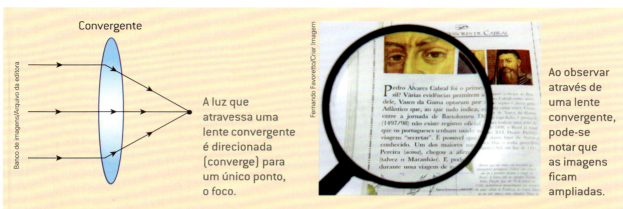

As lentes **com faces côncavas** têm a parte central mais fina que as bordas, por isso são chamadas de **lentes de bordas espessas**.

As lentes de bordas espessas apresentam o **comportamento divergente**, ou seja, a luz, ao atravessá-las, diverge a partir de um ponto, chamado **foco**. Assim, as lentes de bordas espessas também são chamadas de **lentes divergentes**.

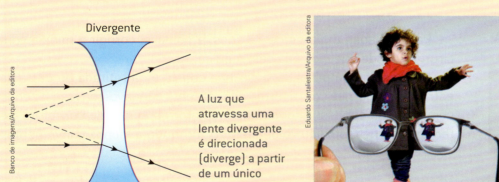

Alterações da visão

A formação da imagem depende do funcionamento conjunto de componentes do olho, do nervo óptico e do cérebro. Algumas alterações podem interferir na formação da imagem: são os problemas da visão. Vamos estudar alguns deles.

Miopia

A **miopia** ocorre quando há um pequeno alongamento do olho. Com isso, a pessoa míope não enxerga com nitidez objetos afastados de seus olhos.

Ao observar um objeto distante, o olho míope conjuga uma imagem situada antes da retina que, por isso, apresenta-se desfocada, embaçada, sem nitidez.

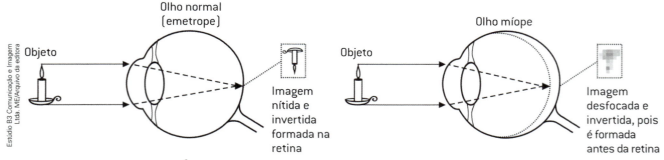

É como se o conjunto córnea + lente do olho se tornasse excessivamente convergente, não acomodando a visão para objetos situados a média e a longa distância. Portanto, para corrigir esse problema, é preciso tornar o conjunto córnea + lente menos convergente utilizando-se óculos ou lentes de contato confeccionados a partir de lentes divergentes que deslocam o ponto de formação da imagem para trás.

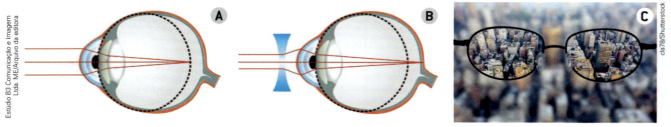

Da esquerda para a direita: (A) Formação da imagem em um olho míope; (B) Formação da imagem em um olho míope com a correção a partir de uma lente divergente; (C) Simulação da visão de um olho míope com as devidas lentes corretivas.

(Elementos representados em tamanhos não proporcionais entre si. Cores fantasia.)

Para pessoas maiores de 21 anos, é possível corrigir a miopia com cirurgia, desde que indicada pelo médico.

De maneira simplificada, a cirurgia consiste na retirada de parte da estrutura da córnea com a forma de uma lente côncavo-convexa fazendo com que sua espessura diminua. Dessa forma, o raio de curvatura externo da córnea tem seu valor alterado, tornando-a menos convergente.

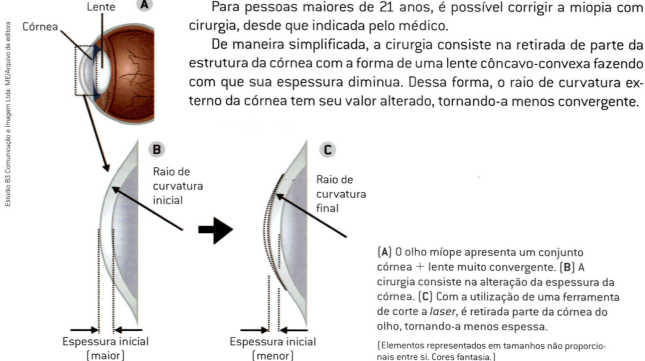

(A) O olho míope apresenta um conjunto córnea + lente muito convergente. (B) A cirurgia consiste na alteração da espessura da córnea. (C) Com a utilização de uma ferramenta de corte a *laser*, é retirada parte da córnea do olho, tornando-a menos espessa.

(Elementos representados em tamanhos não proporcionais entre si. Cores fantasia.)

Hipermetropia

A **hipermetropia** ocorre quando há um pequeno achatamento (encurtamento) do olho. Com isso, a pessoa hipermetrope não enxerga com nitidez objetos próximos de seus olhos.

Ao observar um objeto próximo, o olho hipermetrope conjuga uma imagem situada atrás da retina e, por isso, apresenta-se desfocada, embaçada, sem nitidez.

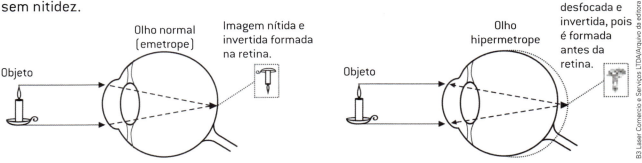

É como se o conjunto córnea + lente do olho fosse insuficientemente convergente, não acomodando a visão para objetos situados a pequenas distâncias. Portanto, para corrigir esse problema, é preciso tornar o conjunto córnea + lente do olho mais convergente utilizando-se óculos com lentes convergentes que desloquem o ponto de formação da imagem para frente.

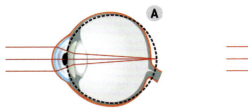
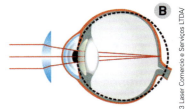
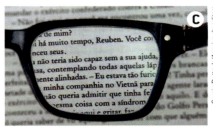

Da esquerda para a direita: (**A**) Formação da imagem em um olho hipermetrope; (**B**) Formação da imagem em um olho hipermetrope com a correção a partir de uma lente convergente; (**C**) Simulação da visão de um olho hipermetrope com as devidas lentes corretivas.

(Elementos representados em tamanhos não proporcionais entre si. Cores fantasia.)

Daltonismo

É uma alteração hereditária, ou seja, que é transmitida dos pais para os filhos, caracterizada pela incapacidade de distinguir algumas cores primárias. A causa dessa condição pode ser a ausência ou o funcionamento deficiente de um ou mais dos fotorreceptores chamados de **cones**. Um dos casos mais comuns do daltonismo é quando a pessoa enxerga marrom em vez da cor real, que é verde ou vermelho.

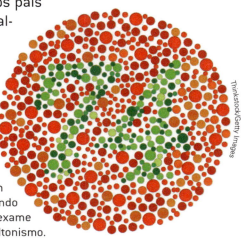

As pessoas que não notam o número na figura ao lado não conseguem distinguir a cor verde da vermelha, vendo apenas um círculo marrom. Este exame simples pode ajudar a diagnosticar o daltonismo.

Capítulo 11 · Sistemas nervoso e sensorial

UM POUCO MAIS

O alfabeto Braille

Os pontos em relevo tão comuns em embalagens de medicamentos, cosméticos e alimentos, em cartões de visita e cardápios, representam uma das maravilhosas e insuperáveis invenções humanas, o Sistema Braille.

O Sistema Braille foi criado em 1825 pelo francês **Louis Braille**, nascido em 4 de janeiro (Dia Mundial do Braille) de 1809. É um código universal que permite às pessoas cegas beneficiar-se da escrita e da leitura, favorecendo sua inclusão na sociedade e o pleno exercício da cidadania.

Pessoa faz leitura de texto utilizando o sistema braile.

Baseado na combinação de seis pontos dispostos em duas colunas e três linhas, o Sistema Braille compõe 63 caracteres diferentes, que representam as letras do alfabeto, os números, os sinais de pontuação e acentuação, a simbologia científica, musicográfica, fonética e informática. Os seis pontos em relevo podem ser percebidos pelos dedos com apenas um toque.

O jovem cego José Álvares de Azevedo, nascido em 8 de abril (Dia Nacional do Braille) de 1834, trouxe o sistema para o Brasil, primeiro país da América Latina a adotá-lo, em 1850.

Fonte: ASSOCIAÇÃO de Deficientes Visuais e Amigos (Adeva). Disponível em: <http://www.adeva.org.br/braille.php> (acesso em: 17 abr. 2018).

❯ Audição e equilíbrio

Estímulo mecânico: ocorre por meio de um elemento físico do ambiente; no caso, o ar.

As orelhas são os órgãos da audição e do equilíbrio. O sentido da **audição** nos possibilita captar o som do ambiente por meio de receptores sensíveis à pressão ou **estímulos mecânicos**, também chamados de mecanorreceptores. A orelha se divide em orelha externa, orelha média e orelha interna.

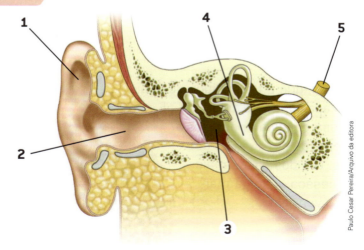

Na audição, o estímulo é o som (energia sonora), e os receptores são células localizadas na orelha interna.

Fonte: TORTORA, G. J.; GRABOWSKI, S. R. **Corpo humano: fundamentos de anatomia e fisiologia**. 6. ed. Porto Alegre: Artmed, 2006. p. 307.

(Cores fantasia.)

1 Orelha externa: capta o som.
2 Meato acústico externo: conduz o som até a orelha média.
3 Orelha média: apresenta a membrana timpânica, que separa a orelha externa da média e conduz a vibração; e o martelo, a bigorna e o estribo, que são ossos que oscilam conduzindo a vibração até a orelha interna.
4 Orelha interna: apresenta a cóclea, que transmite as vibrações para células específicas que geram impulsos nervosos; e os ductos semicirculares, que captam o movimento e a posição do corpo e transmitem essas informações por meio de impulsos nervosos ao cérebro.
5 Nervo: conduz os impulsos nervosos para o sistema nervoso central.

Adaptação auditiva

Você já sentiu alguma vez a sua orelha "tapada"? Isso acontece quando há um desequilíbrio entre a pressão do ar que está na orelha externa e a pressão do ar dentro da orelha média. Há vários motivos possíveis para isso acontecer: pode ser por um bloqueio na orelha ou pela mudança da pressão do ar, como quando subimos uma serra.

Quando a pressão no interior da orelha média fica menor do que a pressão atmosférica local, o ar de fora pressiona a membrana timpânica para dentro, o que pode causar dor ou a sensação de orelha tapada. Para que a sensação desapareça, a pessoa deve respirar pela boca ou fazer movimento de mascar, até que as pressões interna e externa se igualem.

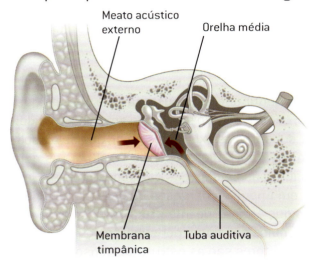

Situação normal: a pressão do ar na orelha externa é igual à pressão do ar na orelha média.

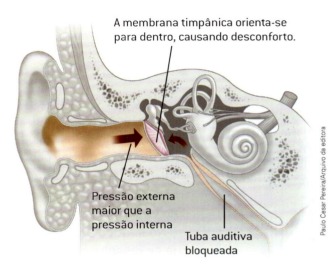

Situação em que a pressão do ar na orelha média é menor do que a pressão atmosférica local.

Fonte: TORTORA, G. J.; GRABOWSKI, S. R. **Corpo humano: fundamentos de anatomia e fisiologia**. 6. ed. Porto Alegre: Artmed, 2006. p. 307.

(Elementos representados em tamanhos não proporcionais entre si. Cores fantasia.)

No sentido do equilíbrio, o movimento da cabeça estimula células com cílios presentes nos ductos semicirculares existentes na orelha interna. Os ductos semicirculares são cheios de um líquido que se move junto com a cabeça e estimula os cílios, que enviam impulsos nervosos até o sistema nervoso central, onde serão interpretados.

O equilíbrio nos permite manter diferentes posturas. Também nos permite coordenar os dois lados do corpo ao mesmo tempo e movimentar os olhos sem mover a cabeça, como quando se lê um livro, por exemplo.

Além das informações passadas pela orelha interna, o equilíbrio depende também da visão e da percepção do próprio corpo. Para algumas pessoas, mesmo estando com o corpo totalmente parado, a paisagem parece mover-se (como se estivessem em um barco). Nesse caso, o cérebro interpreta os estímulos como informações conflitantes e a pessoa passa mal. Essa mesma sensação pode acontecer também ao andar de carro, de elevador ou em brinquedos de parques de diversões.

O sentido do equilíbrio nos possibilita praticar esportes, brincar, dançar ou simplesmente caminhar. Na foto, crianças kayapós em São Félix do Xingu (PA), em 2016.

UM POUCO MAIS

Teste da orelhinha

Logo após o nascimento de um bebê, antes que ele saia da maternidade, a equipe médica faz o "teste da orelhinha" para identificar possíveis problemas auditivos. Ele consiste em emitir um som na orelha externa e esperar um eco vindo da orelha interna, que é detectado por um aparelho. Caso nenhum som seja detectado, é sinal de que a criança tem algum problema auditivo, que deverá ser investigado e tratado, a fim de evitar dificuldades na aquisição da fala e da linguagem durante seu desenvolvimento.

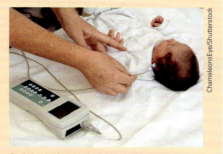

Bebê recém-nascido durante "teste da orelhinha".

❯ Olfação e gustação

Epitélio olfatório: é um tecido localizado na cavidade nasal, sensível às substâncias químicas presentes no ar.

Olfação é o sentido que permite sentir odores e **gustação** é o sentido que permite ter sensações gustatórias, como o doce, o salgado, o amargo e o ácido.

O estímulo do olfato é feito por substâncias existentes no ar, que se dissolvem no muco do epitélio olfatório (figura **A**). Os receptores do olfato (os quimiorreceptores) estão presentes junto às células das cavidades nasais. Eles transformam o estímulo químico em impulsos nervosos que são conduzidos pelos nervos até a área do cérebro que é capaz de interpretá-los.

No sentido da gustação, os estímulos são feitos por substâncias químicas que se dissolvem na saliva, e os receptores são as estruturas sensoriais chamadas **papilas gustatórias**, localizadas na língua (figura **B**).

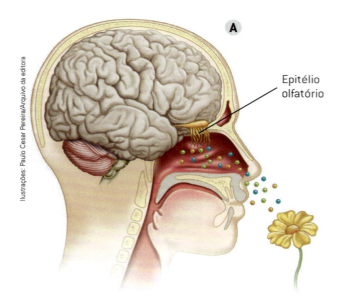

Localização do epitélio olfatório.

Fonte: TORTORA, G. J.; GRABOWSKI, S. R. **Corpo humano: fundamentos de anatomia e fisiologia**. 6. ed. Porto Alegre: Artmed, 2006. p. 155.

(Elementos representados em tamanhos não proporcionais entre si. Cores fantasia.)

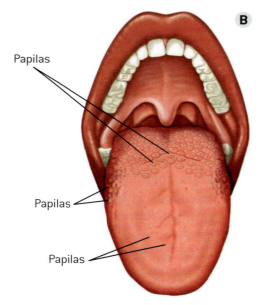

Localização dos vários tipos de papilas gustatórias.

Fonte: TORTORA, G. J.; GRABOWSKI, S. R. **Corpo humano: fundamentos de anatomia e fisiologia**. 6. ed. Porto Alegre: Artmed, 2006. p. 297.

(Elementos representados em tamanhos não proporcionais entre si. Cores fantasia.)

Cada gosto é detectado por um quimiorreceptor específico, que transforma os estímulos químicos em impulsos nervosos. Esses impulsos são transmitidos pelos nervos até o encéfalo, onde serão interpretados de forma integrada com as informações gustatórias, gerando a percepção dos sabores.

A integração entre esses dois sentidos — olfação e gustação — explica o que ocorre quando estamos resfriados, com o nariz congestionado, e sentimos que os alimentos ficam menos saborosos. Isso acontece porque a percepção do sabor dos alimentos deve-se não só aos receptores existentes na língua, mas também ao odor do alimento na boca e que passa para o nariz. Quando o nariz está com muito muco, a circulação do ar nas cavidades nasais fica reduzida e os quimiorreceptores do olfato não conseguem captar o odor do alimento. Em consequência, o alimento parece estar sem sabor.

UM POUCO MAIS

O quinto sabor

Prove um pouquinho de banana. Hum, doce! Agora, no arroz com feijão do dia a dia, o gosto predominante é salgado, certo? Em um jiló, é amargo e, em um limão, azedo. Esses quatro gostos você deve conhecer bem. Mas existe um quinto [gosto], bem menos conhecido: o umami, já ouviu falar?

Ele foi descoberto há cerca de cem anos pelo químico japonês Kikunae Ikeda, que fazia estudos em algas marinhas — muito utilizadas por japoneses em pratos como o sushi. Dessas algas, Ikeda extraiu um caldo onde achou um componente chamado glutamato.

A melhor opção é fazer uma alimentação balanceada e sempre ter à mesa alimentos saudáveis.

O cientista reparou que o glutamato não era nem doce, nem salgado, nem amargo e muito menos azedo. Então, o que era? Ikeda apresentava ao mundo um novo [gosto], o umami! A partir dessa pesquisa pioneira, outras substâncias umamis foram encontradas ao redor do mundo.

"O umami é um intensificador de outros gostos", explica o engenheiro agrônomo Danilo Rodrigues, do Instituto Federal Catarinense. "Quando um alimento tem propriedades umamis, seu gosto doce fica mais doce, o salgado mais salgado e assim por diante". [...]

Apesar disso, os cientistas ainda dividem opiniões sobre o uso do glutamato adicionado artificialmente na alimentação. Embora nenhuma pesquisa comprove que ele pode afetar nossa saúde, muitos pesquisadores ainda estudam sua possível relação com problemas como a obesidade. Na dúvida, é melhor não abusar. Prefira ter à mesa uma alimentação balanceada, com muitos produtos naturais!

Fonte: CARVALHO, Isabelle. **Ciência Hoje das Crianças**. Disponível em: <http://chc.org.br/o-quinto-sabor/> (acesso em: 30 abr. 2018).

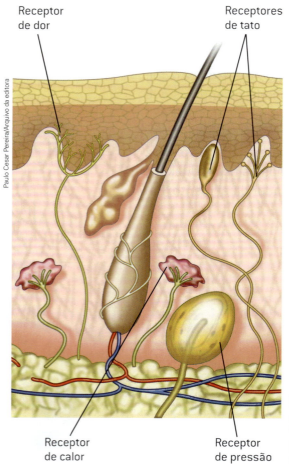

Receptor de dor
Receptores de tato
Receptor de calor
Receptor de pressão
Pele

› Tato

O **tato** permite sentir um leve toque, uma massagem, um aperto de mãos e até a movimentação do cabelo. Sentimos a intensidade de cada estímulo por meio dos receptores existentes na pele.

Esses receptores são responsáveis pela captação de:

- estímulos mecânicos do tato, como pressão e vibração. São os **mecanorreceptores**;
- estímulos de calor ou frio. São os **termorreceptores**;
- estímulos intensos que podem causar lesões nos tecidos. São terminações livres de neurônios (dendritos) existentes na pele e nos órgãos, que enviam os sinais que, no cérebro, causam a percepção da dor.

Receptores de tato, calor, pressão e de dor na pele.

Fonte: TORTORA, G. J.; GRABOWSKI, S. R. **Corpo humano: fundamentos de anatomia e fisiologia**. 6. ed. Porto Alegre: Artmed, 2006. p. 292.

(Elementos representados em tamanhos não proporcionais entre si. Cores fantasia.)

› Os sentidos se integram

A ginasta brasileira Daniele Hypólito faz sua apresentação em barra durante treino para os Jogos Olímpicos Rio 2016.

Inúmeras atividades dependem da integração dos sentidos — como a situação analisada na introdução deste capítulo, em que uma ginasta equilibra-se sobre a trave olímpica. Agora que você conhece mais detalhadamente os sentidos e sabe como eles agem, podemos descrever quais deles estão sendo mais solicitados naquela situação.

Os sensores localizados nos tendões, nos músculos e nas articulações informam à atleta a posição exata do seu corpo e membros no espaço, de forma inconsciente (sentido de percepção do próprio corpo). Além disso, a visão e o equilíbrio coordenam-se com os músculos das pernas e dos braços. Nessa situação específica, a ginasta ainda percebe os sons (a música que está tocando, por exemplo), o cheiro à sua volta e também a pressão que o impacto de seus movimentos tem em seu corpo, por meio dos receptores da pele.

EM PRATOS LIMPOS

Ter deficiência significa estar fora da sociedade?

Em 2010, segundo o censo demográfico, 23,92% da população brasileira apresentava alguma deficiência, ou seja, 45 milhões de pessoas tinham alguma dificuldade para locomover-se, ouvir, enxergar, falar, ou ainda outra deficiência.

Com alguma adaptação no ambiente, a maioria das pessoas com deficiência é capaz de exercer atividades produtivas. Existem leis que garantem a reserva de vagas para pessoas com deficiência em empresas com mais de cem funcionários e em concursos públicos, por exemplo. As empresas são estimuladas a fazer adaptações que permitam a acessibilidade e facilitem o dia a dia das pessoas.

Alguns atletas que participaram dos Jogos Paralímpicos Rio 2016: (A) Daniel Dias (natação); (B) Felipe Gomes (corrida de 400 m); (C) Lia Martins e Katie Harnock (basquete em cadeira de rodas); (D) Alex de Melo e Romário Marques (*goalball*); (E) Shirlene Coelho (arremesso de disco).

Em 2008, nas Paralimpíadas de Pequim (China), os atletas brasileiros conquistaram 47 medalhas e o Brasil ficou em 9º lugar. Em 2016, as Paralimpíadas do Rio de Janeiro contaram com centenas de atletas em diversas modalidades esportivas como atletismo, basquetebol em cadeira de rodas, futebol para cegos, natação, paracanoagem e outras modalidades esportivas, conquistando a marca histórica de 72 medalhas. Para saber mais a respeito, acesse: <www.brasil2016.gov.br/pt-br/paraolimpiadas> (acesso em: 16 abr. 2018).

A acessibilidade deve se ocupar com obstáculos que dificultam a locomoção das pessoas com deficiência, como rampas que facilitem a mobilidade e também com a sinalização para a travessia de pedestres, semáforos sonoros para cegos, pontos de ônibus que garantam um embarque seguro e sinalização tátil de alerta indicando a presença de obstáculos, como caixas de correio e telefones públicos.

As prefeituras das cidades têm o dever de regular a construção de calçadas para que todos tenham o direito de se locomover com conforto e segurança.

As pessoas com necessidades especiais devem encontrar no interior dos prédios condições de acessibilidade que permitam transitar por todas as dependências. Isso se aplica ao ambiente escolar, supermercados, bancos, *shoppings*, etc.

Um ambiente projetado respeitando a acessibilidade garante a circulação segura de todos os cidadãos. Ônibus adaptado para o acesso de pessoas em cadeiras de rodas, em São Caetano do Sul (SP), em 2017.

Capítulo 11 • Sistemas nervoso e sensorial

❯ A ação das drogas no sistema nervoso e nos nossos sentidos

Ilícito: o que não é permitido, segundo as leis vigentes; proibido.

Doping: uso de qualquer substância que pode alterar o desempenho do atleta.

Drogas, também conhecidas como entorpecentes ou narcóticos, são substâncias químicas que modificam o funcionamento do organismo. A maioria delas é produzida a partir de plantas, por exemplo, a maconha, feita com *Cannabis sativa*, e o ópio, obtido da flor da papoula. Outras são produzidas em laboratórios a partir de processos químicos.

Embora o conceito de droga esteja geralmente associado a algo ilícito, algumas drogas, como o álcool, presente em muitas bebidas, e as centenas de drogas presentes nos cigarros, são lícitas. Apesar disso, elas também podem causar dependência e sérios danos à saúde.

Existem drogas cujo consumo é permitido em algumas situações e proibido em outras. Têm sido cada vez mais frequentes os casos de *doping* em atletas por utilizarem determinadas substâncias comercializadas de maneira legal, mas cujo consumo por atletas não é permitido durante jogos ou competições oficiais.

As drogas podem ter ação estimulante ou depressora, dependendo de sua ação sobre os neurotransmissores (substâncias que permitem a transmissão dos impulsos elétricos entre os neurônios).

As com efeito estimulante (como a nicotina, existente no cigarro, e a cocaína) podem causar euforia, perturbações auditivas e visuais, aumento da frequência cardíaca, perda de apetite e diminuição do sono, mantendo o estado de "alerta". Já as que causam efeito depressor (como o álcool e a maconha) deixam a pessoa lenta, distraída, sonolenta, confusa e com tontura.

Todas as drogas alteram o comportamento e causam prejuízos à saúde. A cocaína e seus derivados, por exemplo, provocam lesões no cérebro e no coração, podendo levar à morte súbita. Se consumidas durante a gravidez, aumentam o risco de desenvolvimento anormal do bebê, que pode ter lesões cerebrais irreversíveis.

O uso de drogas provoca grande prejuízo à saúde, à produtividade e ao convívio familiar e social. Em caso de abuso no uso de drogas, as pessoas devem procurar ajuda de organizações que se dedicam a esse tema, por exemplo: Alcoólicos Anônimos (AA), Narcóticos Anônimos (NA) e Amor Exigente (AE).

Leia também!

123 respostas sobre drogas. Içami Tiba. São Paulo: Scipione, 2004.

Um livro com perguntas e respostas esclarecedoras sobre o uso de drogas lícitas e ilícitas.

NESTE CAPÍTULO VOCÊ ESTUDOU

- As funções do sistema sensorial.
- A relação entre os órgãos dos sentidos e o sistema nervoso.
- Os estímulos sensoriais e os receptores capazes de captá-los.
- O funcionamento do olho humano e as principais alterações da visão.
- O funcionamento dos órgãos relacionados à audição e ao equilíbrio.
- A olfação e a gustação.
- O sentido do tato.
- Os órgãos dos sentidos e a acessibilidade.
- As drogas e seu efeito sobre o sistema nervoso e sobre a vida em sociedade.

ATIVIDADES

PENSE E RESOLVA

1 Qual é a função do sistema sensorial? Como ele atua?

2 Quais são os tipos de estímulos sensoriais? Quais são as estruturas capazes de captá-los?

3 Quais são os órgãos dos sentidos que se localizam na cabeça e por quais sentidos eles são responsáveis? Como funcionam esses órgãos?

4 Além da proteção fornecida pelos ossos do crânio, os olhos têm outras estruturas protetoras: pálpebras, supercílios, cílios e glândulas lacrimais. Explique a função de cada uma delas.

5 O sentido da audição está relacionado com qual órgão? Explique a constituição e o funcionamento desse órgão.

6 Labirintite é um distúrbio auditivo que provoca tontura e mal-estar e pode impedir a pessoa de se locomover e de se levantar. Que estruturas da orelha são afetadas nessa doença? Justifique a sua resposta.

7 O que são olfação e gustação?

8 Quais são os tipos de estímulos que podem ser detectados pela pele?

9 Observe a fotografia abaixo e escreva um pequeno texto descrevendo a situação que ela retrata, estabelecendo uma relação entre olfato e gustação.

10 Com relação às drogas, responda:
   a) De que maneira as drogas podem afetar o nosso sistema nervoso?
   b) Existem níveis seguros para o consumo de drogas? Justifique sua resposta.
   c) Em sua opinião, os atletas devem passar por exames de *doping* nos jogos oficiais? Justifique sua resposta.

SÍNTESE

Escreva frases relacionando os conceitos de cada item a seguir:

a) Sistema sensorial, estímulos, meio ambiente.

b) Estímulos, meio ambiente, órgãos dos sentidos, receptores.

c) Receptores, estímulos, meio ambiente, encéfalo e medula espinal.

d) Medula espinal, encéfalo, estímulos, meio ambiente, processados.

e) Olho, visão, alterações, miopia, hipermetropia, lentes corretivas.

f) Audição, mecanorreceptores, estímulos, encéfalo.

g) Papilas gustatórias, substâncias químicas, gustação, língua.

h) Sistema nervoso, drogas, estimulantes, depressoras.

DESAFIO

1 Analise as imagens a seguir e responda às questões.

Capítulo 11 • Sistemas nervoso e sensorial

a) Em que região do olho as imagens devem se formar para que fiquem nítidas?

b) Em que região do olho as imagens se formam para uma pessoa que enxerga de maneira parecida com o que é mostrado na cena **A**? Que nome essa alteração da visão recebe e qual é a sua característica?

c) Em que região do olho as imagens se formam para uma pessoa que enxerga de maneira parecida com o que é mostrado na cena **B**? Que nome essa alteração da visão recebe e qual é a sua característica?

2 Em cada item abaixo estão representados a alteração da visão e seu respectivo tratamento. Associe as cenas das fotografias da página anterior com o item correspondente.

(Cores fantasia.)

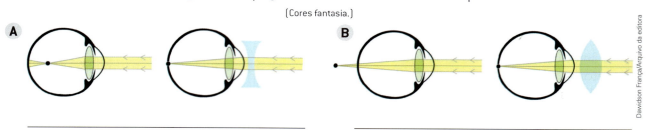

3 "As orelhas não têm pálpebras." A frase do poeta e escritor Décio Pignatari (1927-2012) ilustra que não podemos nos proteger de sons fechando as orelhas, como fazemos, de forma natural, com os olhos. O ruído excessivo, como o que sai dos fones de ouvido de quem ouve música em volume alto, pode causar problemas graves e irreversíveis, já que, uma vez lesadas, as células auditivas não se regeneram.

a) Quais são as partes da orelha?

b) Em qual delas são encontradas as células que podem ser lesadas pelo excesso de ruído?

PRÁTICA

Discriminação de dois pontos

Objetivo

Identificar as partes do corpo que têm maior número de mecanorreceptores.

Material

- 1 pente com espaçamento de 2,5 mm a 3 mm entre os dentes

Procedimento

1. Escolha uma pessoa em quem você possa fazer o experimento, como um parente. Peça a ela que feche os olhos e não deixe que veja o pente que você tem nas mãos.
2. Aproxime levemente os dentes do pente das pontas dos dedos da pessoa e pergunte o que ela sente.
3. Repita o procedimento em outras regiões do corpo, como os lábios, as coxas, as costas, a sola e o peito dos pés.

Discussão final

1 Anote qual foi a percepção da pessoa em cada lugar testado.

2 O que você concluiu?

LEITURA COMPLEMENTAR

Cuidados básicos com os órgãos dos sentidos

Neste capítulo você viu como os órgãos dos sentidos são importantes para a percepção do mundo. Por isso, devemos ter cuidados básicos para mantê-los saudáveis e evitar danos. Veja alguns:

Audição
- Evite ouvir sons altos. Os fones de ouvido podem prejudicar a sua audição. Devem ser usados em volume baixo.

Olfação
- Limpe o nariz assoando-o e, em seguida, lavando bem as mãos com água e sabão.
- Quando a umidade do ar está muito baixa, coloque recipientes com água no quarto, a fim de umedecer o ar.

Gustação
- Escove os dentes, a língua e a região interna das bochechas sempre ao acordar, após as refeições e antes de deitar.
- Não respire pela boca. Assim, você evitará o ressecamento da mucosa oral.
- Consulte o dentista regularmente.

Tato
- Evite tomar banhos muito quentes, pois eles ressecam a pele.
- Tome banho de sol antes das 9 horas da manhã e após as 15 horas (ou antes das 10 h e após as 16 h, caso seja horário de verão), a fim de produzir vitamina D, essencial para a sua saúde.
- Use protetor solar.
- Mantenha sua pele hidratada.

Visão
- Evite expor seus olhos à luminosidade intensa. Use óculos escuros com lentes que protejam contra a radiação solar.
- Evite ler em local mal iluminado.
- Ao ler ou fazer algo em que seja necessário fixar os olhos por muito tempo, pare por alguns minutos e olhe para um ponto distante, a fim de relaxar a musculatura dos olhos e descansar a vista.
- Consulte o oftalmologista regularmente.
- Ao usar lentes de contato, siga rigorosamente as orientações médicas com relação à higiene e ao prazo de validade delas.
- Coma verduras, frutas e fígado, pois são alimentos ricos em vitamina A, que é essencial para a saúde da visão.

Questão

> Reflita sobre os cuidados básicos com os órgãos dos sentidos expressos no texto e elabore argumentos que possam justificá-los. Escreva um texto organizando os argumentos que você elaborou.

Unidade 3
Matéria e Energia

Ao longo da História, a humanidade vem desenvolvendo cada vez mais tecnologias que, consequentemente, têm levado à produção de maior quantidade de bens de consumo. Todo esse mecanismo conduz mais e mais à exploração dos recursos naturais do nosso planeta. Todavia, quanto mais objetos são produzidos, mais energia é consumida.

Nesta unidade, você vai estudar um pouco da história da utilização da energia e da exploração dos materiais pela humanidade, sua composição e como eles podem ser separados e transformados.

Área residencial à noite, em Hong Kong, na China, em 2018.

Capítulo 12
O ser humano e a energia

Praia de Canoa Quebrada, em Aracati (CE), em 2016.

Vitor Marigo/Tyba

O Sol, a água, o vento, os alimentos, e tantos outros elementos da natureza, são fundamentais para a existência de vida.

Observe a fotografia. O que é necessário para que as hélices dos aerogeradores ao fundo girem? De que o pescador e o barco precisam para se movimentar? O que mantém a vida em nosso planeta?

Todas essas perguntas têm uma resposta em comum: a **energia**.

Nossa vida é movida por diferentes modalidades de energia, provenientes de variados recursos, retirados ou não da natureza, e que tornam possíveis as nossas atividades diárias. Mas como a energia se apresenta na natureza? Quais são as fontes de energia que existem? De onde vem a energia presente nos alimentos?

Neste capítulo estudaremos a relação entre o ser humano e a energia.

〉 Energia

A energia está presente em praticamente tudo o que existe. Ela pode ser percebida nas mais variadas atividades que realizamos e nos fenômenos naturais que ocorrem no ambiente.

Definir o que é energia ainda é um desafio. Contudo, podemos constatar que ela existe ao observarmos as diferentes modalidades em que ela se apresenta. Por exemplo: quando vemos a claridade proporcionada pela luz, quando sentimos o calor em um ambiente, quando ouvimos o som que se propaga pelo ar. Podemos ainda destacar sua importância nos alimentos que ingerimos, nos combustíveis que abastecem os automóveis e nos que são usados nas máquinas em geral.

A energia pode se apresentar sob diversas modalidades em nosso dia a dia.

Embora seja possível constatar os efeitos da presença da energia em nosso dia a dia, só conseguimos medi-la quando ela se manifesta, ou seja, quando é transferida de um corpo para outro ou quando é transformada de uma modalidade em outra, evidenciando o que ela pode causar, onde e como aparece, e como interage com os elementos da natureza.

Nas manifestações, transferências ou transformações de uma modalidade de energia em outra, ou outras, há a presença de forças; sendo assim, é aceitável dizer que **energia é a capacidade de produzir movimento**.

Observe estes aerogeradores em Galinhos (RN), em 2016. Suas hélices se movimentam graças à força do vento. A energia eólica presente no ar em movimento, isto é, proveniente do vento, é transformada em energia elétrica.

Capítulo 12 • O ser humano e a energia 179

UM POUCO MAIS

Richard Feynman

Richard Feynman (1918-1988) foi um dos mais **proeminentes** físicos do final do século XX. Em 1965, ele foi vencedor do prêmio Nobel. No seu livro **Física em 12 lições**, ao discutir o conceito de Energia, escreveu:

Proeminente: importante, notável.

Richard Feynman, em 1986.

> Ainda não sabemos concretamente o que é energia. Não sabemos por ser algo muito estranho... A única coisa que temos certeza e que a natureza nos permite observar é uma realidade ou, se preferir, um princípio chamado "Conservação da Energia". Esta lei diz que existe "algo" que chamamos de energia, que se apresenta em várias modalidades, mas que a cada momento que a medimos, envolvendo sua fonte e todas suas transformações, ela sempre apresenta o mesmo resultado numérico. É incrível que algo assim aconteça. Na verdade, é algo muito abstrato.

Fonte: FEYNMAN, R. P. **Física em 12 lições fáceis e não tão fáceis**. Rio de Janeiro: Nova Fronteira, 2017.

❱ A utilização da energia pelo ser humano

Os avanços tecnológicos têm facilitado o dia a dia do ser humano e acelerado as comunicações. Tudo isso tem acontecido graças à energia.

kcal: símbolo de quilocaloria, unidade usual de medida de energia.

Para atingir o estágio de desenvolvimento atual, o ser humano passou por diversas etapas que lhe permitiram explorar e utilizar mais e mais energia. Assim, gradativamente sua capacidade de produção de diversos bens de consumo aumentou, pois, aos poucos, o ser humano se tornou capaz de produzir objetos que atendessem às suas múltiplas necessidades (básicas ou não) e, até mesmo, ao seu simples desejo de consumo. Esses objetos acabaram por refletir o nível de vida social ao qual pertence.

O desenvolvimento tecnológico e o consumo de energia seguiram caminhos paralelos desde a chamada "Pré-História" (período que antecede o desenvolvimento da escrita) até os dias atuais.

Os primeiros grupos de seres humanos eram coletores e sua maior preocupação era sobreviver a cada dia e, por isso, viviam à procura de alimentos e em constante estado de alerta para escapar da ação predatória de muitos animais. Sua alimentação provavelmente se baseava em frutos, folhas, sementes e raízes.

Os seres humanos pré-históricos dependiam de duas fontes principais de energia: dos alimentos que consumiam e do Sol, fonte de luz e calor. Estima-se que os primeiros seres humanos que habitavam o leste da África, há aproximadamente um milhão de anos, utilizavam cerca de 2 000 quilocalorias (**kcal**) de energia por dia.

Provavelmente a limitação da oferta de alimentos de origem vegetal nos locais por onde passavam levou os primeiros seres humanos primitivos a se alimentar também de pequenos animais que conseguiam caçar. Viviam com reserva de alimento restrita, uma vez que carregar e armazenar os alimentos por muito tempo era algo impensável na época. Dessa forma, tinham energia apenas para a sua sobrevivência. Durante muito tempo, eles dependeram exclusivamente do que o meio natural lhes oferecia.

Não se sabe ao certo quando o ser humano começou a utilizar o fogo, mas a descoberta de como produzi-lo permitiu a ele deslocar-se por distâncias mais longas e ocupar os mais diversos ambientes.

Nesse estágio, o ser humano conseguiu desenvolver ferramentas rudimentares para caçar e melhorar suas técnicas de preparo e de conservação dos alimentos, como cozinhar ou assar a carne da caça. O fogo também trouxe mais conforto à ocupação de cavernas, melhorou a adaptação a novos ambientes e proporcionou melhores condições para que enfrentassem as **intempéries**. É provável que os primeiros caçadores europeus, há aproximadamente 100 000 anos, queimassem madeira para se aquecer e para cozinhar e, com isso, utilizassem 6 000 kcal por dia.

> **Visite também!**
>
> **Parque Nacional Serra da Capivara.** São Raimundo Nonato, Piauí, Brasil. Mais informações em: <www.fumdham.org.br/> (acesso em: 19 abr. 2018). Esse parque natural conta com ricas paisagens e a mais antiga e maior concentração de sítios arqueológicos com pinturas rupestres e grafismos do continente americano.

O ser humano da Pré-História melhorou sua alimentação e suas condições de vida com a utilização do fogo. Na fotografia, reconstituição de um grupo de humanos que viveu durante o período Paleolítico.

O ser humano avançou mais um estágio quando aprendeu a tirar proveito da criação e domesticação de animais, ao fazer uso da energia muscular desses animais, dando início ao uso da **tração animal**.

Outro aspecto importante foi o surgimento do cultivo de vegetais, o que proporcionou o aumento da capacidade energética e favoreceu a sobrevivência e o crescimento dos grupos populacionais.

> **Intempérie:** condição climática intensificada como seca, frio extremo, tempestade, furacão, etc.
>
> **Tração animal:** uso da força de um animal para deslocar um utensílio agrícola ou um veículo.

Capítulo 12 • O ser humano e a energia 181

Revolução Industrial: período da História entre a metade do século XVIII e o fim do século XIX que se caracterizou, principalmente, pela transição do modo de fabricação manual para o industrial.

O excedente de sua produção provocou o surgimento do comércio e o desenvolvimento de técnicas de estocagem. Consequentemente, surgiram também a produção de artefatos manufaturados e os primeiros profissionais especializados, como ferreiros, tecelões, entre outros.

Grandes civilizações começaram a surgir com o desenvolvimento de técnicas de utilização de energia. Máquinas simples, como alavancas e roldanas, e outras máquinas faziam uso de novas fontes de energia — como a queda-d'água e o vento — e impulsionaram o desenvolvimento do ser humano.

Os primeiros agricultores do Oriente Médio, aproximadamente em 5000 a.C., cultivavam a terra e faziam uso da energia animal, consumindo cerca de 12 000 kcal por dia de energia. Já os agricultores do nordeste da Europa, no ano 1400 d.C., que tinham carvão para aquecimento, energia hidráulica, energia eólica e transporte animal, consumiam cerca de 20 000 kcal por dia de energia.

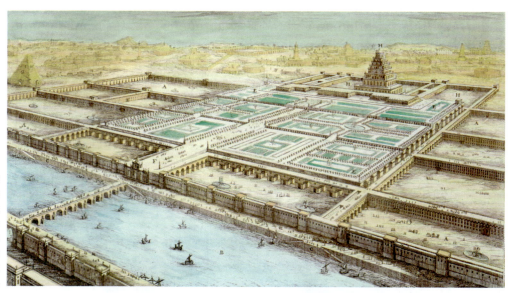

As primeiras civilizações faziam uso da energia animal e utilizavam máquinas simples em suas atividades. Vista da antiga Babilônia. Gravura de 1721, de Johann Adam Delsenbach.

A máquina a vapor surgiu no século XVIII e trouxe um enorme avanço tecnológico. Na fotografia, locomotiva a vapor.

Ao longo do tempo, o ser humano passou a utilizar novas fontes de energia, o que fez com que surgissem novas perspectivas de desenvolvimento. No entanto, foi a partir da **Revolução Industrial** que o ser humano deu um grande salto em sua capacidade energética, com a criação de novas máquinas e motores e a utilização de fontes e modalidades de energia que até então ele não dominava.

Os seres humanos que viveram na época da Revolução Industrial, na Inglaterra, em 1875, faziam uso do motor a vapor e consumiam cerca de 77 000 kcal de energia por dia. Dados mais atuais indicam que os seres humanos, em 1970, utilizavam cerca de 230 000 kcal de energia por dia.

Esses dados permitem concluir que, ao longo da História, a espécie humana tem utilizado quantidades de energia cada vez maiores em função da mudança de seu padrão de consumo.

Esse fenômeno só foi possível graças ao desenvolvimento tecnológico. É importante notar, também, que os benefícios decorrentes do desenvolvimento tecnológico acentuaram a exploração dos recursos naturais, com a criação de processos, estratégias e instrumentos que provocaram muitos impactos ambientais, embora tenham proporcionado, sob muitos aspectos, a melhoria da qualidade de vida das sociedades.

Veja, no gráfico a seguir, o aumento do consumo de energia pelo ser humano ao longo da História, nos seus diversos estágios de desenvolvimento:

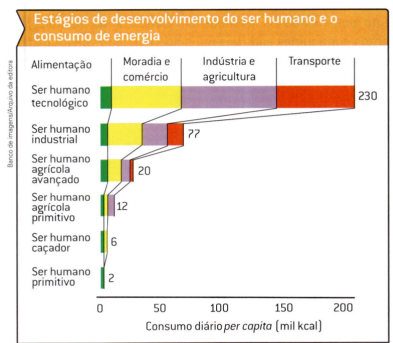

O avanço tecnológico permitiu substituir a produção artesanal (A) pela produção industrial (B). O que antes era feito manualmente passou a ser produzido por várias máquinas.

Gráfico do aumento no consumo de energia pelo ser humano em função do desenvolvimento tecnológico.

Fonte: GOLDEMBERG, J. **Energia, meio ambiente e desenvolvimento**. São Paulo: Edusp, 1998.

EM PRATOS LIMPOS

Índice de Desenvolvimento Humano (IDH)

O consumo de energia pode indicar o ritmo das atividades industriais, comerciais e de serviços, além do poder aquisitivo da população (pela aquisição de bens e serviços tecnologicamente mais avançados, como automóveis, eletrodomésticos e eletroeletrônicos).

No mundo desenvolvido e em desenvolvimento, atualmente relaciona-se o IDH de vários países com o consumo de energia. Esse índice tem o objetivo de medir o grau de desenvolvimento econômico e da qualidade de vida da população.

No cálculo do IDH são computados os seguintes fatores: educação (anos médios de estudo), longevidade (expectativa de vida da população) e Renda Nacional Bruta. O IDH vai de 0 (nenhum desenvolvimento humano) a 1 (desenvolvimento humano total). Quanto mais próximo de 1 for o índice, mais desenvolvido é o país. Segundo o Programa das Nações Unidas para o Desenvolvimento (PNUD), o Brasil ocupa a 79ª colocação do *ranking* de IDH global elaborado em 2016, com o valor de 0,754.

❯ Fontes de energia

Para tudo o que ocorre no Universo é preciso energia. A existência da vida, inclusive, só é possível porque há energia.

Em todas as atividades desenvolvidas pelos seres humanos há grande parcela de energia envolvida. Não podemos negar a comodidade proporcionada por lâmpadas, telefone, televisão, chuveiro elétrico, computador e tantos outros equipamentos que propiciam o bem-estar diário a um número cada vez maior de pessoas. Ressalte-se a enorme importância da energia associada à indústria, ao comércio, à agricultura, aos meios de transporte e até ao lazer da população em geral.

O acúmulo de conhecimentos adquiridos ao longo das diversas etapas do nosso desenvolvimento possibilitou os avanços da Ciência e da Tecnologia. A criação de instrumentos e máquinas cada vez mais aperfeiçoados diversificou o uso da energia, criando possibilidades de obtê-la de diversas fontes ou, ainda, da transformação de uma modalidade de energia em outras modalidades.

Sol

A principal fonte de energia da Terra é o Sol, que abastece direta ou indiretamente o planeta. De modo direto, ele proporciona luz e calor e, ao fazer isso, participa indiretamente de outros processos, como o ciclo da água e a formação de ventos.

A energia também é utilizada diretamente pelas plantas, algas e cianobactérias que, na presença de clorofila, realizam a **fotossíntese**, "acumulando energia" nas substâncias sintetizadas nesse processo. Nas cadeias e teias alimentares, parte dessa energia armazenada pelos produtores é distribuída e utilizada pelos consumidores e decompositores.

Uma parte da energia acumulada em cada nível de uma cadeia alimentar é transferida para o nível seguinte e uma parte é dissipada no ambiente.

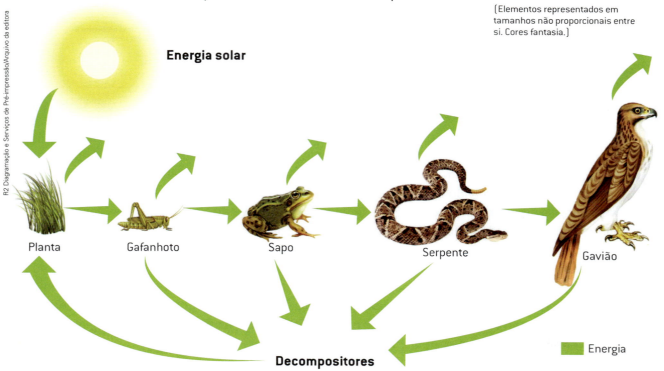

(Elementos representados em tamanhos não proporcionais entre si. Cores fantasia.)

Energia solar

Planta → Gafanhoto → Sapo → Serpente → Gavião

Decompositores

Energia

Combustíveis

O fogo, desde que o ser humano aprendeu a produzi-lo, teve papel importantíssimo como fonte de energia ao proporcionar-lhe luz e calor.

Para que a liberação de luz e calor ocorra, é necessário utilizar algum tipo de combustível, isto é, um material que queime, de preferência, com certa facilidade. Veículos automotores, como automóveis, motocicletas, caminhões e ônibus, utilizam a energia liberada pela combustão (queima) de um combustível. Nos automóveis é comum o uso de gasolina, álcool (etanol) e GNV (gás natural veicular); já em caminhões e ônibus utiliza-se o *diesel* ou o biodiesel. Com exceção do álcool e do biodiesel, o petróleo (que dá origem à gasolina e ao *diesel*), o carvão mineral e o gás natural são combustíveis provenientes de reservas energéticas de **combustíveis fósseis**.

> Uma das hipóteses mais aceitas para explicar a formação dos **combustíveis fósseis** considera que vegetais e animais mortos foram soterrados e decompostos lentamente ao longo de milhões de anos, dando origem a grandes reservas de petróleo, de carvão mineral e de gás natural.

No Brasil, o álcool combustível é o etanol (também conhecido por álcool etílico), proveniente da cana-de-açúcar.

A cana-de-açúcar (**A**) realiza fotossíntese e armazena energia solar em forma de energia potencial química nas substâncias como açúcar e celulose. O álcool da cana-de-açúcar é obtido do açúcar fermentado.

Ao realizar a fotossíntese, a mamona (**B**) e o girassol (**C**) produzem açúcares que serão utilizados na síntese de óleos que podem ser usados como matéria-prima na produção de biodiesel, combustível substituto do *diesel*, obtido do petróleo.

Capítulo 12 • O ser humano e a energia

Outras fontes de energia

Assim como os alimentos que acumulam indiretamente energia solar, é possível, a partir de determinados processos, utilizar também boa parcela da energia solar de forma indireta.

O Sol provoca a evaporação da água da superfície terrestre e a transpiração dos seres vivos. Uma parte da água evaporada permanece no ar sob a forma de vapor de água; a outra parte se condensa, formando as nuvens. A água retorna à superfície por meio da chuva, que reabastece rios, lagos e também os reservatórios das hidrelétricas.

A energia solar também é responsável pela movimentação de massas de ar e está relacionada com a formação dos ventos que, assim como a água, podem transferir parte de sua energia através de movimento.

A queda-d'água represada em uma usina hidrelétrica permite a obtenção da energia elétrica. Foz do Iguaçu (PR), 2016.

Cinética: palavra de origem grega (*kinema*), que significa 'movimento'. *Kinema* também deu origem à palavra 'cinema', que hoje conhecemos como a representação de figuras em movimento.

A essa energia relacionada ao movimento damos o nome de **energia cinética**. A energia cinética da água ou do vento pode ser transformada em outras modalidades de energia como, por exemplo, a energia elétrica.

Com o desenvolvimento tecnológico, o ser humano criou processos e dispositivos que permitiram a obtenção e a transformação da energia de diversas fontes e em várias modalidades.

A energia dos ventos, chamada **energia eólica**, pode ser utilizada na obtenção de energia elétrica a partir de aerogeradores. São Miguel do Gostoso (RN), em 2016.

186

❯ Modalidades de energia

A energia não tem massa, cor, volume, cheiro nem estado físico, mas é possível classificá-la em **modalidades**.

Energia cinética

Um tigre correndo, por exemplo, tem energia associada ao seu movimento. Essa energia é chamada **energia cinética**. Qualquer corpo em movimento, ou seja, que apresenta velocidade, tem energia cinética.

Qualquer corpo em movimento possui energia cinética.

Energia potencial gravitacional

Você já parou para pensar no que "prende" você ao chão e não o deixa flutuar? Isso acontece graças à ação de uma força da natureza denominada **gravidade**, que faz com que todos os corpos que existem sejam atraídos para o centro da Terra. É por isso que todos nos mantemos com os pés no chão!

A **energia potencial gravitacional** existe por causa da atração dos corpos pela Terra e está relacionada à altura do corpo em relação ao solo. Quanto mais alto o corpo estiver, maior será sua energia potencial gravitacional. É a modalidade de energia apresentada por um paraquedista, por exemplo. Durante a queda, sua energia potencial gravitacional é convertida em energia cinética.

> **Energia potencial:** é uma modalidade de energia armazenada no corpo e que pode, a qualquer momento, ser transformada em outra modalidade de energia.

A energia potencial gravitacional diminui à medida que o paraquedista se aproxima do solo.

Energia potencial elástica

Agora, imagine-se brincando com um pedaço de mola, igual à que prende as folhas de um caderno de espiral. Durante a brincadeira, você pode contrair a mola e, em seguida, soltá-la. Você verá que a mola rapidamente volta ao seu formato inicial. O mesmo acontece se você esticar a mola: ao soltá-la, ela também voltará à sua forma original. Em ambas as situações, ao ser comprimida ou esticada, podemos dizer que a mola armazena uma modalidade de energia — **energia potencial elástica** —, o que permite a ela sempre voltar ao seu formato inicial.

Capítulo 12 • O ser humano e a energia **187**

Veja outro exemplo: uma atleta, ao esticar a corda do arco com a flecha empunhada, armazena no "arco encurvado" energia potencial elástica. Essa modalidade de energia aparece sempre associada a molas e aos corpos elásticos.

> **Acesse também!**
>
> **Energia pura**. Disponível em: <http://chc.cienciahoje.uol.com.br/energiapura/> (acesso em: 25 abr. 2018).
>
> Sabia que seu corpo pode produzir energia elétrica? Leia esse artigo e descubra como.

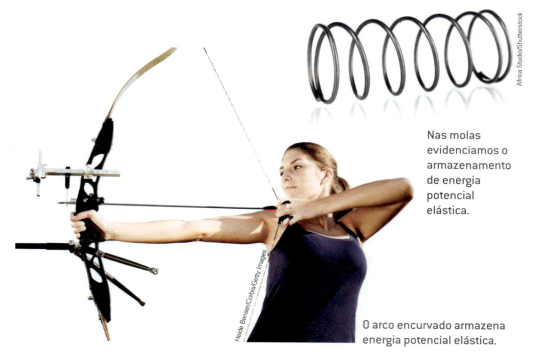

Nas molas evidenciamos o armazenamento de energia potencial elástica.

O arco encurvado armazena energia potencial elástica.

Energia térmica

O calor proporcionado pelo fogo é uma manifestação da **energia térmica**. Essa modalidade de energia tem sido explorada desde os primórdios pelos seres humanos para se aquecer, se proteger, cozinhar, entre tantas outras ações.

A energia térmica pode ser obtida ao se acender uma fogueira, por exemplo.

188

Energia elétrica

Para que aparelhos de televisão, micro-ondas, computadores, ventiladores e tantos outros equipamentos funcionem é necessária a **energia elétrica**.

A energia que uma pilha fornece a um brinquedo durante seu funcionamento, a energia fornecida por uma bateria no acionamento de um motor de carro, assim como a energia que chega às residências por fios de alta-tensão, pertencem à mesma modalidade de energia: a energia elétrica.

A energia elétrica proporcionada pela pilha permite o funcionamento do brinquedo.

> **Jogue também!**
>
> **Economizando energia com Rex**. Disponível em: <http://chc.org.br/multimidia/jogos/luz/> (acesso em: 25 abr. 2018).
>
> Jogo cujo objetivo é apagar as lâmpadas visando à economia de energia.

A bateria fornece a energia elétrica para o acionamento do motor do automóvel e permite o funcionamento de seus componentes elétricos, como lâmpadas e painel.

A energia elétrica é transmitida das usinas até as casas por meio de linhas de transmissão com fios de alta-tensão.

Energia sonora

A energia sonora é o tipo de energia que pode ser captada pelas orelhas. Os instrumentos musicais, as caixas de som, as sirenes e os fones de ouvido criam ondas sonoras (som), que transportam a energia sonora.

A música produzida por uma orquestra, um ruído, o som emitido pela voz ou por qualquer outro emissor resultam em ondas que transportam energia sonora. Na foto, a Orquestra de Instrumentos Reciclados de Cateura, de Assunção, no Paraguai. Esse grupo faz música tocando instrumentos confeccionados com objetos descartados no lixo. Paraguai, em 2015.

> **Assista também!**
>
> **O mundo envia lixo, eles devolvem música**. Documentário. Direção: Graham Townsley, Juliana Peñaranda-Loftus, Brad Allgood. Produção: Brasil, EUA, Noruega e Paraguai, 2015 (85 min).
>
> Nesse documentário vemos a Orquestra de Instrumentos Reciclados de Cateura, de Assunção, no Paraguai. Os instrumentos usados são produzidos com material reciclado.

Energia potencial química

A **energia potencial química** é a energia armazenada em pilhas, baterias e em algumas substâncias presentes nos alimentos.

A energia potencial química armazenada em pilhas e baterias pode se transformar em energia elétrica.

Energia nuclear

A **energia nuclear** está associada a materiais radioativos. Usinas nucleares e bombas atômicas, por exemplo, geram energia a partir desses materiais. A energia nuclear é também utilizada na obtenção de energia elétrica em usinas.

Explosão de bomba nuclear no mar do atol de Mururoa, na Polinésia Francesa, em 1971. Mesmo depois de muitos anos, essa região ainda guarda no fundo do oceano milhares de toneladas de material radioativo, resultado de explosões nucleares que aconteceram entre 1966 e 1996. Devido a testes nucleares, várias ilhas foram atingidas por quantidade de radioatividade muito alta. Médicos calculam que os casos de câncer aumentaram em consequência desses testes.

Energia luminosa

A **energia luminosa** está associada à luz. Para cada cor, existe uma determinada quantidade de energia associada.

Medindo a energia

A lâmpada é uma fonte de energia luminosa.

Para que se possa medir a quantidade de energia envolvida em um processo é indispensável que ocorra a transformação da energia de uma modalidade em outra. Dizemos que as máquinas "gastam" energia, mas o que ocorre de fato são transformações entre as modalidades de energia.

O relógio medidor de energia elétrica é um equipamento presente na entrada das residências, utilizado para medir e registrar a quantidade de energia elétrica usada, ou seja, para medir a energia elétrica consumida e que foi transformada em outras modalidades de energia.

Veja a seguir alguns exemplos de situações cotidianas nas quais podemos observar a ocorrência de transformações da energia. Em uma residência, a energia elétrica é transformada, por exemplo:

- em energia luminosa quando acendemos uma lâmpada ou ligamos a televisão (e esta produz uma imagem);
- em térmica quando ligamos o chuveiro para um banho, quando ligamos o ferro de passar roupa, ou mesmo ao assistirmos à televisão (pois esta sofre um aquecimento, já que parte da energia é transformada em calor);

Relógio medidor de energia elétrica utilizado nas residências para medir o consumo de energia elétrica.

- em sonora quando ligamos a televisão ou um rádio e estes emitem som;
- em cinética ao batermos uma vitamina no liquidificador, durante a lavagem de roupas na máquina de lavar ou quando um ventilador é ligado.

Na televisão, a energia elétrica se transforma em energia luminosa, energia sonora e energia térmica.

A energia potencial química da bateria do celular, do *tablet* ou do *notebook* se transforma em energia elétrica e, depois, em energia sonora e energia luminosa.

Para ouvir música no celular ou no rádio portátil, a energia potencial química da bateria ou da pilha se transforma em energia elétrica, que, por sua vez, se transforma em energia sonora.

Nos anos seguintes você terá oportunidade de estudar mais detalhadamente as fontes e as modalidades de energia, e saber como a humanidade aprendeu a utilizá-las.

NESTE CAPÍTULO VOCÊ ESTUDOU

- As maneiras como a humanidade vem utilizando a energia ao longo da História.
- As fontes de energia.
- As modalidades de energia e suas transformações: energia cinética; energia potencial gravitacional; energia potencial elástica; energia térmica; energia elétrica; energia sonora; energia potencial química; energia nuclear; energia luminosa.

Matéria e Energia

Capítulo 12 • O ser humano e a energia   191

ATIVIDADES

PENSE E RESOLVA

1 Analisando três fases de desenvolvimento do ser humano (ser humano primitivo, ser humano medieval e ser humano tecnológico), responda às perguntas levando em consideração os aspectos relacionados ao consumo de energia e ao desenvolvimento do ser humano.

a) Quais são as principais modalidades de energia utilizadas pelo ser humano em sua alimentação (plantio e preparo) em cada fase?

b) Quais são as principais modalidades de energia utilizadas pelo ser humano em sua moradia e no comércio em cada fase?

c) Quais são as principais modalidades de energia utilizadas pelo ser humano em seu transporte em cada fase?

d) Qual ser humano, dentre essas fases, utiliza maior quantidade de energia?

2 Justifique por que a obtenção e o consumo de energia estão diretamente relacionados ao IDH dos países em geral.

3 Formule frases que relacionem os conceitos que seguem.

a) Sol – calor – ciclo da água

b) Sol – fotossíntese – seres vivos

c) Sol – vento – energia

d) Sol – combustíveis – energia

4 No funcionamento das máquinas, são utilizadas algumas modalidades de energia. Leia o quadro a seguir e complete-o, seguindo o exemplo.

Máquina	Função	Energia utilizada
a) estilingue, bodoque ou atiradeira	lançar uma pedra	energia potencial química (energia de quem estica o elástico) e energia potencial elástica (armazenada no elástico do estilingue)
b) monjolo ou roda-d'água	moer grãos	
c) serrote ou serra manual	serrar manualmente	
d) lavadora de roupas	lavar roupas	
e) geladeira	retirar calor dos corpos	
f) locomotiva	movimentar trens de carga ou de passageiros	
g) aparelho de som	reproduzir e amplificar o som	
h) fogão	aquecer as panelas / os alimentos	
i) relógio	marcar o tempo	

5 A seguir, indicamos algumas partes de uma residência. Faça uma lista de aparelhos, instrumentos ou objetos encontrados em cada um desses locais que, quando estão em funcionamento, provocam transformações de energia:

- garagem;
- sala;
- cozinha;
- quarto;
- banheiro;
- quintal.

SÍNTESE

1 Observe as figuras e, com base em suas características, responda à questão.

I. Brinquedo movido a pilha que se movimenta, acende as luzes e toca a sirene.

II. Relógio-despertador movido a corda disparando a campainha para avisar que é hora de acordar.

III. Uma televisão em funcionamento, ligada a uma tomada elétrica.

Quais são as modalidades de energia que estariam mais diretamente envolvidas em cada situação?

2 Observe a fotografia abaixo e complete o texto com as seguintes modalidades de energia: potencial química, cinética e potencial elástica.

Muitos grupos indígenas utilizam arco e flecha para obter alimento por meio da caça ou da pesca. Nesse processo, estão envolvidas várias transformações de modalidades de energia. Na fotografia, indígena kalapalo, da aldeia Aiha, Parque Indígena do Xingu (MT).

A energia _____ do alimento é transferida dos músculos do homem para o arco, sendo armazenada sob a forma de energia _____. A flecha, ao ser lançada, ganha velocidade, isto é, transforma a energia _____ em energia _____. Ao atingir o alvo, a flecha transfere parte de sua energia _____ para o peixe.

DESAFIO

Suponha que o Sol "se apagasse" de uma hora para outra. O ser humano teria que substituir a energia solar por outra modalidade de energia.

Nesta situação, explique o que aconteceria com:

a) as plantas;
b) os animais herbívoros;
c) as nuvens;
d) os rios, lagos e oceanos;
e) a vida na Terra.

Capítulo 12 • O ser humano e a energia **193**

PRÁTICA

Forno solar

Objetivo

Construir um forno solar.

Material

- 1 caixa de sapatos de papelão sem tampa
- Papel-alumínio
- Filme plástico
- 2 copos com água
- Fita adesiva

Procedimento

1. Forre a parte interna da caixa com o papel-alumínio.

2. Coloque um copo com água no interior da caixa e cubra-a com o filme plástico. Utilize a fita adesiva, se necessário. Pronto, você tem um pequeno forno solar.

3. Coloque, por cerca de 10 minutos, o seu forno solar com o copo com água em seu interior em um local onde haja iluminação solar direta.

4. Retire o filme plástico que cobre a caixa.

5. Coloque uma das mãos no copo com água no interior do forno solar e a outra mão no outro copo com água.

Discussão final

1. Há diferença nas temperaturas das águas dos dois copos? A que se deve esse fato?
2. Quais são as modalidades de energia envolvidas no forno solar?

Capítulo 13

Materiais utilizados pelo ser humano

Na ilustração acima, um **hominídeo** observa algumas rochas para, possivelmente, bater uma contra a outra.

Mas por que ele faria isso? Seria um tipo de brincadeira ou ele estaria desenvolvendo alguma atividade para facilitar a sua vida? Esse tipo de atividade seria comum no nosso dia a dia?

Pode-se dizer que a Pré-História é dividida de acordo com a atividade praticada pelos hominídeos em diversos períodos. Além disso, as experiências adquiridas nessas práticas resultaram no desenvolvimento das capacidades motoras e mentais do ser humano.

Neste capítulo conheceremos alguns materiais utilizados pelos seres humanos ao longo da História e a sua relação com os metais. Além disso, estudaremos as mudanças de estados físicos (sólido, líquido e gasoso) de determinadas substâncias e algumas de suas propriedades.

Representação artística de um hominídeo ancestral. (Cores fantasia.)

Hominídeo: termo usado para se referir às espécies da família biológica *Hominidae*, da qual fazem parte os humanos atuais e outras espécies humanas já extintas.

❯ A evolução no uso dos materiais

Paleolítico ou Idade da Pedra Lascada

Período Paleolítico ou Idade da Pedra Lascada: período da Pré-História em que ossos, madeira e lascas de pedras eram utilizadas como matéria-prima para a fabricação de ferramentas. Sua extensão compreende desde o surgimento dos seres humanos até 10 000 a.C.

No **Período Paleolítico**, o mais antigo da Pré-História, iniciado com o surgimento do primeiro ser humano no planeta, foram desenvolvidas as primeiras ferramentas feitas de lascas de pedras (daí o nome **Pedra Lascada**).

Os hominídeos desse período eram considerados nômades, ou seja, eles não se fixavam por muito tempo em um mesmo lugar. Eles viviam em cavernas e se alimentavam de frutos, raízes e da caça de animais selvagens.

Com o passar do tempo, outros tipos de materiais, como a madeira e os ossos, dentes, cornos e couro dos animais passaram a ser utilizados também como ferramentas, além de terem outros fins. Porém, as rochas foram os materiais mais utilizados na fabricação das ferramentas nesse período.

Após a descoberta do fogo, o hominídeo pré-histórico observou várias mudanças em sua forma de vida. Rapidamente ele percebeu que poderia utilizar as propriedades do fogo, a luz e o calor, em seu benefício.

Uma das formas de produzir o fogo era friccionar duas pedras sob palhas secas. Nesse processo, as faíscas geradas pelo atrito incendiavam a palha, produzindo o fogo. (Representação artística)

Ao controlar o fogo, ele descobriu que podia se aquecer, se defender de animais selvagens e preparar os alimentos que comia. A utilização do fogo acabou por modificar a alimentação daquela época: as carnes — resultado de suas caças e que rapidamente apodreciam — passaram a ser assadas em fogueiras. Esse processo, além de melhorar o sabor dos alimentos, conservava as carnes por mais tempo, já que podiam ser estocadas depois de cozidas.

Além disso, o hominídeo desse período observou que diversos materiais que ele conhecia podiam ser transformados quando em contato com o fogo e assumir outras formas: o barro, por exemplo, quando submetido ao fogo, tornava-se mais resistente. Com isso, foi possível confeccionar as primeiras vasilhas que serviriam para armazenar alimentos e água. Outros materiais, como os metais, também sofriam alterações quando aquecidos pelo fogo. Todos esses aspectos deram ao ser humano pré-histórico mais autonomia e, a partir de então, ele pode se distanciar cada vez mais do refúgio de onde vivia e explorar outras regiões.

Ao dominar o fogo, o hominídeo da **Idade da Pedra Lascada** pôde fazer uso de novos materiais e, com isso, desbravar lugares mais distantes. (Representação artística)

O ser humano e os metais

Neolítico ou Idade da Pedra Polida

No tópico anterior você conheceu um pouco do hominídeo que viveu no Período Paleolítico. Agora, vamos conhecer as mudanças sofridas pelo ser humano durante o **Período Neolítico**, também conhecido por **Idade da Pedra Polida**. No final desse período se inicia a chamada **Idade dos Metais**.

Esse período recebe o nome de Idade da Pedra Polida porque nele começaram a ser criados artefatos mais eficientes, como facas, machados e outros utensílios, à base do polimento da pedra (durante a Pedra Lascada elas não recebiam esse tratamento).

Assim, o ser humano passou a ser sedentário, ou seja, a viver em determinado lugar durante mais tempo. Esse novo estilo de vida deu início às primeiras práticas de agricultura e de criação de animais.

No final do Período Neolítico ocorre a chamada Idade dos Metais. De acordo com a utilização do metal empregado, esse período pode ser dividido em três fases:

- **Idade do Cobre**;
- **Idade do Bronze**;
- **Idade do Ferro**.

Na Idade dos Metais, o primeiro elemento a ser usado de forma fundida (derretida) pelo ser humano foi o **cobre**. Nessa época, ele cavava buracos no chão e fazia uma fogueira para aquecer os minérios, obtendo, assim, metais no estado líquido, que eram separados do restante. Em seguida, os minérios endureciam, isto é, sofriam solidificação (passavam do estado líquido para o estado sólido). Com isso, surgiram as primeiras técnicas de fundição.

Peças que compõem machados feitos na **Idade do Cobre**.
(Elementos representados em tamanhos não proporcionais entre si.)

Por volta de 3000 a.C., após o início da metalurgia com o cobre, observou-se que da mistura desse metal com o estanho (outro metal também utilizado na época) era possível obter o **bronze**. A criação dessa **liga metálica** favoreceu a produção de armas e utensílios mais resistentes.

Concha, machado e faca fabricados na **Idade do Bronze**. O bronze é uma liga metálica formada de cobre e estanho.
(Elementos representados em tamanhos não proporcionais entre si.)

Período Neolítico ou Idade da Pedra Polida: período em que ocorre o desenvolvimento da agricultura e da domesticação dos animais, favorecendo a fixação de grupos humanos em alguns lugares. Além disso, a pedra passa a ser polida, aperfeiçoando a instrumentação, como facas e machados. Esse período se deu em 10000 a.C. e durou até 4000 a.C.

Idade dos Metais: período definido pelo uso intenso dos metais para a fabricação de armas e utensílios. Teve curta duração, surgindo no final do Período Neolítico – de 4000 a.C. a 3500 a.C.

Liga metálica: materiais formados pela mistura de dois ou mais componentes, sendo pelo menos um deles um metal.

Já no fim da Idade dos Metais alguns povos conseguiram desenvolver técnicas de fundição do **ferro**, uma vez que a manipulação desse metal era mais difícil se comparada com a dos metais citados anteriormente.

Ferramentas fabricadas na Idade dos Metais: (A) ponta de machado de bronze; (B) ponta de machado de ferro; (C) faca com alça de osso; (D) agulha óssea; (E) sovela (ferramenta para furar couro) de osso; (F) tesoura de ferro da Idade do Ferro. Materiais de ferro são mecanicamente mais resistentes do que os feitos com bronze ou cobre.

(Elementos representados em tamanhos não proporcionais entre si.)

Não foram só os metais que mudaram a história do ser humano. O tipo de alimentação também mudou com o tempo: o ser humano aprendeu que, ao salgar a carne com o sal marinho — uma substância que hoje sabemos ser formada principalmente de cloreto de sódio —, esse alimento se conservava por mais tempo.

Outra importante descoberta foi a do processo de fermentação, que facilitou a obtenção de pães e bebidas alcoólicas, por exemplo. Outras técnicas, ainda, permitiram a produção de pigmentos e tintas.

Assista também!

A Era do Gelo. Desenho animado. Direção: Chris Wedge e Carlos Saldanha. 2002 (115 min).

A animação retrata um período de glaciação, em uma transição do Paleolítico para o Neolítico. Nela, vemos grupos de animais e de seres humanos pré-históricos, além de pinturas rupestres.

Pintura rupestre datada da Pré-História encontrada no Brasil, no Parque Nacional Serra da Capivara, em São Raimundo Nonato (PI), 2016.

❯ Alguns exemplos de uso dos materiais na atualidade

Todas as técnicas que foram vistas até aqui, ao analisar a presença dos primeiros hominídeos na Terra, além de muitas outras desenvolvidas ao longo da História, estão relacionadas com a utilização dos diversos materiais existentes na natureza ou que foram criados pelo ser humano. Esses materiais sofrem, direta ou indiretamente, mudanças em seu estado físico.

Como vimos, os metais, substâncias sólidas de diferentes tipos, podem derreter (fundir); para cada um deles, o processo de fusão ocorre a diferentes temperaturas. Para se obter o bronze, por exemplo, outros metais, no caso, o estanho e o cobre, são misturados e submetidos ao aquecimento. O estanho começa a derreter a, aproximadamente, 231 °C, enquanto a temperatura de fusão do cobre fica em torno de 1 084 °C. Esta também é, aproximadamente, a temperatura de fusão do bronze.

Atualmente, em função do desenvolvimento tecnológico, são utilizados diferentes materiais para compor as ligas metálicas. Alguns exemplos de ligas metálicas são o ouro 18 quilates, o aço e o latão.

Esculturas feitas de bronze em homenagem aos escritores Carlos Drummond de Andrade e Mario Quintana criadas pelo escultor Francisco Stockinger e instaladas em Porto Alegre (RS). Foto de 2014.

Medalhas de prata, ouro e bronze criadas para os competidores dos Jogos Olímpicos realizados no Rio de Janeiro em 2016.

O ouro 18 quilates encontrado na maioria das joias é uma mistura formada basicamente por 75% de ouro, sendo os 25% restantes de cobre e prata.

O aço, basicamente constituído de ferro e carbono, apresenta alta resistência e durabilidade. É utilizado pela construção civil na estrutura de prédios.

O latão é uma liga formada pelos metais cobre e zinco usada na produção, por exemplo, de tubos, torneiras e instrumentos musicais.

A liga dos metais alumínio e titânio é muito usada na indústria aeronáutica por ser mais leve e resistente.

Capítulo 13 • Materiais utilizados pelo ser humano 199

Com a invenção do termômetro, o ser humano conseguiu controlar a temperatura dos processos e então começou a desenvolver diferentes procedimentos para a obtenção de outras substâncias.

Note que no nosso dia a dia estamos em contato com diversas substâncias. Dependendo da organização das **partículas**, as substâncias se apresentam em três estados físicos diferentes: sólido, líquido e gasoso (vapor). Cada uma delas apresenta características próprias. Vamos recordar, a seguir, algumas dessas características em alguns materiais que podem ser encontrados em temperatura ambiente.

No estado sólido, as partículas encontram-se, na maioria dos casos, muito próximas umas das outras. A atração entre elas é intensa.

Partícula: a menor parte de um material ou de uma substância.

O açúcar é uma substância que, na temperatura ambiente, sempre é encontrado no estado sólido. Veja no destaque como ficam as partículas no estado sólido.

(Cores fantasia.)

- No estado líquido, as partículas ficam menos organizadas que no estado sólido. As forças de atração entre elas são menos intensas. Essa característica permite que elas apresentem um maior grau de liberdade do que no estado sólido, o que faz com que o líquido assuma a forma do recipiente que o contém.

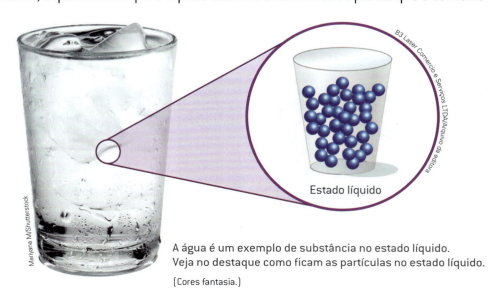

A água é um exemplo de substância no estado líquido. Veja no destaque como ficam as partículas no estado líquido.

(Cores fantasia.)

200

- No estado gasoso, as partículas apresentam grande desorganização e a força de atração entre elas é menos intensa. As partículas têm grande liberdade de movimento e podem ocupar todo o espaço de um recipiente que as contém.

No cilindro de ar do mergulhador encontramos, principalmente, o gás nitrogênio e o gás oxigênio no estado gasoso. Veja no destaque como ficam as partículas no estado gasoso (gás nitrogênio representado pelas esferas azuis e gás oxigênio representado pelas esferas vermelhas).

(Cores fantasia.)

Observe no esquema abaixo as mudanças de estado físico sofridas pela substância água.

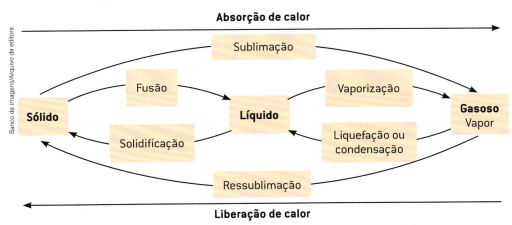

Representação esquemática da mudança dos estados físicos da substância água.

Vamos verificar a seguir o que acontece em cada uma dessas mudanças.

Fusão

É a passagem de uma substância do estado sólido para o estado líquido.

Veja alguns exemplos da ocorrência de fusão:

- o gelo (água sólida) derrete ao absorver o calor do ambiente. Assim, ele passa do estado sólido para o líquido.

Água sólida em processo de fusão.

Capítulo 13 • Materiais utilizados pelo ser humano 201

- Os sorvetes são feitos com uma mistura de várias substâncias, entre elas a água no estado sólido. Quando o sorvete absorve calor do ambiente ou de nossos lábios, ele começa a derreter. Nesse momento, ele está sofrendo fusão.

A água sólida (gelo), ao sofrer fusão, escorre pela casquinha (cone), juntamente com outras substâncias que compõem o sorvete.

Vaporização

É a passagem do estado líquido para o estado de vapor.

Dependendo das condições em que o líquido se transforma em vapor, a vaporização recebe nomes diferentes: evaporação ou ebulição.

A água da superfície de um rio, por exemplo, pode passar do estado líquido para o estado de vapor, principalmente em dias quentes. Rio Tocantins, em Tocantinópolis (TO), em 2017.

Evaporação

É um processo lento e natural. O calor necessário para que ela ocorra é retirado do próprio ambiente. Essa passagem **lenta** do estado líquido para o estado de vapor ocorre, predominantemente, na superfície do líquido, sem causar agitação e sem surgimento de bolhas no seu interior. É o que acontece, por exemplo, na superfície de lagos e mares, e com a roupa estendida no varal.

A roupa molhada colocada no varal vai secar porque a água evapora. Isso ocorre mais rapidamente em dias quentes, com muito vento e baixa umidade do ar.

Ebulição

É a passagem **rápida** do estado líquido para o estado de vapor, geralmente obtida pelo aquecimento do líquido. A ebulição é percebida pela formação de bolhas na substância aquecida.

Ao nível do mar, a água entra em ebulição (ferve) na temperatura de 100 °C (**graus Celsius**).

Grau Celsius: unidade de medida da temperatura utilizada na maioria dos países.

Quando a água está fervendo ocorre a formação de bolhas, o que caracteriza a ebulição.

UM POUCO MAIS

A rapidez da evaporação da água

Considere que nas ilustrações ao lado exista a mesma quantidade de água, na mesma temperatura e no mesmo ambiente.

A água evapora mais rapidamente quando "espalhada", pois nessa situação ela tem maior superfície em contato com o ar.

Outro fator importante que influi na rapidez da evaporação da água é a ventilação (quantidade de vento).

Quando a água está em maior superfície de contato, tende a evaporar mais rapidamente.

Agora, veja as duas situações abaixo: a superfície de contato da água com o ar é a mesma, mas a evaporação ocorre mais rapidamente na situação **B** devido à maior ventilação. Quanto maior for a movimentação do ar (vento), maior será a ventilação e mais rapidamente ocorrerá a evaporação.

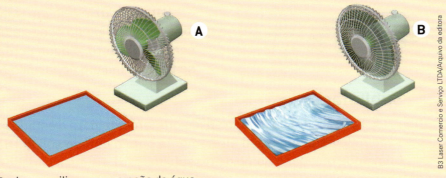

A movimentação do ar auxilia na evaporação da água.

(Elementos representados sem proporção de tamanho entre si. Cores fantasia.)

Esses dois fatores são muito importantes para a obtenção do sal de cozinha a partir da água do mar.

Condensação ou liquefação

É a passagem do estado de vapor para o estado líquido. Um exemplo dessa mudança de estado pode ser observado quando respiramos. Ao expirarmos o ar, eliminamos água na forma de vapor de água e, embora ela não seja visível, podemos comprovar sua presença ao expelirmos o ar próximo a um espelho ou a uma superfície de vidro. Se essa superfície estiver mais fria, ocorrerá a condensação do vapor, originando gotículas de água líquida.

Nessa situação, o vapor de água presente no ar expirado (quente) se condensa ao encontrar uma superfície fria (o vidro).

Capítulo 13 • Materiais utilizados pelo ser humano

No caso de um copo que contém um líquido gelado, o vapor de água presente no ar próximo do copo se resfria e condensa ao encontrar uma superfície fria.

Isso pode ser observado na formação de gotículas de água líquida na superfície externa do copo.

O gelo, no interior do copo, faz com que as paredes do copo se resfriem. O vapor de água presente no ar, ao encontrar essa superfície fria, perde energia e se transforma em água líquida. Essa mudança é denominada condensação.

Solidificação

É a passagem do estado líquido para o estado sólido.

Para produzir gelo em sua casa, você coloca água líquida no congelador ou no *freezer*, certo? Ali dentro, a água perde calor e, assim, se transforma em água sólida (gelo).

A água colocada no *freezer* ou no congelador transforma-se em gelo e, nesse caso, sofre o processo de solidificação.

Sublimação

É a passagem do estado sólido diretamente para o estado gasoso ou a passagem do estado gasoso diretamente para o estado sólido (nesse caso, também pode receber o nome de ressublimação). As duas situações ocorrem sem passar pelo estado líquido.

Algumas substâncias passam diretamente do estado sólido para o gasoso em condição ambiente, por exemplo, a naftalina e a pedra de cânfora.

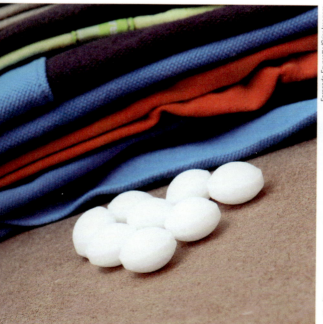

Um exemplo de sublimação ocorre com o gelo-seco utilizado em apresentações artísticas. Ele é constituído por dióxido de carbono que passa do estado sólido para o estado gasoso.

A naftalina, normalmente utilizada para eliminar traças, sofre sublimação. Embora seja um produto comum, fácil de ser comprado, é necessário ter cuidado, pois os vapores da naftalina são tóxicos.

EM PRATOS LIMPOS

Fumaça: sólida, líquida ou gasosa?

Quando a água está fervendo no fogão, você pode observar uma "nuvenzinha" próxima da panela. Essa nuvem é constituída de gotículas de água no estado líquido. Já a fumaça que vemos saindo de chaminés de indústrias não é constituída somente de líquidos. O que conseguimos ver são substâncias nos estados sólido e líquido, pois a maioria dos gases não é visível.

A fumaça branca é constituída principalmente de água líquida, enquanto a fumaça preta é constituída principalmente de pequenas partículas sólidas de carvão. Em ambas existem gases misturados.

Chaminés emitindo fumaça branca (**A**) e preta (**B**).

Hoje, sabemos que as substâncias sofrem transformações em seus estados físicos em diferentes temperaturas e em determinadas condições.

Ao nível do mar, a água derrete a 0 °C (sendo esta a sua temperatura de fusão = TF) e ferve a 100 °C (ou seja, entra em ebulição, sendo essa a sua temperatura de ebulição = TE). O que devemos entender é que abaixo de 0 °C, ao nível do mar, a água entra no estado sólido. Para ficar em estado físico líquido a água deve permanecer na faixa compreendida entre 0 °C e abaixo de 100 °C. Aos 100 °C, ela começará a passar do estado líquido para o estado de vapor.

Ao nível do mar, o ferro derrete a, aproximadamente, 1 538 °C (sua temperatura de fusão = TF) e ferve a cerca de 2 856 °C (sua temperatura de ebulição = TE).

Isso significa que cada substância apresenta temperaturas próprias de fusão (quando começam a passar do estado sólido para o estado líquido) e de ebulição (transformam-se do estado líquido para o gasoso)

NESTE CAPÍTULO VOCÊ ESTUDOU

- A história de utilização dos materiais pelo ser humano, principalmente dos metais, ao longo de períodos da História.
- As ligas metálicas: obtenção e utilização.
- As características dos estados físicos das substâncias.
- As mudanças de estado físico das substâncias.

ATIVIDADES

PENSE E RESOLVA

1. Explique a importância do domínio do fogo pela humanidade.

2. Forme frases relacionando as seguintes palavras.
   a) Paleolítico, pedras lascadas, ferramentas, hominídeos.
   b) Neolítico, pedra polida, ferramentas, hominídeos.
   c) Fogo, alimentos, defesa, objetos.
   d) Metais, ligas, substâncias, aquecimento, objetos.

3. Um dos metais mais comuns no nosso dia a dia é o ferro. Por que ele não foi o primeiro a ser utilizado na Pré-História?

4. Observe as moedas utilizadas por nós: 5, 10, 25, 50 centavos e 1 real. Qual delas, com certeza, apresenta cobre na sua composição? Justifique.

5. Observe na fotografia o que acontece quando uma pessoa coloca um pedaço do metal gálio na palma da mão.
   a) Qual o nome da mudança de estado observada?
   b) Sabendo que a temperatura do corpo humano é de 36,5 °C, aproximadamente, o que você pode concluir a respeito da temperatura de fusão do gálio?

Metal gálio sofrendo alteração em seu estado físico.

6. Observe a tirinha ao lado e responda às questões.

Fonte: Banco de Imagens: MSP.

a) Em qual estado físico a água se encontra na saliva?
b) Qual é o nome da mudança de estado físico da água mostrada no último quadrinho e por que ela deve ter ocorrido?

7. Observe mais uma tirinha.

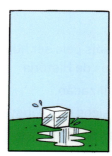

Fonte: Banco de Imagens: MSP.

Considerando a sequência dos quadrinhos, escreva um pequeno texto relatando em quais momentos do seu dia a dia e em quais locais você encontra a água em seus diferentes estados físicos.

SÍNTESE

1 Compare os períodos Paleolítico e Neolítico preenchendo a tabela abaixo.

Períodos/Características	Paleolítico	Neolítico
Também conhecido como período da		
Quando ocorre		
Principais matérias-primas para fazer ferramentas		
Relação do hominídeo com a terra		
Obtenção de alimentos pelos hominídeos		

2 O esquema a seguir mostra as mudanças de estado físico.

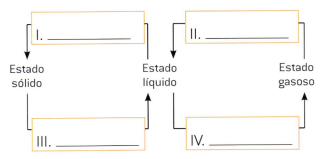

Agora, responda.

a) Escreva o nome das mudanças de estado físico indicadas por I, II, III e IV.

b) Quais delas ocorrem com absorção (ganho) de calor?

c) Quais delas ocorrem com perda de calor?

3 A evaporação da água é lenta e superficial e depende do calor do ambiente, da ventilação e da umidade do ar.

Pensando na afirmação acima, responda: Em quais das seguintes situações a roupa colocada no varal seca mais rapidamente? Em cada item abaixo, escolha uma das opções e justifique sua escolha.

a) Em um dia quente ou em um dia frio?

b) Em um dia com vento ou sem vento?

c) Em um dia chuvoso ou sem chuva?

d) Com a roupa dobrada ou estendida?

DESAFIO

Onda de calor mata mais de 120 pessoas na Ásia. A temperatura mais alta foi registrada no distrito de Sibi, na Província do Baluchistão, no Paquistão, onde o calor chegou a 52 °C.

Publicidade. **Folha On-Line**, agosto 2006. Disponível em: <http://www1.folha.uol.com.br/folha/mundo/ult94u303366.shtml> (acesso em: 28 abr. 2018).

A tabela a seguir indica a temperatura de fusão e a temperatura de ebulição de algumas substâncias presentes no nosso cotidiano. Essas substâncias (éter etílico, álcool e naftaleno), quando expostas à mesma temperatura registrada no distrito de Sibi (52 °C), apresentam-se em quais estados físicos? Com base no que estudamos ao longo do capítulo, em qual estado físico a água estaria a 52 °C?

	TF (°C) (1 atm)	TE (°C) (1 atm)
Éter etílico	−116	34
Álcool	−114	78
Naftaleno	80	217

Capítulo 13 • Materiais utilizados pelo ser humano

PRÁTICA

A água "sumiu" ou não?

Objetivo

Elaborar hipóteses e fazer observações sobre o que acontece com a água deixada em um prato exposto ao ambiente.

Material

- 1 prato plástico
- 1 copo com água
- 1 tigela transparente
- 1 copo transparente
- 1 caneta hidrográfica

Procedimento

1. Risque o copo plástico com o auxílio da caneta e coloque água até a marca.
2. Despeje no prato a água medida no copo. Esse é o conjunto **A**.
3. Coloque novamente água no copo até a marca e cubra-o com a tigela, mantendo o conjunto **B** sobre uma superfície plana. Deixe os dois conjuntos no mesmo ambiente de um dia para o outro.

Discussão final

1. A frase: "Um líquido adquire a forma do recipiente onde está contido." é correta ou incorreta? Justifique a sua resposta.
2. O que aconteceu com a água no conjunto **A**?
3. O que aconteceu com o nível da água contida no conjunto **B**?
4. Em qual dos conjuntos a mudança de estado físico ocorreu com mais rapidez? Justifique esse fato.
5. Por que os experimentos são feitos no mesmo local e devem demorar o mesmo tempo?

LEITURA COMPLEMENTAR

Água virtual

A água doce usada pelos seres vivos localiza-se principalmente em rios, lagos e abaixo da superfície do solo (água subterrânea). Segundo o Programa das Nações Unidas para o Desenvolvimento (PNUD), 80% dessa água é usada para irrigar plantações, 12% é utilizada nas indústrias e apenas 8% é usada nas residências.

Consumimos água diretamente em nossas residências e também indiretamente quando compramos algum produto que necessite dela para sua produção.

O gráfico abaixo mostra as quantidades de água utilizadas para a fabricação de alguns produtos. Essa água, que não é a mesma presente nos produtos, é chamada de "água virtual". Repare que a quantidade de água virtual varia de um produto para outro. Na fabricação de alguns produtos, como é o caso do alumínio e do algodão, a quantidade de água virtual necessária é muito grande.

Em razão do grande consumo de água na agricultura, nas indústrias e em residências, ela se torna um bem extremamente valioso. Estudos indicam que no ano de 2030, devido ao crescimento da população mundial e ao consequente aumento do consumo de água, teremos problemas com a sua escassez.

Todos nós somos responsáveis pelo consumo de água e devemos economizar e evitar desperdícios, não só mudando nossos hábitos, como também reduzindo o consumo de produtos que exigem muita água na sua fabricação.

A água usada para consumo direto é mais facilmente percebida e contabilizada do que a usada na fabricação de diferentes produtos: a esse tipo de água damos o nome de "água virtual".

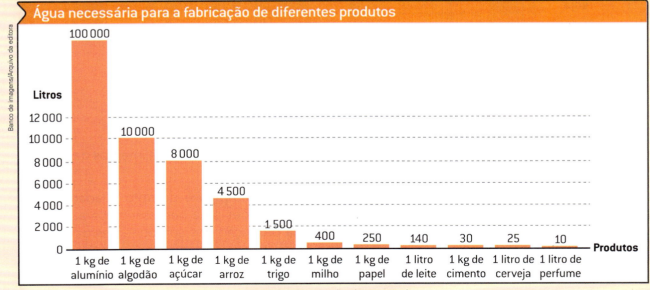

Observe no gráfico a quantidade de água gasta na fabricação de alguns produtos.

Dados do gráfico: Cité des Sciences et de l'Industrie. Université de Genève.

Questões

Veja a lista de produtos da **cesta básica** nacional indicados na tabela a seguir.

Alimentos	Cesta Básica Nacional	Água necessária para produzir 1 kg ou 1 L do produto ("água virtual")*	Total de água necessária (L)
Carne	6,0 kg	10 000	60 000
Leite	15,0 L	140	2 100
Feijão	4,5 kg	5 850	26 325
Arroz	3,0 kg	4 500	
Batata	6,0 kg	300	
Legumes	9,0 kg	950	
Pão francês	6,0 kg	150	
Café em pó	0,6 kg	12 000	
Frutas (banana)	11 kg	500	
Açúcar	3,0 kg	8 000	
Banha/óleo de soja	1,5 kg	5 400	
Manteiga	0,9 kg	18 000	
TOTAL	—	—	

Cesta básica: conjunto de produtos alimentares, estipulados por lei, utilizados por uma família durante um mês. A quantidade e o tipo dos produtos são adaptados a cada estado do Brasil.

Fonte: DIEESE – Cesta básica nacional, 2009. Disponível em: <www.dieese.org.br4/rel/rac/metodologia.pdf>; CARMO, R. L. do. et al. Água virtual escassez e gestão: o Brasil como grande "exportador" de água. Ambiente e sociedade. v. 10, n. 2, Campinas, jul./dez. 2007. Disponível em: <scielo.br/pdf/asoc/v10n2/a06v10n2.pdf> (acesso em: 28 abr. 2018).

*valores aproximados

1 Calcule a quantidade de água virtual necessária para a fabricação dos alimentos da cesta básica. Preencha a tabela com os dados obtidos.

2 Sabendo-se que o volume do tanque de um caminhão-pipa é de aproximadamente 10 000 L, determine o número aproximado de caminhões-pipa necessários para transportar o volume total de água virtual utilizado na produção dos componentes da cesta básica nacional.

3 Quais são os dois produtos da cesta básica que, com a diminuição do consumo, acarretariam maior economia de água virtual?

Capítulo 14
Composição dos materiais

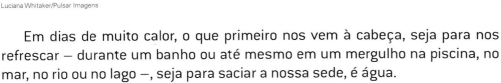

Praia em Arraial do Cabo (RJ), em 2018.

Em dias de muito calor, o que primeiro nos vem à cabeça, seja para nos refrescar — durante um banho ou até mesmo em um mergulho na piscina, no mar, no rio ou no lago —, seja para saciar a nossa sede, é água.

Mas será que a água que sacia a nossa sede ou a água do mar que nos refresca, como a mostrada nesta fotografia, é constituída somente pela substância água ou por uma mistura de substâncias? Como seria possível comprovar a existência de outros componentes na água?

Neste capítulo vamos estudar a composição dos materiais e aprender a identificar e diferenciar se eles são constituídos por uma única substância ou por uma mistura de substâncias.

❯ Substância pura e mistura na natureza

Podemos classificar os materiais que estão ao nosso redor, e mesmo em nosso corpo, como **substâncias puras**, isto é, as que são compostas por apenas um tipo de substância; ou como **misturas**, as que são formadas por mais de uma substância.

A maioria dos materiais que conhecemos e que encontramos na natureza é mistura. O ar que respiramos é uma mistura constituída principalmente por dois gases: o gás nitrogênio e o gás oxigênio. O sangue é outro exemplo de mistura constituída por várias substâncias, como água, glicose, sais minerais, gás oxigênio, gás carbônico, entre outras.

Mas e quanto à água? Sabemos que ela pode ser encontrada em diversos lugares na natureza: no mar, no rio, no lago, na chuva. No entanto, independentemente do local onde a água possa ser encontrada, ela é considerada uma mistura, pois há várias substâncias dissolvidas nela. O mesmo ocorre com a água potável que sacia a nossa sede: ela também contém várias substâncias, por exemplo, os sais minerais. Portanto, podemos afirmar que a água potável é uma mistura.

A água mineral é obtida em fontes naturais e apresenta sais minerais em sua composição.

A água da chuva é uma mistura que apresenta, além da própria água, várias outras substâncias, como o gás nitrogênio, o gás oxigênio e o gás carbônico (que são "retirados" do ar), entre outras substâncias (principalmente se o ambiente for poluído).

Na natureza, quase tudo que existe são exemplos de misturas, formadas pelas mais variadas substâncias. Entretanto, também são encontradas substâncias puras, como o diamante, a água pura, ou seja, a água livre de sais minerais e de outros componentes, o gás oxigênio, o gás carbônico e o ferro, entre outros exemplos.

O diamante é uma das substâncias puras mais duras que conhecemos.

Substâncias puras: alguns aspectos

Cada substância pura tem características próprias.
Vejamos os exemplos da água e do alumínio em condições ambientes.

A água destilada, ou seja, a água livre de sais minerais e impurezas, pode ser obtida em laboratório. Este é um exemplo de substância pura.

O alumínio contido nas embalagens de bebidas é um exemplo de substância pura.

A **água pura**, também conhecida por água destilada, é uma substância pura constituída por um único tipo de substância e se encontra no estado líquido (em temperatura ambiente). O alumínio, presente nas latas de refrigerantes, também é um exemplo de substância pura diferente da que compõe a água e encontra-se no estado sólido (em temperatura ambiente).

(Elementos representados em tamanhos não proporcionais entre si. Cores fantasia.)

Misturas: alguns aspectos

Fazer uma mistura é um procedimento muito comum no cotidiano de cada um de nós. Com certeza, você já fez algumas misturas ao se servir de café logo de manhã, ou ao saborear uma deliciosa *pizza* com os amigos, além de tantas outras situações.

Um exemplo de mistura muito comum para os brasileiros. Aqui vemos os dois componentes (água e pó de café) que formarão um gostoso cafezinho!

A *pizza* também é um exemplo de mistura. Nela encontramos vários componentes, como o queijo, o tomate, as folhas de manjericão, a farinha, além de muitos outros.

> **ATENÇÃO!**
> Essa solução de água com açúcar que serve aqui de exemplo pode ser provada porque conhecemos seus componentes. Você nunca deve avaliar uma substância ou uma mistura por sua aparência visual. Por esse motivo, não se deve beber, cheirar ou tocar uma substância ou mistura desconhecida ou com uma composição que não seja segura.

As misturas podem ser classificadas de acordo com seu aspecto visual. No exemplo do cafezinho sendo preparado, temos água e várias substâncias extraídas do pó de café. Você pode não conseguir ver distintamente a água e as substâncias extraídas do pó de café, mas saiba que esses componentes estão presentes nessa mistura.

Vamos analisar um outro exemplo: experimente adicionar uma colher de chá de açúcar em um copo com água filtrada. Ao fazer isso, pode parecer que o açúcar "desapareceu", mas não foi exatamente isso o que aconteceu. Na verdade, o açúcar se dissolveu na água. Ao provar um pouco dessa mistura, será possível identificar o gosto doce do açúcar.

Capítulo 14 • Composição dos materiais 213

No exemplo que citamos na página anterior, a substância dissolvida – nesse caso, o açúcar – é chamada de **soluto**; já a substância onde será dissolvido o soluto – nesse caso, a água – é chamada de **solvente**. Quando os solutos estão dissolvidos nos solventes, eles originam uma mistura conhecida como **solução**. Para entendermos melhor esses conceitos, vamos preparar uma solução.

Observe que na solução formada pelo açúcar (soluto) e pela água (solvente) não conseguimos ver as partículas do açúcar dispersas na água (figura ao lado).

Um soluto (açúcar) dissolvido em um solvente (água) gera uma solução.

Assim, podemos afirmar que, de acordo com seu aspecto visual ou com o auxílio de um microscópico óptico, as misturas podem ser classificadas como **misturas homogêneas** ou **misturas heterogêneas**.

Ao observarmos a solução água + açúcar, verificamos que ela apresenta aspecto uniforme e as mesmas características em qualquer ponto de sua extensão. Assim, uma amostra retirada de qualquer parte dessa mistura terá a mesma composição. Por causa do seu aspecto uniforme, dizemos que essa mistura apresenta uma **única fase**, sendo classificada como uma mistura **homogênea**.

Podemos dizer, então, que as misturas são classificadas em função de seu número de fases.

Fase é cada uma das porções que apresenta aspecto visual homogêneo (uniforme), que pode ser contínuo ou não, mesmo quando observado ao microscópio comum.

Portanto, toda mistura homogênea apresenta uma única fase e é chamada de solução. Água de torneira, água mineral, vinagre, ar, álcool hidratado, gasolina, soro caseiro, soro fisiológico e algumas ligas metálicas são exemplos de misturas homogêneas muito conhecidas.

Este bule é feito de bronze. O bronze é uma liga metálica formada pela mistura de duas substâncias: cobre e estanho. Trata-se de uma mistura homogênea.

Todas as misturas formadas por gases, quaisquer que sejam, são sempre misturas homogêneas. A atmosfera terrestre também é uma mistura homogênea. Horizonte sobre o rio Tefé (AM), em 2016.

Detalhe de rótulo de embalagem de água mineral. A água mineral é uma mistura homogênea, ou seja, uma solução que apresenta vários sais dissolvidos.

UM POUCO MAIS

Uma mistura que pode salvar vidas

Um exemplo de mistura homogênea que representa um papel fundamental para a preservação do organismo é o soro caseiro, que contribui para a reposição de água e sais minerais perdidos em uma situação de desidratação.

Em geral, a grande responsável pela desidratação do organismo é a diarreia, que pode ser acompanhada de vômitos. Com isso, o organismo perde grandes quantidades de água e sais minerais.

Veja a seguir como preparar o soro caseiro.

Composição
- Sal de cozinha
- Água
- Açúcar

Na fotografia, colher-medida e os ingredientes do soro caseiro: água, açúcar e sal.

Preparo
- Antes de iniciar o preparo do soro caseiro, lave as mãos.
- Coloque em um copo grande 200 mL de água limpa (filtrada e fervida).
- Com uma colher-medida, coloque no copo uma medida pequena e rasa de sal e duas medidas grandes e rasas de açúcar.
- Mexa bem até dissolver todo o sal e o açúcar.

A colher-medida é distribuída gratuitamente nos postos de saúde. É importante utilizar as quantidades corretas de sal e açúcar na preparação do soro caseiro para que a ingestão de sal ou de açúcar em demasia não prejudique a saúde. Além disso, o soro caseiro só deve ser usado em situações emergenciais. Em caso de dúvida, procure auxílio em um posto de saúde.

Elaborado com base em <http://bvsms.saude.gov.br/bvs/dicas/214_diarreia.html> (acesso em: 10 maio 2018).

Vamos agora analisar outro tipo de mistura.

Uma **mistura heterogênea** apresenta pelo menos duas fases.

Um exemplo de mistura heterogênea é a de água e óleo.

A mistura água + óleo não apresenta aspecto uniforme, mas sim dois aspectos visuais distintos. Logo, ela apresenta **duas fases** com características diferentes, sendo classificada como uma mistura heterogênea.

> As misturas heterogêneas apresentam duas ou mais fases.

Mistura de água e óleo.

Capítulo 14 • Composição dos materiais **215**

Outro exemplo de mistura heterogênea é o leite. Embora no copo o aspecto do leite seja homogêneo, quando o observamos com o auxílio de um microscópio óptico comum, seu aspecto é heterogêneo.

Na ilustração ao lado há uma representação de como o leite é visto ao microscópio: as esferas amarelas indicam partículas de gordura.

O mesmo acontece ao observarmos o sangue ao microscópio.

O leite é uma mistura heterogênea, constituída de várias substâncias, entre elas água e gordura.

(Elementos representados em tamanhos não proporcionais entre si. Cores fantasia.)

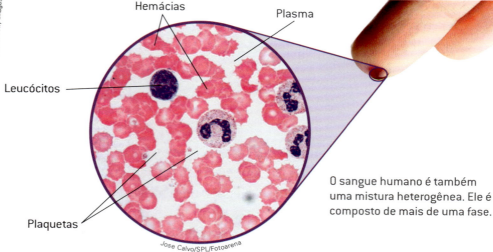

O sangue humano é também uma mistura heterogênea. Ele é composto de mais de uma fase.

Vamos conhecer mais alguns exemplos de misturas heterogêneas.

No capítulo 4, você estudou que o granito é um tipo de rocha. Os principais componentes do granito – quartzo (branco), feldspato (cinza) e mica (preto) – encontram-se no estado sólido; assim, o granito apresenta três fases.

Cada um dos quatro conjuntos de porcas das fotografias abaixo é constituído por um material diferente. Se todas elas forem misturadas, obtém-se uma mistura heterogênea com quatro fases.

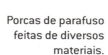

Granito.

Porcas de parafuso feitas de diversos materiais.

Cada uma das substâncias presentes em uma mistura, seja ela homogênea ou heterogênea, é considerada um **componente**. Veja alguns exemplos.

- O cobre e o estanho são os componentes da mistura homogênea que forma o bronze, muito utilizado na produção de medalhas, sinos e monumentos.

Estátua de Iracema feita de bronze, na praia de Iracema, em Fortaleza (CE), em 2016.

- O álcool comercializado em farmácias, supermercados e postos de combustíveis é uma mistura homogênea de dois componentes formada por água e álcool proveniente da cana-de-açúcar.
- O ar atmosférico é uma mistura homogênea de vários gases, entre os quais podemos citar os dois principais componentes: os gases nitrogênio e oxigênio.
- Abaixo, um exemplo de mistura heterogênea contendo dois componentes: água e carbonato de cálcio. Esse sal é constituinte dos corais e das conchas.

Bomba de etanol.

Mistura de água e carbonato de cálcio, um sal muito pouco solúvel em água e que está depositado no fundo do copo.

O ar atmosférico também é uma mistura homogênea.

Veja no esquema a seguir um resumo do que você acabou de aprender sobre a classificação dos materiais.

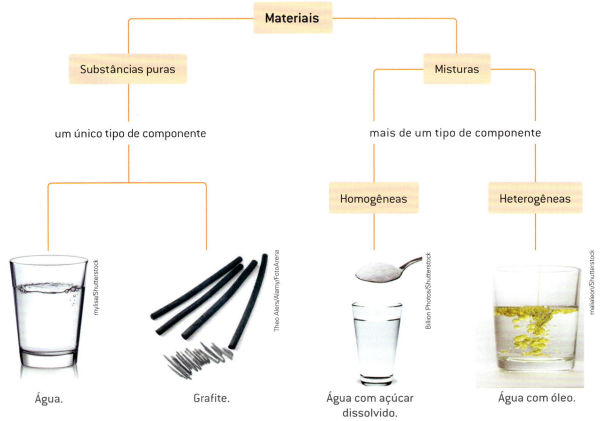

Resumo da classificação dos materiais.
(Elementos representados em tamanhos não proporcionais entre si. Cores fantasia.)

Capítulo 14 • Composição dos materiais 217

❯ Sistemas

Qualquer porção do Universo que seja submetida à observação é um sistema. Um sistema pode ser uma substância pura ou uma mistura e, em função do seu aspecto visual ou macroscópico, pode ser classificado em sistema homogêneo ou sistema heterogêneo.

Sistema homogêneo: apresenta aspecto contínuo, ou seja, é constituído por uma única fase. Esse tipo de sistema é composto de maneira variável, ou seja, de uma ou mais substâncias. Alguns exemplos: a água pura, no estado líquido, apresenta uma única fase, constituindo um sistema homogêneo formado por uma substância pura; a água mineral, embora apresente também uma única fase, é constituída por mais de uma substância. Assim, ela é um sistema homogêneo formado por uma mistura.

Sistema heterogêneo: apresenta aspecto descontínuo, ou seja, é constituído por mais de uma fase. Esse tipo de sistema também pode ser constituído por uma única substância em diferentes estados físicos ou por mais de uma substância. Veja, a seguir, alguns exemplos.

- No sistema água e gelo há duas fases. Cada uma delas, porém, é constituída somente de água; logo, esse sistema é heterogêneo, pois é formado por uma substância pura em diferentes estados físicos.

- O sistema água e óleo também apresenta duas fases. Cada uma delas é constituída por uma substância diferente; logo, esse sistema é heterogêneo, pois é formado por uma mistura de substâncias.

Enquanto está fechada, a água mineral gaseificada é um sistema homogêneo; ao ser aberta, pela formação de bolhas de gás carbônico, passa a ser um sistema heterogêneo.

NESTE CAPÍTULO VOCÊ ESTUDOU

- A composição de alguns materiais.
- A diferença entre substâncias puras e misturas.
- A classificação das misturas em homogêneas e heterogêneas.
- O conceito de fase.
- Identificação do número de fases e do número de componentes de uma mistura.
- Sistemas.

ATIVIDADES

PENSE E RESOLVA

1 Classifique os materiais a seguir em substâncias puras ou misturas.

I.  As alianças são feitas de ouro 18 quilates (liga metálica formada por 75% de ouro e 25% de cobre e/ou prata).

II.  O suco de laranja é rico em vitamina C.

III.  A água que chega às casas passou por um processo de tratamento e tornou-se potável.

IV.  Na água do mar o sal encontrado em maior quantidade é o cloreto de sódio, componente do sal de cozinha.

V. 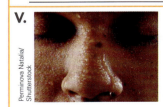 O suor é um dos fatores responsáveis pela manutenção da temperatura do corpo.

VI.  O cobre apresenta cor avermelhada e é o metal mais utilizado em instalações elétricas.

(Elementos representados em tamanhos não proporcionais entre si. Cores fantasia.)

2 Os derivados do petróleo, como a gasolina e o querosene, são miscíveis (se dissolvem) entre si, mas imiscíveis (não se dissolvem) com a água.

Observe as fotografias a seguir, que mostram um experimento que utiliza querosene, gasolina e água.

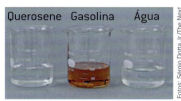 Querosene   Gasolina   Água

 Mistura de: querosene + gasolina + água

Agora, responda às questões.

a) Quantas fases apresenta a mistura formada pelos três componentes?

b) Quais componentes são obtidos a partir do petróleo?

c) A água é mais ou menos densa do que a mistura de querosene e gasolina?

3 Observe as ilustrações e responda às questões abaixo.

 I — Água pura

 II — Água e sal de cozinha dissolvido

 III — Óleo e água

a) Qual frasco contém uma única substância?

b) Qual dos frascos contém uma mistura homogênea e qual é o seu número de componentes?

c) Qual frasco contém uma mistura heterogênea?

4 Classifique as misturas da tabela a seguir em homogêneas ou heterogêneas.

Mistura	Substância A + Substância B
I	Água + Álcool etílico
II	Água + Sal de cozinha dissolvido
III	Água + Gasolina
IV	Gás oxigênio + Gás carbônico
V	Carvão + Ferro

Capítulo 14 • Composição dos materiais 219

SÍNTESE

1 Nunca se deve avaliar um material apenas por sua aparência visual. Por esse motivo, não se deve beber, cheirar ou tocar uma substância desconhecida. A fotografia abaixo mostra um copo contendo uma amostra líquida incolor. Observe-a e responda às questões.

A amostra líquida incolor presente no copo tem composição desconhecida. Dependendo de sua natureza, pode ser prejudicial à saúde.

a) Podemos supor que essa amostra apresenta aspecto homogêneo ou heterogêneo?

b) Quantas fases podem ser identificadas?

c) Caso essa amostra líquida fosse formada por um único componente, das substâncias mencionadas no capítulo, quais poderiam ser?

d) Poderiam existir substâncias dissolvidas nessa amostra líquida? Justifique a sua resposta.

e) A ingestão dessa amostra líquida pode ser prejudicial à saúde? Explique.

2 Um pedaço de granito foi adicionado a um copo contendo água. Sobre essa situação, responda:

a) A mistura é homogênea ou heterogênea?

b) Qual é o número de componentes presentes nessa mistura?

DESAFIO

Água do mar

As águas dos mares e dos oceanos contêm vários sais, cuja salinidade (quantidade de sal dissolvida na água) varia de acordo com a região em que foram colhidas amostras. O Mar Vermelho, por exemplo, apresenta alto nível de salinidade – aproximadamente 40 g de sais dissolvidos para cada litro de água. Já o mar Báltico é o que apresenta menor salinidade – aproximadamente, 30 gramas de sal dissolvido por litro de água.

A maior parte dos sais dissolvidos na água é constituída de cloreto de sódio (componente do sal de cozinha).

Fonte: ALVES, Líria. Simulando um mar morto. Disponível em: <https://educador.brasilescola.uol.com.br/estrategias-ensino/simulando-um-mar-morto.htm> (acesso em: 30 maio 2018).

Imagens de satélite do mar Vermelho (à esquerda) e do mar Báltico (à direita).

Agora responda às questões 1 a 5.

1 Com a ajuda de um atlas, pesquise: Onde fica o mar Báltico? E o mar Vermelho?

2 A água do mar é uma mistura homogênea ou heterogênea?

3 Qual substância, não mencionada no texto e que se encontra também dissolvida na água do mar, permite a existência de peixes com brânquias?

4 Considere que os frascos **A** e **B** contidos nos pratos da balança representada abaixo tenham a mesma massa. Descreva, justificando as suas conclusões, a posição que terão os pratos quando colocarmos 1 L de água do mar Vermelho no frasco **A** e 1 L de água do mar Báltico no frasco **B**.

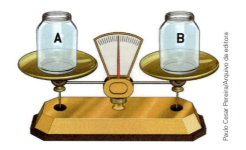

5 Considere as seguintes amostras, todas contendo 1 L:

X – água do mar Vermelho

Y – água do mar Báltico

Z – água do mar do litoral brasileiro

Assinale as situações abaixo que estão corretas.

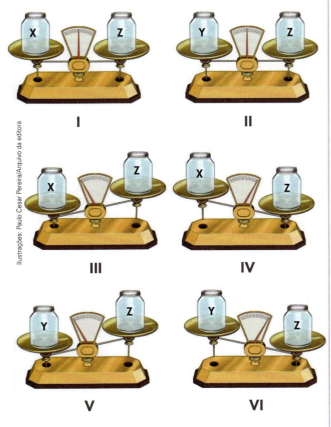

PRÁTICA
Identificando misturas

Objetivo
Diferenciar misturas homogêneas e heterogêneas.

Material
- 5 copos transparentes
- 1 colher
- 1 caneta hidrográfica
- Fita-crepe
- Água
- Álcool comum
- Areia
- Sal
- Óleo de cozinha
- Vinagre

Procedimento

1. Coloque os copos um do lado do outro até formar uma fila com os cinco copos.
2. Numere os copos de 1 a 5 utilizando a fita-crepe e a caneta hidrográfica.
3. Adicione água até a metade de todos os copos.
4. No copo 1, adicione o álcool.
5. No copo 2, adicione uma colher de chá de sal de cozinha e misture até dissolver totalmente.

> Lembre-se de limpar a colher cada vez que for utilizá-la para misturar algo em um copo diferente.

6. No copo 3, adicione duas colheres de areia e misture.
7. No copo 4, adicione duas colheres de óleo e misture.
8. No copo 5, adicione duas colheres de vinagre e misture.
9. Após misturar todas as substâncias, aguarde um momento e observe o resultado.

Discussão final

1 Classifique cada uma das misturas em homogênea ou heterogênea.

2 Adicione mais cinco colheres de sal no copo 2 e misture. Após algum tempo, o que ocorreu com a mistura?

3 Pesquise e discuta com os colegas e professores quais seriam as maneiras mais adequadas de descartar esses materiais, após a realização das atividades práticas.

Capítulo 14 • Composição dos materiais

Capítulo 15
Separação de misturas

Durante a colheita, o café precisa ser separado de folhas e galhos. Na fotografia, cafezal em Santa Mariana (PR), em 2017.

Desde a colheita até o momento de ser consumido, o café passa por diversos processos. Na imagem, vemos o processo de separar o fruto de galhos e folhas durante a colheita.

Além do café, quais materiais você imagina que requerem a separação de seus componentes? Quais são os métodos ou processos de separação utilizados em cada caso?

Neste capítulo, estudaremos maneiras de separar materiais no nosso dia a dia em diversas situações.

❱ Métodos de separação de misturas

Como você estudou no capítulo anterior, podemos encontrar no ambiente tanto substâncias puras como misturas. Nas misturas há mais de um componente (mais de uma substância), que, dependendo de suas características, pode formar misturas homogêneas ou heterogêneas.

Em muitas ocasiões, como quando escolhemos os feijões para preparar uma refeição ou quando filtramos a água para beber, precisamos separar os componentes de uma mistura antes de utilizá-los.

Para fazer isso, ao longo do tempo, a humanidade desenvolveu vários métodos. Alguns deles são simples, como separar manualmente dois ou mais componentes, e outros precisam de equipamentos mais sofisticados, disponíveis apenas em laboratórios ou indústrias, como ocorre no tratamento da água para consumo humano.

A escolha dos melhores métodos para a separação dos componentes das misturas exige conhecimento das propriedades de cada uma das substâncias presentes na mistura.

Vejamos alguns processos de separação dos componentes relacionados com o tipo de mistura da qual fazem parte.

Métodos de separação de misturas heterogêneas

Mistura de sólidos

Catação

O processo de separação de componentes de uma mistura é utilizado, por exemplo, para a obtenção de materiais com valor econômico que podem ser encontrados no **lixo**, tais como alumínio, plásticos, vidros e papéis. A separação desses materiais é feita manualmente por um processo conhecido como catação.

Esse é um processo importante para o meio ambiente e para a preservação dos recursos naturais, pois permite a reciclagem de parte do lixo produzido nas residências, restaurantes, lojas, escolas, etc.

É o caso, por exemplo, das latas de alumínio de refrigerantes e sucos, dos plásticos de garrafas PET e de embalagens em geral, de vidros usados em copos e vasilhas, e de papéis de cadernos e livros.

Na catação, a seleção inicial desses materiais, em casa, na escola e em estabelecimentos diversos, é feita manualmente, e cada tipo de material é depositado em recipientes apropriados. Depois, em locais próprios para o processamento do lixo, a separação continua.

Lixo: todo resíduo produzido com a atividade humana ou de forma natural.

Leia também!

Debaixo da ingazeira da praça.
Tânia Alexandre Martinelli. São Paulo: Saraiva, 2013.

Neste livro um grupo de adolescentes se depara com a realidade de pessoas em situação de rua e aprendem a importância do trabalho dos catadores no processo de reciclagem.

A reciclagem permite a transformação desses materiais em novos objetos. Esse procedimento deve ser estimulado em toda a sociedade, pois, além de diminuir o acúmulo de lixo e ajudar na preservação dos recursos naturais, é extremamente vantajoso em termos econômicos. Em vários casos, é mais barato reciclar do que produzir usando matérias-primas novas.

A catação não é utilizada apenas na separação do lixo. Também é possível empregar esse processo na separação de diversos outros materiais. Na separação de grãos de feijão durante o preparo de uma refeição, por exemplo, a catação permite selecionar os melhores grãos para o consumo.

A catação permite separar os grãos de feijão de impurezas e de grãos danificados por insetos.

O material reciclável pode ser separado dos restos de alimento por meio da catação. Separação de lixo em São José dos Campos (SP), em 2015.

Tamisação

A tamisação é a separação de sólidos com diferentes tamanhos, que pode ser feita com a utilização de diversos aparelhos ou instrumentos.

Na construção civil, por exemplo, essa técnica é utilizada para separar a areia mais fina de pequenas pedras. Nesse caso, utiliza-se uma peneira que vai reter as pedras, que são maiores que a areia, enquanto as partículas de areia, que são menores, vão passar por ela.

Em instituições financeiras, como os bancos, há máquinas que separam as moedas de acordo com seu tamanho. Esse método também é utilizado no campo pelos agricultores para separar frutas de diferentes tamanhos.

A peneira permite a separação da areia fina de partículas sólidas maiores, como pequenas pedras.

As moedas, por apresentarem tamanhos diferentes, podem ser separadas por uma máquina própria para essa função.

Atração magnética

Para a separação de materiais que contêm determinados metais, é possível utilizar o processo de atração magnética. Nesse caso, um ímã é utilizado para atrair materiais que contenham os metais **ferro**, **níquel** e **cobalto**, presentes na composição de moedas e de outros produtos. As latas feitas de alumínio, por exemplo, não são atraídas e, por isso, devem ser separadas de forma diferente.

Assim como a catação, o método da atração magnética também pode ser utilizado na separação de materiais. Nesse caso, após a separação inicial, o lixo passa pelo ímã que vai atrair alguns metais, como peças de ferro, e separá-los do restante do lixo que será descartado.

No processo de separação de materiais para reciclagem, o lixo que contém alguns tipos de metais ou é feito deles pode ser separado pelo método de atração magnética.

Sólido não dissolvido em líquido

Entre os métodos de separação de misturas heterogêneas de sólido não dissolvido em líquido temos a **filtração** e a **decantação**.

Filtração

Imagine que alguém adicionou uma colher de açúcar a um copo com água e agitou a mistura até que todo o açúcar se dissolvesse. Em seguida, a mesma pessoa colocou dentro da água alguns grãos de feijão, que não se dissolveram.

A sequência de fotografias mostra água com açúcar e feijões antes e depois da mistura (**A** e **B**, respectivamente).

Capítulo 15 · Separação de misturas 225

Uma maneira de separar o que não está dissolvido, no caso os feijões, é fazer uma **filtração**. Para fazer isso na sua casa, você pode usar um suporte (como um funil) apoiado em um copo e um filtro de papel: despeje todo o conteúdo do copo no filtro de papel; após alguns minutos, você notará que os feijões ficaram retidos no filtro, e, se você provar o que passou pelo filtro de papel, sentirá o gosto doce do açúcar. Isso permite tirar duas conclusões:

Conclusão 1: o que não estiver dissolvido na água fica retido no filtro.
Conclusão 2: o que estiver dissolvido na água passa pelo filtro.

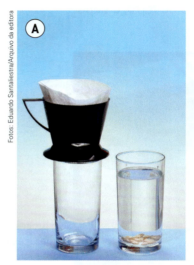

Sequência de fotografias mostrando o processo de filtração.

Portanto, como você pode observar nas imagens, no processo de filtração, quando a mistura é despejada sobre o filtro, o sólido não dissolvido fica retido e a fase líquida passa livremente.

Esse processo costuma ser muito comum em nosso dia a dia. Quando utilizamos um filtro de água em casa, por exemplo, estamos realizando uma filtração. No interior do filtro, existe uma peça de porcelana porosa chamada vela, que retém as sujeiras sólidas não dissolvidas na água.

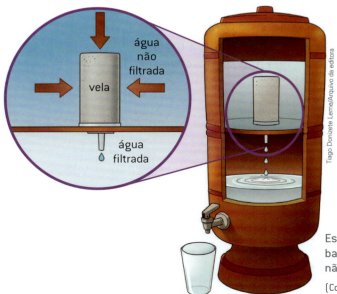

O que passa pela vela não é só água, mas uma solução contendo água e uma pequena quantidade de sais e gases dissolvidos, entre eles o gás oxigênio. Portanto, a água que você bebe não é água pura, e sim uma solução.

Esquema mostrando o funcionamento de um filtro de barro. As partículas sólidas que estavam misturadas e não dissolvidas na água ficarão retidas no filtro.
(Cores fantasia.)

Ao prepararmos café, adicionamos água quente para fazer a **extração** de substâncias solúveis presentes no pó de café. Ao fazermos a **filtração**, a borra fica retida no filtro, passando apenas a água e as substâncias nela dissolvidas.

A filtração pode ser realizada em um laboratório, utilizando equipamentos mais específicos e precisos.

O processo de preparação do café pode ser realizado por meio do método de filtração.

Em um laboratório, podemos realizar a filtração de água barrenta contida em um frasco de vidro, chamado béquer, utilizando um suporte universal (um dispositivo no qual são acoplados outros aparelhos com a ajuda de garras) para o funil e o papel de filtro, e um frasco para recolher o filtrado.

Pelo método de filtração também se pode separar misturas de gás e sólido: é o que ocorre quando usamos um aspirador de pó, por exemplo.

Decantação

Nesse processo, exemplificado na sequência de fotografias abaixo, o sólido, mais denso, decanta-se, ou seja, deposita-se no fundo do recipiente, separando-se da fase líquida, que pode, então, ser transferida para outro recipiente.

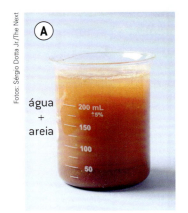

Sequência de imagens mostrando o processo de decantação. Em (A), temos a água e a areia misturadas. Após algum tempo, a areia decanta e se deposita no fundo do béquer (B).
Na sequência, a fase líquida pode ser separada da mistura sendo despejada em outro béquer (C).

Capítulo 15 • Separação de misturas

Dissolução fracionada

Esse processo é utilizado para separar, por exemplo, uma mistura de sal de cozinha e areia. Como o próprio nome do processo sugere, ocorrerá a dissolução de um dos componentes, ou seja, um deles vai se dissolver.

Sabemos que o sal de cozinha é solúvel na água (solvente); assim, se adicionarmos água ao sistema, o sal vai se dissolver e a areia permanecerá no fundo do béquer. Essa nova mistura poderá ser separada por filtração.

Sequência de imagens mostrando o processo de dissolução fracionada. Em (A), temos o sal e a areia misturados. Com a adição de água em (B), o sal se dissolve e, após algum tempo, a areia toda se deposita no fundo do béquer em (C). Depois, essa nova mistura poderá ser separada pelos processos de filtração ou decantação.

Mistura de líquidos imiscíveis

A separação de líquidos imiscíveis, isto é, que formam mistura heterogênea com duas fases bem distintas, é feita utilizando-se um tipo especial de funil, chamado **funil de bromo** (ou **funil de decantação**). O líquido mais denso fica na parte inferior do funil e é escoado, controlando-se a abertura da torneira.

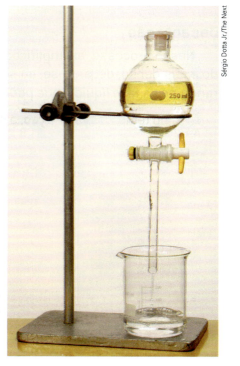

A imagem mostra os equipamentos usados na separação de líquidos imiscíveis. São eles: um funil de bromo preso a um suporte universal e um béquer.

Responsabilidade ambiental em casa e no laboratório

Você sabe o que são "rejeitos"? São tipos específicos de resíduos resultantes dos mais diversos processos que não têm possibilidade de reaproveitamento ou reciclagem. Esses rejeitos devem ser descartados de forma adequada para que recebam o destino correto e, assim, causem menos problemas ambientais, como a morte de animais e plantas.

Os rejeitos produzidos nas casas e nos edifícios residenciais devem ser destinados a um aterro sanitário ou ser incinerados. Em um laboratório de Química também são gerados inúmeros rejeitos; contudo, eles podem ser mais perigosos ao ser humano e ao ambiente do que aqueles produzidos em nossas casas.

Por isso, tão importante quanto observar as normas de segurança em um laboratório é o cuidado com o tratamento prévio, o acondicionamento e a identificação por meio de rotulagem (incluindo os símbolos de risco correspondentes), o transporte e o descarte dos rejeitos. Utilizar recipientes de tipo e tamanho adequados e com boa vedação, de modo que se previnam vazamentos durante o transporte, é imprescindível.

Todo laboratório de Química, seja ele de instituição de pesquisa, seja de empresa de iniciativa privada, seja de instituição de ensino, deve seguir procedimentos tanto de segurança como de descarte de rejeitos.

Os símbolos apresentados nesta imagem indicam que se trata de material perigoso. O símbolo no destaque indica que o produto é perigoso para o meio ambiente.

Métodos de separação de misturas homogêneas

Mistura de sólido dissolvido em líquido

Entre os métodos de separação de misturas homogêneas de sólido dissolvido em líquido temos a **evaporação**, a **destilação simples** e a **destilação fracionada**.

Evaporação

Como vimos no capítulo 13, a evaporação é um processo natural que ocorre de forma lenta. Durante o processo, a mistura é deixada em repouso até que o líquido evapore. Com a evaporação do líquido, no final do processo se obtém apenas o sólido que estava dissolvido.

A evaporação ocorre em diversas situações do cotidiano. Após o banho, por exemplo, podemos secar os cabelos com uma toalha ou deixá-los secar naturalmente apenas com a evaporação. Ao expormos objetos ou roupas molhadas ao sol, eles também secam por meio do mesmo processo. Além disso, a evaporação é extremamente importante para que o ciclo da água seja possível, pois é graças a esse processo que a água da superfície de rios, lagos e mares torna-se vapor e forma as nuvens.

UM POUCO MAIS

Salinas

As salinas estão próximas do mar, em regiões planas, com muitos ventos, pouca chuva e temperaturas elevadas. Nas salinas, a água do mar fica retida em tanques rasos, o que favorece a evaporação da água. Quando isso acontece, resta o sal, que é disposto em montes e posteriormente retirado.

O trabalho nas salinas sem equipamentos de proteção individual, como óculos, chapéus e botas, pode causar muitas doenças, problemas nos olhos em virtude da intensa luminosidade, queimaduras nos pés, entre outros.

As salinas de maior produtividade no Brasil estão localizadas no Rio Grande do Norte. Outras regiões produtoras de sal estão localizadas nos estados do Rio de Janeiro, de Sergipe, da Bahia e do Ceará.

Trabalhador retirando sal após a evaporação da água de salina em Chaval (CE), em 2016.

Destilação simples

Condensador: peça de vidraria dentro da qual o vapor se condensa, ou seja, passa do estado de vapor para o estado líquido.

Volátil: em Química, refere-se a tudo que evapora com facilidade.

Na destilação simples de sólidos dissolvidos em líquidos, a mistura é aquecida em um aparelho de laboratório chamado **balão de destilação**. Os vapores produzidos nesse balão passam pelo condensador e são resfriados pela água que passa no tubo externo, condensando-se e sendo recolhidos em um frasco chamado **erlenmeyer**. A parte sólida da mistura, por não ser volátil, não evapora e permanece no balão de destilação.

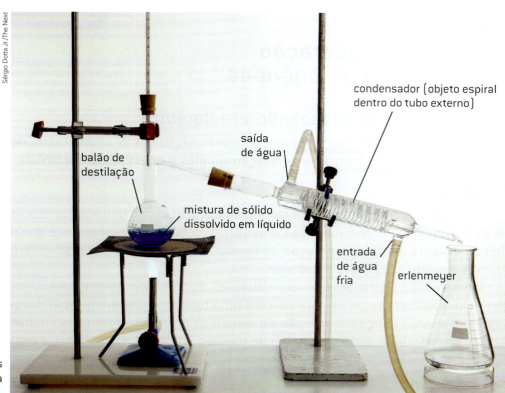

Equipamentos utilizados em uma destilação simples.

230

Destilação fracionada

É utilizada para separar líquidos miscíveis e que fervem em temperaturas bem diferentes. Durante o aquecimento da mistura, seus componentes começam a se transformar em vapor e se deslocam em direção à coluna de fracionamento. Como a coluna de fracionamento é um obstáculo, por conter várias bolinhas e pouco espaço livre, inicialmente, apenas um dos vapores consegue atravessá-la. Apenas o vapor do líquido mais volátil, isto é, aquele que apresenta a menor temperatura de ebulição, atravessa a coluna de fracionamento e, ao chegar no condensador, ele se condensa e é recolhido (separado). Esse processo se repete; depois, o líquido ferve em uma temperatura intermediária, e assim sucessivamente, até o líquido ferver em uma temperatura maior.

Conhecendo-se a temperatura em que cada líquido ferve, pode-se saber, pela temperatura indicada no termômetro, qual deles está sendo destilado.

À aparelhagem da destilação simples é acoplada uma coluna de fracionamento. Veja ao lado.

Esquema da destilação fracionada.
(Elementos representados em tamanhos não proporcionais entre si. Cores fantasia.)

A destilação fracionada é muito utilizada, principalmente, na indústria petroquímica, na separação dos diferentes derivados do petróleo. Nesse caso, as colunas de fracionamento são divididas em bandejas ou pratos.

Assim, é possível afirmar que a destilação fracionada é uma separação baseada nas diferenças de temperatura de ebulição, quando são valores próximos.

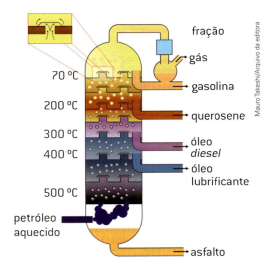

Representação da coluna de fracionamento de petróleo dividida em bandejas ou pratos.
(Elementos representados em tamanhos não proporcionais entre si. Cores fantasia)

NESTE CAPÍTULO VOCÊ ESTUDOU

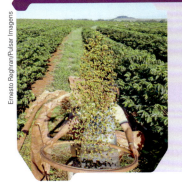

- Métodos de separação de misturas homogêneas e heterogêneas.
- Catação, tamisação, atração magnética, filtração, decantação, dissolução fracionada, separação de líquidos imiscíveis, evaporação e destilação simples e fracionada.
- As situações em que cada um dos métodos é utilizado.

Capítulo 15 • Separação de misturas

ATIVIDADES

PENSE E RESOLVA

1 Nas unidades de separação de materiais recicláveis, qual dos métodos abaixo é indicado para separar os objetos que contêm ferro dos demais resíduos? Justifique a sua resposta.

a) Decantação.

b) Destilação simples.

c) Peneiração.

d) Atração magnética.

2 Associe cada mistura ao processo de separação mais adequado.

Misturas

I. água + óleo

II. areia + limalha de ferro

III. salmoura (água + sal dissolvido)

IV. arroz + feijão

V. água + areia

VI. areia e açúcar

Processos

( ) catação

( ) filtração

( ) atração magnética

( ) destilação

( ) uso do funil de decantação

( ) dissolução fracionada

3 Em uma das etapas do tratamento de água para as comunidades, o líquido atravessa espessas camadas de areia. Essa etapa é uma:

a) decantação.

b) filtração.

c) destilação.

d) separação magnética.

4 O chimarrão é uma bebida típica do sul da América do Sul. Beber chimarrão é um hábito legado pelas culturas Guarani, Aimará e Quíchua. No seu preparo, água quente é adicionada ao mate. Com o uso de uma bomba (um tipo de canudo com um filtro em uma das extremidades), as pessoas bebem a infusão formada.

A respeito do chimarrão, responda às questões abaixo.

a) A bebida ingerida é uma substância pura ou uma mistura?

b) De onde são provenientes as substâncias presentes na bebida assim preparada?

c) Qual é o nome desse processo?

d) Cite outro exemplo em que esse processo é usado na nossa vida diária.

5 As velas do filtro de água de uso doméstico têm o aspecto mostrado na imagem a seguir.

O carvão em pó (ativado) contido no interior da vela retém na sua superfície possíveis impurezas e gases presentes na água. Veja a representação de parte do procedimento e responda às questões.

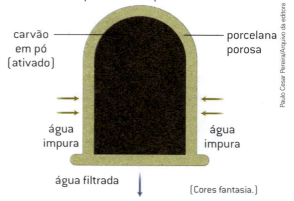

(Cores fantasia.)

a) O que deve ficar retido na parte externa da porcelana?

b) A água que sai da vela é uma substância pura?

6 Nos itens a seguir, qual é o processo utilizado para se obter água pura a partir da água do mar? Justifique sua resposta.

a) Evaporação.   b) Destilação simples.   c) Liquefação.   d) Filtração.

7 O petróleo é um líquido viscoso e escuro. Seus derivados são utilizados para diversos fins, principalmente como combustíveis. Para obter os derivados do petróleo, é preciso separá-los pelo método da destilação fracionada.

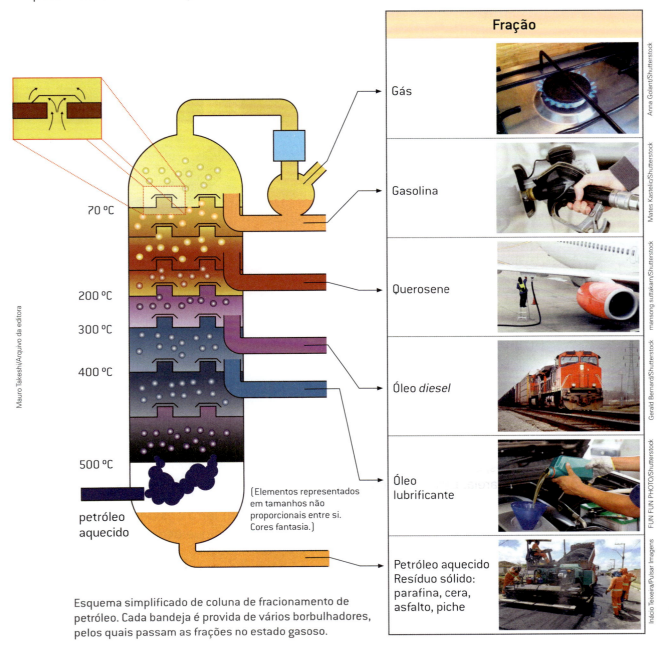

Esquema simplificado de coluna de fracionamento de petróleo. Cada bandeja é provida de vários borbulhadores, pelos quais passam as frações no estado gasoso.

a) O petróleo é uma substância pura ou uma mistura?

b) Na destilação fracionada, as partículas menores são obtidas em menores temperaturas. Com base nessa informação, qual é o derivado constituído por partículas menores: a gasolina ou o óleo *diesel*?

Capítulo 15 · Separação de misturas 233

SÍNTESE

1 Observe as ilustrações.

Solução de água e açúcar

Cloreto de sódio sólido depositado no fundo — Solução de água e cloreto de sódio

Gasolina — Água — Mistura heterogênea de duas fases

Associe as três misturas com a aparelhagem mais adequada para separar seus componentes.

I. _____

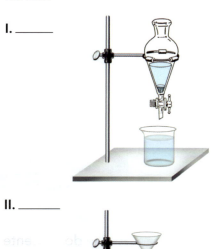

II. _____

III. _____

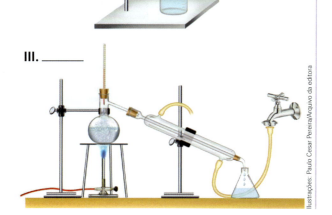

2 As imagens I, II e III mostram atividades comuns no cotidiano da maioria das pessoas.

a) Qual é a técnica de separação comum às três atividades?

b) Além da técnica apontada no item **a**, que outro procedimento é realizado durante a atividade apresentada em I?

3 Leia as frases a seguir.

I. Processo utilizado nas unidades de separação de materiais recicláveis com a finalidade de separar os objetos que contêm ferro dos demais resíduos.

II. Processo que ocorre quando colocamos um saquinho de chá em uma xícara com água quente.

III. Quando você faz a separação de moedas de diferentes valores.

Agora, associe cada uma das frases a um dos métodos de separação citados nos itens abaixo.

( ) Catação.

( ) Extração.

( ) Atração magnética.

DESAFIO

Observe o rótulo de uma garrafa de água mineral, no qual estão indicadas as quantidades em miligramas de alguns sais dissolvidos por litro de água.

Nome das substâncias dissolvidas (sais)	Quantidade dissolvida em miligramas em cada litro de água mineral
Sulfato de estrôncio	0,04
Carbonato de sódio	143,00
Bicarbonato de sódio	42,00
Sulfato de potássio	2,15
Cloreto de sódio	4,10

a) Se um litro dessa água sofresse evaporação, qual dos sais seria obtido em maior quantidade?

b) Se um litro dessa água sofresse evaporação, qual dos sais que seria obtido em menor quantidade?

c) Se um litro desta água sofresse evaporação, qual seria a massa total de sais obtidas?

PRÁTICA

"Destilando"

Objetivo

Simular a obtenção de água destilada.

Material

- 1 aquário ou 1 tigela grande transparente
- Água potável
- Xarope de groselha
- 1 copo de vidro transparente
- 1 funil pequeno (que encaixe no copo)
- 1 pedra pequena
- Película plástica (filme plástico)
- Algodão
- 1 régua

Procedimento

1. Coloque a água potável e o xarope de groselha no aquário ou na tigela até a altura de 2 cm e misture.

2. No centro do aquário, coloque o copo vazio com o funil.

3. Cubra o aquário com a película plástica de forma que o sistema fique bem fechado.

4. Coloque sobre a película uma camada fina de algodão, que deverá ser mantida úmida durante todo o experimento.

5. Coloque a pedra sobre o algodão na direção do copo.

6. Monte o experimento em local que receba luz solar durante o período de observação.

> Em dias ensolarados são necessárias, no mínimo, duas horas de exposição para se obter um resultado significativo.

O sistema, depois de montado, deve apresentar um aspecto semelhante ao da ilustração a seguir.

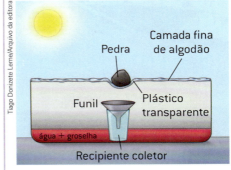

Ilustração esquemática da montagem da atividade prática.

(Elementos representados em tamanhos não proporcionais entre si. Cores fantasia.)

Discussão final

1. Qual é a coloração do líquido presente no copo?

2. Retire o copo do sistema e tome um pouco do líquido. Ele tem gosto de quê?

3. Meça com uma régua a altura da quantidade de água com groselha no aquário. O volume da mistura aumentou ou diminuiu? Justifique.

4. Dê o nome das duas mudanças de estado físico que ocorreram nesse experimento.

5. O que você encontraria no copo, se substituísse a groselha por sal de cozinha?

Capítulo 15 • Separação de misturas

Capítulo 16 — Transformações da matéria

Navio encalhado na costa da Espanha, em 2018.

Geography Photos/UIG/Getty Images

Ao observar essa fotografia você pode perceber que o navio apresenta uma aparência avermelhada, desgastada e bastante corroída. Isso acontece por causa da formação da ferrugem, um tipo de modificação que ocorre na matéria que compõe o navio.

Modificações como essa recebem o nome de **transformação da matéria**. Outro tipo de transformação da matéria muito comum, apesar de não ser visível, é a evaporação da água presente em lagos, rios, oceanos e nos seres vivos, que, depois, voltará ao estado líquido e formará as nuvens.

Você sabe de qual metal se originou a ferrugem no navio? Existe diferença entre a ferrugem e o metal que a originou? De onde vem a energia que evapora a água?

Neste capítulo, você entenderá a diferença entre os fenômenos mencionados e sua relação com as transformações da matéria, tanto físicas quanto químicas.

❯ Tipos de transformações da matéria

Qualquer transformação sofrida pela matéria pode ser classificada em física ou química.

A classificação das transformações é realizada com base nas observações feitas em diferentes instantes e nas propriedades das substâncias.

Para entender as transformações que a matéria pode sofrer, observe o que acontece quando uma vela de parafina é acesa.

Ao observar uma vela acesa, percebemos que, além da mudança de estado físico da parafina, seu tamanho diminui com o passar do tempo. Essas observações evidenciam a ocorrência de um fenômeno físico e de um fenômeno químico.

ATENÇÃO!
Tenha sempre muito cuidado com o fogo. Nunca acenda uma vela perto de objetos inflamáveis, como móveis de madeira, cortinas, etc.

Transformação física

Na região próxima à parte inferior do pavio forma-se um líquido e parte dele escorre pela vela. À medida que se afasta da fonte de calor, ou seja, deixa de receber energia térmica, esse líquido se solidifica.

Se compararmos uma amostra da parafina antes de derreter e uma amostra do material que derreteu, escorreu e se solidificou, veremos que ambas apresentam as mesmas propriedades:

- cor: branca;
- estado físico na temperatura ambiente (20 °C): sólido;
- insolúvel (não se dissolve) na água;
- densidade menor que a da água, isto é, flutua se adicionada à água;
- derrete: entre 47 °C e 65 °C.

Como essas propriedades caracterizam a parafina, podemos concluir que não houve mudança de substância, somente uma modificação da aparência (a forma, o tamanho, a aparência e o estado físico). Como não houve nenhuma alteração na composição da parafina, isto é, ela continuou sendo parafina, dizemos que nesse caso ocorreu uma **transformação física**.

As principais transformações físicas são as mudanças de estado físico da matéria.

Veja no quadro abaixo exemplos de transformações físicas segundo os tipos de mudanças envolvidas.

Quadro com exemplos de transformações físicas e de mudanças na matéria.

(Elementos representados em tamanhos não proporcionais entre si.)

Transformação química

No caso da vela acesa, vimos que uma parte da parafina derrete em uma transformação física. Outra parte da parafina sofre **combustão** (ou seja, "queima"). Nesse processo ocorre transformação de energia química em energia térmica (calor) e luminosa, e produção de novas substâncias.

Uma dessas substâncias — cuja existência pode ser observada colocando-se um pires de porcelana branca sobre a chama — é o carvão (fuligem).

Além do carvão, são formadas outras substâncias que, apesar de não serem percebidas visualmente, podem ser coletadas e identificadas, como os gases. Entre elas, podemos citar: o gás carbônico e a água no estado de vapor.

Essa transformação, na qual ocorre formação de novas substâncias, é classificada como **transformação química** ou **reação química**.

Em uma transformação química ocorre a formação de substâncias com propriedades diferentes das substâncias iniciais. Vejamos alguns exemplos:

- **Exemplo 1**: quando parafusos de ferro são expostos ao ar atmosférico, após certo tempo forma-se uma substância com cor avermelhada, conhecida por ferrugem.

A formação da ferrugem ocorre devido à reação química entre o ferro, o gás oxigênio e o vapor de água presente no ar.

> **Combustão:** é uma reação química que envolve a queima de materiais, como madeira, papel, carvão, gasolina e álcool (combustíveis), e do gás oxigênio (comburente = substância que "alimenta" a combustão).

A mancha preta no pires evidencia a formação de carvão.

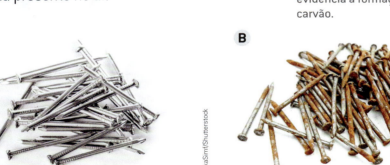

Observe as fotografias de pregos de ferro novos (**A**) e de pregos de ferro enferrujados (**B**).

(Elementos representados em tamanhos não proporcionais entre si.)

- **Exemplo 2**: comprimidos efervescentes adicionados à água originam novas substâncias. As bolhas evidenciam a formação de um gás, nesse caso, o gás carbônico.

A formação de bolhas evidencia que houve uma reação química entre as substâncias que compõem o comprimido efervescente e a água.

Capítulo 16 • Transformações da matéria

Equação química

As substâncias iniciais envolvidas em um fenômeno químico são denominadas **reagentes**, enquanto as substâncias formadas são denominadas **produtos**. A reação química pode ser representada por uma **equação química**, que se assemelha a uma equação matemática por apresentar dois membros: reagentes e produtos.

Ambos devem ser separados por uma seta indicativa de orientação do fenômeno.

> Reagentes ⟶ Produtos
> - Reagentes (estado inicial): são anotados no lado esquerdo da equação química.
> - Produtos (estado final): são anotados no lado direito da equação química.

No exemplo dos parafusos, a transformação química (ou reação química) pode ser representada pela equação:

$$\underbrace{\text{ferro} + \text{oxigênio} + \text{água}}_{\text{reagentes}} \longrightarrow \underbrace{\text{óxido de ferro hidratado (ferrugem)}}_{\text{produto}}$$

EM PRATOS LIMPOS

O que arde cura?

Quantas vezes você já ouviu isso? Os profissionais de saúde, porém, recomendam, em caso de ferimentos, como cortes, não utilizar produtos como água oxigenada, álcool ou outro antisséptico, e sim lavá-los com água e sabão. Caso haja sangramento, deve-se fazer compressão por três minutos (nunca fazer garrote).

Ferimentos maiores exigem atendimento hospitalar, mas esse primeiro cuidado, simples e barato, é fundamental.

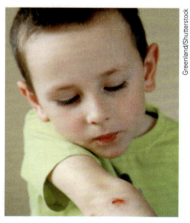

Ao se machucar, é recomendado lavar o ferimento com água e sabão.

Transformações químicas e a nossa vida

As transformações químicas ocorrem continuamente ao nosso redor, em toda a natureza, até em nosso corpo.

Mesmo sem saber o nome das substâncias envolvidas nas transformações químicas, podemos perceber a importância da Química em nossa vida cotidiana. Vejamos alguns exemplos.

O nosso corpo é constituído por um grande número de substâncias químicas que reagem entre si constantemente, proporcionando nossos movimentos, nossos pensamentos e nossas sensações.

Muitas dessas substâncias são transportadas para todo o corpo pelo sangue, que circula nas veias e nas artérias, as quais constituem o sistema circulatório. Veja a imagem a seguir.

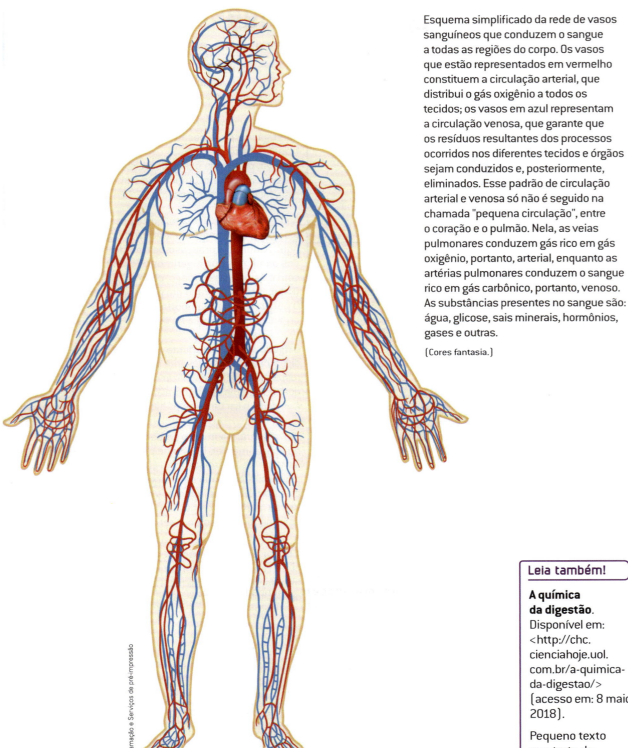

Esquema simplificado da rede de vasos sanguíneos que conduzem o sangue a todas as regiões do corpo. Os vasos que estão representados em vermelho constituem a circulação arterial, que distribui o gás oxigênio a todos os tecidos; os vasos em azul representam a circulação venosa, que garante que os resíduos resultantes dos processos ocorridos nos diferentes tecidos e órgãos sejam conduzidos e, posteriormente, eliminados. Esse padrão de circulação arterial e venosa só não é seguido na chamada "pequena circulação", entre o coração e o pulmão. Nela, as veias pulmonares conduzem gás rico em gás oxigênio, portanto, arterial, enquanto as artérias pulmonares conduzem o sangue rico em gás carbônico, portanto, venoso. As substâncias presentes no sangue são: água, glicose, sais minerais, hormônios, gases e outras.

(Cores fantasia.)

Observe nas páginas a seguir como ocorrem as transformações químicas durante o processo de digestão no organismo humano.

> **Leia também!**
>
> **A química da digestão**. Disponível em: <http://chc.cienciahoje.uol.com.br/a-quimica-da-digestao/> (acesso em: 8 maio 2018).
>
> Pequeno texto que trata da transformação química dos alimentos em nosso organismo.

Capítulo 16 • Transformações da matéria **241**

INFOGRÁFICO

As transformações químicas que ocorrem no processo da digestão

São várias as transformações químicas observadas durante o processo de digestão. Veja na imagem a seguir como isso acontece no corpo humano.

(Elementos representados em tamanhos não proporcionais entre si. Cores fantasia.)

A digestão começa na **boca**, com o processo da mastigação. A trituração dos alimentos é, então, uma transformação física.
A saliva, produzida pelas glândulas salivares, anexas ao sistema digestório, umedece o alimento na boca e, com isso, facilita esse processo.

Após passar pelo esôfago, que é um tubo que conecta a boca ao **estômago**, o alimento chega a esse órgão. Aqui, continua o processo de transformação química dos alimentos que ingerimos. Eles entram em contato com o ácido do estômago, chamado ácido gástrico. O alimento é quebrado em partículas menores.
O pâncreas é outra importante glândula anexa do organismo que auxilia na digestão de diversos nutrientes.

O **fígado** é outra importante glândula anexa ao sistema digestório e muito relevante para o nosso organismo. Ele é responsável por metabolizar os medicamentos que tomamos quando estamos doentes, além de muitas outras funções. A vesícula biliar também participa do processo digestório.

Em seguida, o alimento começa a se transformar no bolo alimentar. Ele segue para o **intestino delgado**, que, juntamente às substâncias produzidas pelo pâncreas e pela bile, continua quebrando as proteínas, os açúcares e as gorduras que ingerimos durante a refeição. Nesse momento, os nutrientes, as vitaminas e os minerais começam a ser absorvidos pelo organismo.

A etapa final da digestão acontece no **intestino grosso**, que é responsável por retirar a água do bolo alimentar e transformá-lo em bolo fecal (fezes), que é eliminado no processo final da digestão.

Para que nossa digestão aconteça com mais eficácia, é importante ingerir alimentos ricos em fibras, como frutas, legumes e verduras. Além disso, para o bom funcionamento do organismo, é necessário que sejam ingeridos nutrientes como vitaminas e minerais. Veja a seguir alguns exemplos de alimentos ricos em vitaminas e minerais.
Lembre-se de tomar água durante todo o dia!

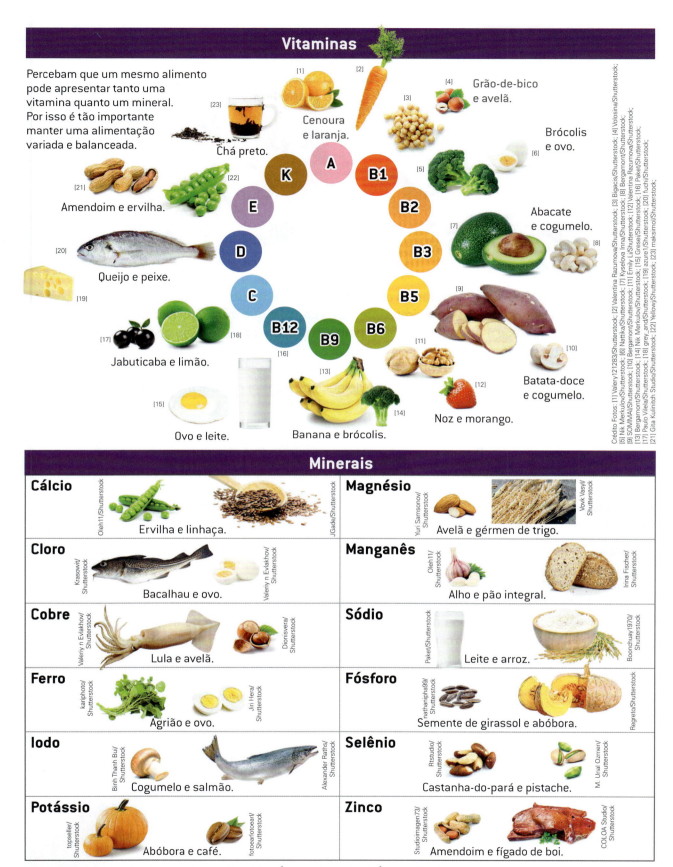

Infográfico representando o processo digestório (na página anterior) e as vitaminas e os principais minerais encontrados nos alimentos.
(Elementos representados em tamanhos não proporcionais entre si. Cores fantasia.)

EM PRATOS LIMPOS

A vitamina C artificial é melhor que a natural?

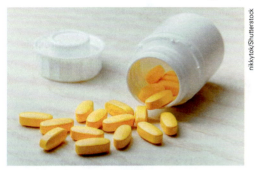

Cápsulas de vitamina C.

Alguns exemplos de frutas ricas em vitamina C.

Não. A vitamina C é uma substância que apresenta uma determinada estrutura, que é encontrada tanto na fruta cítrica que ingerimos quanto na cápsula que tomamos quando o médico nos indica. O que acontece é que ao ingerirmos, por exemplo, um copo de suco de laranja, não estamos tomando apenas a vitamina C. Ao bebermos o suco, ingerimos muitas outras substâncias, como sais minerais, fibras e proteínas, que não são encontradas nas cápsulas da vitamina C.

Então, é mais saudável tomar um copo de suco de laranja natural do que ingerir uma cápsula dessa vitamina!

As roupas são produzidas com materiais naturais e artificiais obtidos por meio de transformações químicas.

Outros exemplos da presença da Química em nossa vida são os sabonetes e os cremes dentais, além de tantos outros produtos utilizados em nossa higiene pessoal, que são produzidos por indústrias químicas.

No creme dental estão presentes substâncias como sais, essências e corantes. Já o sabonete contém óxido de titânio, sais de ácidos graxos (derivados de óleos e gorduras), corantes e essências. A água que chega a nossa casa, por sua vez, foi tratada com algumas substâncias derivadas do cloro e do flúor. Além disso, ela contém diversos sais minerais.

A maioria dos tecidos com os quais são feitas as roupas que vestimos, assim como outros objetos de nosso dia a dia, como os guarda-chuvas, apresentam uma percentagem de fibras sintéticas desenvolvidas em laboratórios, como náilon, poliéster, acrílico, etc. Mesmo as roupas feitas com fibras naturais, como o algodão, a lã e a seda, não deixam de ser constituídas por substâncias químicas que foram originadas por meio de transformações químicas.

Todos os alimentos — tanto os que passam por processos industriais, como a margarina, quanto os que são obtidos diretamente da natureza, como as frutas — são constituídos por substâncias químicas que foram produzidas, natural ou artificialmente, por meio de transformações químicas.

As transformações químicas, portanto, são ações que resultam na formação de novas substâncias.

O tecido que reveste um guarda-chuva é sintético e impermeável (a água não pode atravessar.)

Alguns meios de transporte usam motores, cuja fonte de energia tem origem na queima de combustíveis, como a gasolina, o *diesel* e o etanol.

O petróleo, além de permitir a obtenção de combustíveis e lubrificantes, fornece matéria-prima para a produção de inúmeros produtos sintéticos. São derivados do petróleo alguns cosméticos, o asfalto das ruas e os plásticos, um dos materiais mais comuns e utilizados na produção dos mais variados objetos.

O petróleo se formou milhões de anos atrás por meio de transformações químicas. Seus derivados, como a gasolina e o *diesel*, são obtidos por um processo físico denominado destilação fracionada. Plataforma de petróleo no mar do Norte, Noruega, em 2015.

O etanol é obtido da cana-de-açúcar por meio da fermentação de açúcares, uma transformação química. Tarabaí (SP), em 2017.

A Química também é muito importante para a melhoria da qualidade de vida do ser humano. Desde a Antiguidade são utilizadas substâncias químicas destinadas a aliviar as dores e a prolongar a vida. Existem antigos **papiros** egípcios que contêm fórmulas de medicamentos, as quais incluem produtos vegetais, animais e minerais.

O desenvolvimento da Medicina ocorreu paralelamente ao desenvolvimento da indústria farmacêutica, que tem produzido, em grande escala, medicamentos novos e mais eficientes com o passar do tempo.

Esses medicamentos são utilizados para manter a qualidade de vida humana, assim como para prevenir o surgimento de doenças. Algumas vacinas e antibióticos diminuíram de maneira significativa a **taxa de mortalidade humana** nas últimas décadas.

Papiro: espécie de planta de haste fibrosa utilizada na produção de "papel" que os antigos egípcios usavam para escrever.

Taxa de mortalidade humana: índice que indica a quantidade de mortes em uma região em determinado período.

Reprodução de papiro do antigo Egito.

Capítulo 16 • Transformações da matéria 245

EM PRATOS LIMPOS

Descarte consciente

O descarte indevido dos medicamentos nos lixos domésticos pode gerar contaminação dos solos, da água e de diversos seres vivos, como os animais e as plantas.

Mas o que fazer com os medicamentos vencidos? Quais são os perigos envolvidos com um descarte inadequado?

Os adultos responsáveis da sua casa devem encaminhar os medicamentos vencidos a um posto da Vigilância Sanitária ou a algum posto de coleta credenciado de seu município.

Descarte de medicamento é coisa séria!

O descarte de medicamentos em lixo comum é incorreto.

Elaborado com base em DESCARTE de medicamentos vencidos: como e onde descartar corretamente. Disponível em: <www.ecycle.com.br/component/content/article/.../149-como-descartar-remedios.html> (acesso em: 2 jun. 2018).

Após a leitura do texto, converse com seus pais ou responsáveis, vizinhos, professores e colegas da escola e avalie se todos estão tendo uma postura adequada quanto ao descarte de medicamentos.

A agricultura familiar é caracterizada por ser desenvolvida por grupos familiares em pequenas propriedades rurais. Cabo Frio (RJ), em 2015.

A mudança de hábitos da sociedade está relacionada com o avanço nos estudos da Química e com o seu uso no cotidiano do ser humano.

Antigamente, uma unidade agrícola tipicamente familiar produzia seu próprio alimento e garantia sua sobrevivência. Para isso, utilizavam fertilizantes naturais, ferramentas artesanais e animais de tração em pequenas áreas rurais.

Com a **mecanização do campo**, houve uma enorme capacidade de produção agrícola e, consequentemente, uma expansão das colheitas. Então, passou a ser necessário um suporte tecnológico muito grande, baseado em uma série de indústrias dedicadas à produção de itens como:

- **pesticidas**: substâncias destinadas ao controle de pragas em animais e plantas nas plantações.
- **fertilizantes**: substâncias destinadas a melhorar a qualidade do solo para aumentar as colheitas.
- **maquinários e equipamentos agrícolas**, bem como seus combustíveis.
- **material** necessário para processamento, conservação, armazenamento e distribuição de alimentos.

Poderíamos enumerar muitos outros produtos obtidos por meio das transformações químicas, pois elas estão presentes em todos os setores da vida humana e são fundamentais para o nosso conforto, saúde e até mesmo para a sobrevivência da nossa espécie.

Mecanização do campo: modernização do meio rural, com investimento em tecnologia para aumentar a produção agrícola.

O uso de colheitadeiras diminui o tempo gasto e as perdas na colheita. Dona Francisca (RS), em 2018.

UM POUCO MAIS

Agricultura orgânica

Você sabe o que é agricultura orgânica?

É uma maneira de se produzir alimentos para garantir a sustentabilidade do solo, da água e dos próprios alimentos produzidos.

Os produtos da agricultura orgânica não utilizam fertilizantes e pesticidas artificiais na sua produção. Eles podem ser frutas, verduras e legumes.

Grande parte da agricultura orgânica provém da agricultura familiar, realizada por pequenos produtores. Em algumas áreas em que a produção acontece em maior escala, emprega-se uma grande quantidade de mão de obra, gerando mais empregos no campo.

A agricultura orgânica busca manter a qualidade dos recursos naturais.

As transformações químicas e o planeta Terra

O surgimento do *Homo sapiens* na Terra, estimado entre 200 e 100 mil anos atrás, é considerado um fato recente se comparado à idade da Terra, aproximadamente 4,5 bilhões de anos. Nesse "curto" período, o ser humano aprendeu lentamente a transformar as substâncias encontradas na natureza e a melhorar a sua qualidade de vida.

No entanto, foi somente nos últimos 120 anos que o ser humano desenvolveu sua capacidade de produzir transformações químicas e industriais, que lhe permitiram fazer mudanças significativas no meio ambiente.

Conseguimos, assim, produzir alimentos suficientes para a maior parte dos habitantes da Terra, apesar de não conseguirmos distribuí-los adequadamente. Atualmente, somos capazes de produzir roupas e alimentos sintéticos, extrair e fabricar combustíveis, produzir material plástico e medicamentos para melhorar a qualidade da vida humana e prolongá-la. Mas todo esse progresso também apresenta alguns pontos negativos. Vejamos como isso ocorre.

A produção agrícola aumentou muito em decorrência da invenção e do uso de um inseticida muito eficiente no controle de insetos na Terra: o diclorodifenilcloroetano (DDT). No entanto, o uso descontrolado desse inseticida provocou a contaminação dos lençóis freáticos, dos rios e dos mares, afetando as cadeias alimentares.

O DDT permanece presente por muitos anos nas águas, no solo e nos organismos vivos, pois sua composição não se altera, além de apresentar efeito acumulativo. Pequenas quantidades de DDT presentes nos vegetais são ingeridas pelo ser humano ou por animais que vão servir de alimento para o ser humano, como peixes.

Sustentabilidade: busca por utilizar os recursos naturais de maneira consciente, sem desperdiçá-los ou poluí-los.

Já foram detectadas grandes concentrações de DDT até mesmo nos pinguins que habitam as distantes regiões polares onde não se utiliza esse pesticida. Na foto, pinguins-imperadores, nas ilhas Geórgia do Sul, em 2018.

Capítulo 16 • Transformações da matéria 247

Plâncton: é um grupo de microrganismos que vive à deriva na coluna de água. Esse grupo é chamado de zooplâncton quando formado por pequenos animais e denominado fitoplâncton quando composto de pequenas plantas e algas.

Esse inseticida pode interromper o equilíbrio natural do ambiente, envenenando o plâncton, os peixes e enfraquecendo as cascas dos ovos das aves.

Outro fator relevante e discutível das transformações químicas é a utilização dos produtos derivados do petróleo. Se, por um lado, conseguimos obter combustíveis que permitem um melhor rendimento dos motores, por outro, esses mesmos combustíveis são absorvidos pelo solo, quando ocorrem vazamentos nas refinarias de petróleo, nos postos de gasolina e durante seu manuseio inadequado, contaminando os lençóis freáticos, os rios e os mares. Além disso, os produtos formados na sua combustão poluem a atmosfera, provocando alterações na vegetação e problemas respiratórios nos seres vivos.

Podemos observar que as transformações químicas trouxeram facilidades para a nossa vida, ajudando a melhorar a qualidade das roupas que vestimos, a produção dos utensílios usados no dia a dia e a nossa qualidade de vida. Contudo, esses últimos exemplos nos mostram que, em razão do uso indiscriminado de substâncias químicas, o ar que respiramos é poluído e as praias, os rios e os oceanos ficaram contaminados, provocando um grande desequilíbrio no meio ambiente. Além disso, o descarte incorreto e o descontrole no consumo dos materiais contribuem para o desequilíbrio ambiental.

Há, cada vez mais, a necessidade de estabelecermos prioridades e responsabilidades para com o meio ambiente. O modo como devemos usar nossas riquezas e a maneira de reaproveitar muitos dos dejetos produzidos hoje em dia pelo ser humano são fundamentais para a manutenção do planeta Terra. Muitas cidades já efetuam a coleta seletiva com a finalidade de reciclar alguns de seus componentes.

Biólogos, físicos, químicos, engenheiros, professores e pesquisadores auxiliam na resolução de alguns problemas criados pela humanidade e podem, também, evitar que novos problemas surjam. No entanto, é dever de qualquer cidadão agir com responsabilidade para proteger e preservar a vida na Terra.

A poluição atmosférica é um grande problema na China. Pequim, em 2016.

Parte da poluição das praias e dos rios é constituída de lixo comum. Na foto, praia em Barcelona, na Espanha, em 2018.

A separação do descarte doméstico em lixo orgânico (restos de alimentos, cascas de frutas e de legumes) e material reciclável (embalagens plásticas, de vidro, papel, etc.) é um comportamento ambientalmente responsável. O lixo orgânico pode ser reutilizado para a compostagem (transformação dos restos de alimentos em adubo), enquanto o seco pode ser reciclado.

EM PRATOS LIMPOS

Um dia sem transformações químicas

São 6 h 30 min da manhã e você acabou de acordar — é hora de levantar e começar o dia!

Você tem a manhã cheia, com aulas de Português, Matemática, Geografia, Ciências e História. Mas as coisas poderiam ser mais difíceis! Já imaginou como seria o seu dia sem que ocorressem as transformações químicas?

Você se levanta e vai acender as luzes do quarto, mas é impossível!

O funcionamento de uma lâmpada fluorescente envolve o uso de um bulbo de vidro preenchido com vapor de mercúrio e uma base de plástico. Tanto a extração do mercúrio quanto a produção do vidro que forma o bulbo dependem de transformações químicas.

Como seria a vida sem transformações químicas?

Na hora da higiene, o banho e os outros hábitos, como escovar os dentes e lavar as mãos, terão de ser feitos sem sabonete, xampu ou creme dental, pois todos são produtos feitos pela indústria química.

Então, você vai se arrumar. Vestir uma calça, uma camiseta, calçar um par de tênis e... de jeito nenhum! Os corantes e os componentes das roupas (náilon e poliéster) não existem sem as transformações químicas.

Você costuma ir para a escola de ônibus? Esqueça! Não há ônibus, pois o aço, o plástico, os vidros, os pneus e o combustível não estarão disponíveis para se fabricar o ônibus, pois não há indústrias químicas.

Como você estava atrasado e teve de ir correndo até a escola, isso lhe provocou dor de cabeça.

Aguente firme ou tente outro recurso, porque sem as transformações químicas não há nenhum medicamento para aliviar a dor. Na verdade, não há nem mesmo água potável para você tomar o remédio, pois a água, para que possamos consumi-la, deve ser tratada com várias substâncias químicas.

Ufa! Que alívio, acabou a manhã!

Pelo menos a tarde vai ser legal. Você vai jogar futebol e relaxar, mas lembre-se: sem bola de couro sintético ou plástico... nada feito!

NESTE CAPÍTULO VOCÊ ESTUDOU

- O que é transformação física.
- O que é transformação química.
- A formação de novas substâncias na transformação química.
- Representação de reagentes e produtos envolvidos em uma transformação química — equação química.
- As transformações químicas na nossa vida e no planeta.

Capítulo 16 • Transformações da matéria

ATIVIDADES

PENSE E RESOLVA

1 Observe a fotografia.

Roupas penduradas no varal.

Na fotografia as roupas estão estendidas no varal. Na secagem das roupas ocorre uma transformação física ou química? Justifique.

2 Observe a sequência de fotografias e responda às questões.

(**A**) Folha de papel amassada, (**B**) papel em chamas e (**C**) papel queimado.

a) Na fotografia (**A**), o papel está amassado. Amassar o papel é uma transformação física ou química? Justifique.

b) O que está ocorrendo na fotografia (**B**) é uma transformação física ou química? Justifique.

3 Classifique as seguintes transformações em físicas (TF) ou químicas (TQ):

( ) Corrente de ferro com ferrugem.
( ) Água de uma bacia sendo respingada após a queda de um objeto.
( ) Tora de madeira pegando fogo.
( ) Pedra de diamante após lapidação do diamante bruto encontrado na natureza.
( ) Latinha de refrigerante de alumínio sendo amassada.
( ) Comprimido efervescente quando jogado em água.
( ) Transformação do vinho em vinagre.
( ) Evaporação da água.
( ) Derretimento do gelo.
( ) Transformação de água líquida em gás hidrogênio e gás oxigênio.
( ) Queima do óleo diesel resultando em carvão, gás carbônico e vapor de água.
( ) Obtenção do sal de cozinha a partir da água do mar.

4 Os meios de comunicação muitas vezes nos recordam do perigo de dirigir alcoolizado. Veja o cartaz abaixo:

O álcool encontrado nas bebidas alcoólicas é produzido pela fermentação de açúcares (como glicose ou frutose), representados pela equação: açúcares →
→ etanol (álcool comum) + gás carbônico.

Sobre o processo mencionado, é correto afirmar que:

a) se trata de uma transformação química, pois conserva as substâncias.

b) se trata de uma transformação física, pois altera a estrutura da substância.

c) há formação de duas substâncias gasosas, à temperatura ambiente.

d) há formação de uma substância que pode ser utilizada como combustível.

5 Observe as fotografias.

I. Pedra preciosa

Esmeralda.

II. Objetos de plástico

Brinquedos.

III. Chá

Chá de hortelã.

IV. Suco

Suco de laranja.

(Elementos representados em tamanhos não proporcionais entre si.)

V. Comprimidos

Medicamentos em formato de comprimidos.

Indique quais dos objetos apresentados nas imagens foram obtidos por meio de processos e transformações químicas.

6 O frasco de um medicamento deve estar fechado e protegido do calor para que se evite:

I. evaporação de um dos componentes;
II. decomposição de um dos componentes;
III. formação de novas substâncias que podem ser nocivas à saúde.

Classifique as transformações acima em químicas ou físicas.

7 O que poderia ser feito para evitar a formação da ferrugem?

SÍNTESE

1 Os primeiros grupos humanos eram nômades e viviam da caça e da coleta. Eles cozinhavam seus alimentos sobre pedras aquecidas, dentro de recipientes de couro cheios de água ou envolvidos em folhas vegetais e cobertos por terra.

Classifique em físicos ou químicos os fenômenos a seguir:

I. físico
II. químico

(   ) cozer alimentos

(   ) evaporar água

(   ) queimar madeira

2 Considere as seguintes situações e indique quais delas são transformações químicas e quais são físicas.

I. _____

Um frasco de acetona deve permanecer fechado, pois ela evapora rapidamente.

II. _____

Fermentação da massa na fabricação de pães.

III. _____

Cozimento de ovos.

IV. _____

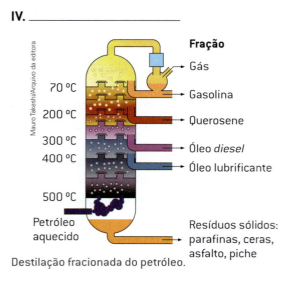

Destilação fracionada do petróleo.

V. _____

Dissolução de sal de cozinha em água.

(Elementos representados em tamanhos não proporcionais entre si.)

DESAFIO

1 Leia o texto e faça o que se pede.

Em um laboratório, um pesquisador pingou algumas gotas de água oxigenada em um pedaço de fígado bovino. Ele observou uma efervescência, isto é, formaram-se bolhas, evidenciando a liberação de gás. Isso ocorreu pois, em contato com o fígado, a água oxigenada se decompôs, produzindo água e liberando gás oxigênio.

Com base nessa informação, escreva um pequeno texto que contenha as seguintes informações:

  I. Ocorreu uma transformação física ou química durante o procedimento?
  II. Caso a transformação seja química, equacione a reação.
  III. Indique o(s) reagente(s) e o(s) produto(s).
  IV. A efervescência está relacionada à liberação de qual substância?

2 Observe o quadro abaixo.

DECOMPOSIÇÃO DE MATERIAIS			
Material	Tempo*	Material	Tempo*
restos orgânicos	de 2 meses a 1 ano	lata de aço	10 anos
filtro de cigarro	de 3 meses a vários anos	plástico	mais de 100 anos
chiclete	5 anos	fralda descartável	600 anos
papel	de 3 meses a vários anos	vidro	mais de 10 000 anos
madeira	6 meses	lata de alumínio	mais de 1 000 anos

Fonte: Lixo.com.br. Disponível em: <www.lixo.com.br> (acesso em: 30 set. 2018).

As decomposições estão relacionadas às transformações químicas. Agora, suponha que uma pessoa tenha colocado entre duas camadas de terra úmida os seguintes materiais: chiclete, filtro de cigarro, bolinha de gude, folhas e pedaços de plástico, conforme a ilustração a seguir.

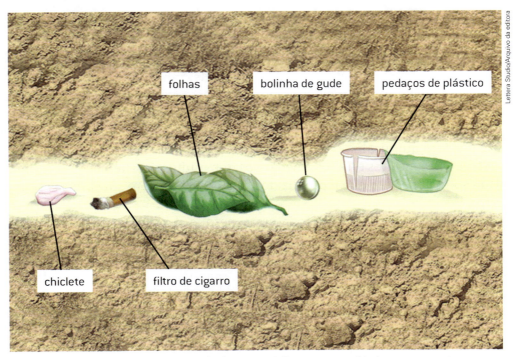

Alguns fatores podem alterar o tempo de decomposição, como a umidade e a temperatura.
(Elementos representados em tamanhos não proporcionais entre si. Cores fantasia.)

Responda às questões.

a) Em qual desses materiais você vai notar alterações em menor espaço de tempo?

b) Qual dos materiais, praticamente, não sofrerá alterações com o passar do tempo?

c) Qual deles poderia ser utilizado como adubo?

LEITURA COMPLEMENTAR

A Química está em toda parte

A Química é uma ciência e tudo ao nosso redor passa por processos de transformações químicas. Na fotografia, químicos ensinando crianças em evento.

Nas conversas do dia a dia, nas embalagens de produtos que compramos, nos programas de televisão, nos jornais, na internet e em outros meios de comunicação, a Química é citada como sendo algo ruim, que agride o meio ambiente e a nossa saúde. Por exemplo, você já ouviu alguém dizer: "Esse alimento é melhor porque ele não tem química!" ou "Esse produto de limpeza é muito perigoso, pois tem muita química!" ou, ainda, "Esse tratamento de cabelo não faz mal porque ele não tem química!".

Bem, esses são conceitos errados e negativos que muitos possuem, pois a Química não está relacionada somente com o que é produzido em laboratório, com substâncias sintéticas ou artificiais.

Na realidade, a Química está em toda parte, porque chamamos de "química" o estudo dos materiais e das transformações que ocorrem com eles. Os químicos separam os componentes dos materiais, estudam suas propriedades, como cor, cheiro, dureza, forma, consistência, o que ocorrerá se o colocarmos em contato com outros materiais e para qual finalidade eles podem ser usados.

Tudo ao seu redor e dentro de você funciona e existe por causa da Química. Por exemplo, você viveria sem o ar? Claro que não! Pois bem, o ar é composto por substâncias químicas gasosas, como o nitrogênio e o oxigênio.

Há algo mais natural do que as plantas? Então, as plantas realizam uma reação química muito importante que limpa o ar, que é a fotossíntese.

[...] Dentro de você, a comida é digerida e a energia é consumida pelo seu organismo, permitindo que você viva e realize as atividades do dia a dia. O sangue que circula em suas veias levando oxigênio para as outras partes do corpo, sua pele, suas unhas, seu cabelo, tudo tem química.

Enfim, não há nada que você possa imaginar que não está relacionado com a Química!

Mas e os produtos que são feitos no laboratório pelos químicos? É verdade que eles fazem mal?

Conforme dito, os químicos podem estudar formas de realizar transformações com materiais tirados da natureza para fabricar produtos que serão utilizados pelo homem. É o caso, por exemplo, dos remédios que ajudam a salvar muitas vidas, dos produtos de higiene e limpeza que, além de nos deixarem mais bonitos e cheirosos, também ajudam a manter a nossa saúde e a de nossa família, pois a sujeira atrai insetos e animais que transmitem doenças.

A higienização dos dentes é uma prática saudável. As cerdas de escovas de dentes são feitas de náilon, um material sintético criado pela indústria química.

Esses exemplos mostram que os "produtos químicos" ou mais corretamente "produtos sintéticos" podem ser usados para coisas boas. Mas é verdade também que, se forem usados da forma errada ou em excesso, eles podem fazer mal para o meio ambiente, para os animais e para nós.

Por exemplo, o ser humano tem buscado cada vez mais energia e, muitas vezes, para isso, acaba retirando muitos recursos da natureza, poluindo-a. Assim, a química será "boa" se a humanidade for "boa", ou seja, se usá-la para fins benéficos e pacíficos. Mas se a humanidade for "má", isto é, se usá-la apenas para satisfazer suas próprias necessidades imediatas, sem pensar nas outras pessoas, na natureza e no futuro, então a química será "má".

Mas muitos problemas ambientais que existem hoje são também estudados pelas pessoas que trabalham com a química, que buscam formas de resolver esses problemas. Por isso, incentivamos você a estudar Química e obter os conhecimentos importantíssimos que essa ciência nos dá para que ela fique nas "mãos certas" e você possa usá-la em seu favor e em benefício da humanidade.

Pesquisadora farmacêutica fazendo testes para a produção de medicamentos.

Fonte: <https://escolakids.uol.com.br/a-quimica-esta-em-toda-parte.htm> (acesso em: 9 maio 2018).

Questões

1. Você conhece algum material que não contenha substância química?

2. Você já deve ter estudado que no processo da fotossíntese ocorre uma transformação química:

$$\text{gás carbônico} + \text{água} \xrightarrow{\text{luz}} \text{glicose} + \text{gás oxigênio}$$

No texto acima aparece a seguinte frase: "Há algo mais natural do que as plantas? Então, as plantas realizam uma reação química muito importante que limpa o ar, que é a fotossíntese".

Que substância absorvida durante a fotossíntese torna o ar mais puro?

Capítulo 16 · Transformações da matéria   255

REFERÊNCIAS BIBLIOGRÁFICAS

ARISTÓTELES. *Física I – II*. Campinas: Editora da Unicamp, 2009.

BIZERRIL, M. X. A. *Savanas*. São Paulo: Saraiva, 2011.

BIZZO, N. *Do telhado das Américas à teoria da evolução*. São Paulo: Odysseus, 2003.

BRANCO, Samuel M.; CAVINATTO, Vilma M. *Solos*: a base da vida terrestre. São Paulo: Moderna, 1999.

BRASIL. Ministério da Educação. Secretaria de Educação Básica. *Base Nacional Comum Curricular*. Brasília, 2017.

_____. Diretrizes Curriculares Nacionais Gerais da Educação Básica. Brasília, 2013.

CANIATO, Rodolpho. *A terra em que vivemos*. São Paulo: Átomo, 2007.

CARVALHO, A. R.; OLIVEIRA, M. V. *Princípios básicos do saneamento do meio*. São Paulo: Senac, 2007.

DAWKINS, R. *Deus*: um delírio. São Paulo: Cia. das Letras, 2007.

DOMENICO, G. *A poluição tem solução*. São Paulo: Nova Alexandria, 2009.

EL-HANI, C. N.; VIDEIRA, A. A. P. (Org.). *O que é vida?* Para entender a Biologia do século XXI. Rio de Janeiro: Relume Dumará, 2000. p. 31-56.

FURLAN, S. A.; NUCCI, J. C. *A conservação das florestas tropicais*. São Paulo: Atual, 1999.

GRIBBIN, John. *Fique por dentro da Física Moderna*. São Paulo: Cosac & Naify, 2001.

GRUPO DE REELABORAÇÃO DE ENSINO DE FÍSICA (GREF). *Física 1:* Mecânica. 7. ed. São Paulo: Edusp, 2002.

_____. *Física 2:* Física Térmica/Óptica. 5. ed. São Paulo: Edusp, 2005.

_____. *Física 1:* Eletromagnetismo. 5. ed. São Paulo: Edusp, 2005.

GUYTON, Arthur C.; HALL, J. E. *Tratado de Fisiologia Médica*. Rio de Janeiro: Guanabara Koogan, 1997.

IVANISSEVICH, A.; ROCHA, J. F. V.; WUENSHE, C. A. (Org.). *Astronomia hoje*. Rio de Janeiro: Instituto Ciências Hoje, 2010.

JUNQUEIRA, L. C. U.; CARNEIRO, J. *Biologia celular e molecular*. Rio de Janeiro: Guanabara Koogan, 2012.

KOTZ, J. C.; TREICHEL, P. *Química e reações químicas*. Rio de Janeiro: LTC, 1999. v. 1 e v. 2.

MATTOS, N. S.; GRANATO, S. F. *Regiões litorâneas*. São Paulo: Atual, 2009.

MAYR, Ernst. *Isto é Biologia*: a ciência do mundo vivo. São Paulo: Cia. das Letras, 2008.

MEYER, D.; EL-HANI, C. N. *Evolução*: o sentido da Biologia. São Paulo: Unesp, 2010.

NEIMAN, Z.; OLIVEIRA, M. T. C. *Era Verde*: ecossistemas brasileiros ameaçados. São Paulo: Atual, 2013.

NEWTON, I. *Óptica*. São Paulo: Edusp, 2002.

NÚCLEO DE PESQUISA EM ASTROBIOLOGIA IAG/USP. *Astrobiologia* [livro eletrônico]: uma ciência emergente. São Paulo: Tikinet Edição, 2016.

OLIVEIRA, K.; SARAIVA, M. F. *Astronomia e Astrofísica*. São Paulo: Livraria da Física, 2014.

PÁDUA E SILVA, A. *Guerra no Pantanal*. São Paulo: Atual, 2011.

PENNAFORTE, C. *Amazônia*: contrastes e perspectivas. São Paulo: Atual, 2006.

POUGH, F. Harvey; JANIS, Christine M.; HEISER, J. B. *A vida dos vertebrados*. São Paulo: Atheneu, 2008.

RAVEN, Peter H. et al. *Biologia vegetal*. Rio de Janeiro: Guanabara Koogan, 2007.

RIDLEY, M. *Evolução*. Porto Alegre: Artmed, 2006.

RONAN, Colin A. *História Ilustrada da Ciência*. V. I, II, III e IV. São Paulo: Círculo do Livro, 1987.

RUPPERT, Edward E.; FOX, Richard S.; BARNES, Robert. D. *Zoologia dos invertebrados*. São Paulo: Roca, 2005.

SALDIVA, P. (Org.). *Meio Ambiente e Saúde*: o desafio das metrópoles. Instituto Saúde e Sustentabilidade, 2013.

SCAGELL, Robin. *Fantástico e Interativo Atlas do Espaço*. Tradução Carolina Caires Coelho. Barueri: Girassol, 2010.

SHUBIN, N. *A história de quando éramos peixes*: uma revolucionária teoria sobre a origem do corpo humano. Rio de Janeiro: Campus, 2008.

SILVERTHORN, D. U. *Fisiologia humana*: uma abordagem integrada. Porto Alegre: Artmed, 2017.

SOBOTTA. *Atlas of Human Anatomy*. Monique: Elsevier/Urban & Fischer, 2008.

STEINER, J.; DAMINELI, A. (Org.). *O fascínio do Universo*. São Paulo: Odysseus Editora, 2010.

TIPLER, Paul A. *Física para cientistas e engenheiros.* Rio de Janeiro: LTC – Livros Técnicos e Científicos S. A., 2011. v. 2.

_____. *Física*. Rio de Janeiro: LTC – Livros Técnicos e Científicos S. A., 2000. v. 1.

_____. *Física*. 4. ed. Rio de Janeiro: LTC – Livros Técnicos e Científicos S. A., 2000. v. 3.

TORTORA, Gerard J.; GRABOWSKI, Sandra Reynolds. *Corpo humano*: fundamentos de anatomia e fisiologia. Porto Alegre: Artmed, 2006.